건축시공기술사

지침 요약 70제

머리말 | PREFACE

건축시공기술사 합격을 위한 차별화된 답안을 고민하는 분들께

건축시공기술사 공부만 벌써 몇 년째,
같은 문제를 반복해서 보면서 "좀 더 새로운 문제가 없을까?", "합격을 위한 나만의 차별화된 아이템을 적고 싶다!"라는 고민을 하게 됩니다. 어느 정도 공부가 된 분들이라면 이러한 고민에 빠지셨을 겁니다.
좀 더 특별한 답안, 다른 사람보다 더 좋은 답안을 작성하고 싶다는 욕구가 생길 텐데, 저 역시 인터넷에서 자료를 찾아보고 기술지침도 들여다보고 다양한 방법으로 제 답안을 풍성하게 채워나갔습니다.

이 책은 건축시공기술사 기술지침을 다년간 강의하며 그 과정에서 얻은 인사이트를 바탕으로 이번에 기술지침 핵심 내용을 서술형 문제와 답안 형식으로 정리해 '건축시공기술사 지침 요약 70제'를 편찬했습니다.
기술지침에 나와 있는 다양한 내용들을 서술 문제 그리고 답안으로 녹여냈습니다. 이론서로 봤던 기술지침의 내용을 답안지로 어떻게 쓸지까지 제시했습니다.

답안 작성 방법을 알고 있는 단계이고 나만의 차별화된 아이템을 찾고 싶은 분들에게 건축시공기술사 지침 요약 70제를 추천해 드립니다.
기본적인 개념이 확립되신 분들이 추가로 공부하기 좋은 책입니다. 기본적인 개념에 업그레이드돼서 다양한 서술 문제를 접해보고 답안까지 참고해 볼 수 있습니다.

건축시공기술사를 공부하다 보면 외우는 게 다가 아닙니다. 차별화된 아이템으로 다른 수험생들과 변별력을 가져야 합니다.
이 책은 시험장에서 바로 활용 가능한 차별화된 답안 작성 방안을 제시하는 책이라고 보시면 됩니다.

건축시공기술사 합격에 한 걸음 나아가도록 도움을 주는 건축시공기술사 지침 요약 70제, 일률적인 답안에서 좀 더 깊이 있고 차별화된 답안을 작성하고 싶으신 분들에게 권해드리겠습니다.
이 책이 시험 준비 기간이 긴 분들에게 희망이 되길 바랍니다.

저자 일동

출제기준 | INFORMATION

직무분야	건설	중직무분야	건축	자격종목	건축시공기술사	적용기간	2023.1.1~2026.12.31

• 직무내용 : 건축시공분야에 관한 고도의 전문지식과 실무경험에 입각한 계획, 연구, 설계, 분석, 시험, 운영, 시공, 평가 또는 이에 관한 지도, 건설사업관리 등의 기술업무를 수행하는 직무이다.

검정방법	단답형/주관식 논문형	시험시간	400분(1교시당 100분)

필기과목명	주요항목	세부항목
건축시공, 공정관리 및 적산에 관한 사항	1. 건설공사관리 (건설시공관리/건설지원)	1. 건축공사(공종별) 계획수립
		2. 건설공정관리 • Tact화 공정관리, EVMS, 공기단축기법(MCX, Cost Slope), 자원 관리 등 • 공정표의 종류와 특징/사용법 : PDM, LOB, 공정관리 프로그램 • 공정계획 등
		3. 건설품질관리 : 현장품질관리, T.Q.M, 품질관리의 7가지 도구, 품질시험, 품질 비용 등
		4. 건설환경관리 • 친환경 건축물, 에너지 절감방안 및 대책 등 • 실내 공기질 개선 방안, V.O.C, Bake Out 등
		5. 건설원가관리 • 건설 VE, L.C.C, MBO(Management By Objective) 기법 등 • 원가 계획, 적산, 견적, 실행예산 등 • 원가통제, 원가회계 등
		6. 건설안전관리 : 안전사고의 예방대책, 유해위험방지 계획 및 안전관리계획, 안전 관리비 등
		7. 건설공무 : 현장 개설, 실행예산, 설계도서 검토, 인허가 업무, 발주처 업무, 민원 관리, 건설행정 일반 등
		8. 유지관리 : 유지관리 기본계획, 시설물 점검, 보수보강, 시설물 정보관리, 내구연한 평가 등
		9. CM의 업무 : CM 제도의 단계별 업무내용, 필요성, 현황, 발전방안 등
		10. 기타 건설공사관리 등에 관한 사항

필기과목명	주요항목	세부항목
	2. 가설공사(비계시공 등)	1. 비계시공 • 비계의 역할 및 종류 • 비계설치 기준 및 방법 등
		2. 가설공사계획 및 시공 : 가설공사의 일반사항, 가설 공사항목, 안전, 양중계획, 건축물 보양, 가설기자재, 가설장비 등

	3. 토공사/기초공사	1. 토공사/흙막이공사
		① 지반조사의 종류와 방법 : 토질시험, 표준관입시험, 토질 주상도, 재하시험의 종류/특징 등
		② 지반개량공법의 종류와 방법 : 압밀공법, 치환공법, 탈수공법, 동치환공법, 진공다짐공법, Sand Pile 공법, 약액주입공법, 동다짐공법 등
		③ 토공사의 종류 및 공법 : Open cut, Island cut, Earth anchor, H-pile, Sheet pile 등
		④ 흙막이 안정성 확보대책
		  • 차수 및 배수공법, 침하 및 붕괴방지대책 등
		  • 근접시공 시 주의사항, 지하 수위에 따른 검토사항 등
		⑤ 토공사의 신공법, 계측관리 등

		2. 지정 및 기초공사
		① 지정(직접지정, 말뚝지정)
		② 기초공사의 종류 및 공법 : Mat 기초, 독립기초, 복합기초, Pile 기초 등
		③ 기성 Con'c Pile 공법
		  • 박기공법의 종류(타격, 진동, 압입, Pre-boring 공법 등)
		  • 이음공법의 종류(용접, 장부식, 충전식, 볼트식 이음 등)
		  • 지지력 판정법, 시공 시 유의사항(두부파손 등)
		④ 현장타설 Con'c Pile 공법
		  • 공법의 종류 : 굴착공법(Earth Drill, RCD, Benoto), Prepacked Con'c Pile 공법(CIP, PIP, MIP), 관입공법 등
		⑤ 무소음/무진동공법, 부동침하, 부력방지대책 등
		⑥ 시험 및 검사, 기초공사의 신공법 등

필기과목명	주요항목	세부항목

	4. 철근콘크리트(철근공사/콘크리트공사/거푸집공사)/PC 공사	1. 철근콘크리트공사(철근콘크리트의 일반적인 성질, 구조 및 특징)
		① 철근공사
		  • 철근의 가공, 이음, 정착, 조립, 피복두께 등
		  • 철근선조립공법, 용접철망 등
		  • 철근공사의 문제점 및 개선방안 등
		② 콘크리트공사
		  • 콘크리트 재료(시멘트, 골재, 혼화재료 등의 종류 및 특성 등)
		  • 콘크리트 배합설계(설계기준 강도, 물시멘트비, 슬럼프값, 굵은골재최대치수, 잔골재율 등)
		  • 콘크리트 시공(콘크리트 타설방법 및 공법별 특성, 콘크리트 이어치기 종류 및 원칙, 기능, 콘크리트 압송공법, 콘크리트 다짐, 양생 등)
		  • 콘크리트의 품질관리시험(압축강도, 공기량 시험, 비파괴시험 등)
		  • 콘크리트 구조물의 균열(열화 포함) 원인과 대책, 보수보강공법 등
		  • 콘크리트 종류별 특징(한중, 서중, Mass, 경량, 고강도, 섬유보강, 진공배수, 노출, 수중, 유동화, 수밀, 스마트, 팽창콘크리트, 특수/고성능 콘크리트 등)
		  • 부위별 시공/시험 및 검사 등
		  • 콘크리트 균열/보수, 보강 등
		③ 거푸집공사
		  • 거푸집의 종류 및 특성[일반 Form, 대형 Form (Gang form, Climbing form, Table form, Sliding form, Waffle Form, ACS form, Half slab 등)]
		  • 대형 System 거푸집공법의 종류 및 특징
		  • 거푸집 및 동바리 존치기간/해체, 콘크리트 head와 측압 등
		  • 동바리(받침기둥) 바꾸어 세우기

		2. PC 공사
		① PC 공법의 종류 및 특성
		  • Half PC 공법, ALL PC 공법 등
		  • Double Tee Slab, Multi Tee Slab PC 공법 등
		② PC 공사의 현장시공과 유의사항 등

필기과목명	주요항목	세부항목
	5. 철골공사(강구조물시공)/ 철골철근콘크리트공사	1. 철골공사(강구조물 시공) ① 철골공사 공장제작/현장 시공 Flow : 철골공작도, 철골세우기 공사, 주각부 시공법 등 ② 철골 부재 접합공법의 종류 : bolt, rivet, 고장력 bolt, 용접 등 ③ 철골 용접부 검사방법, 결함과 방지대책 등 ④ 철골공사의 도장(표면처리, 내화도장, 내화 피복 등) ⑤ 합성철골보의 종류 ⑥ 철골부속공사(Deck plate, CFT 공법, 철골계단 등)
		2. 철골철근콘크리트공사 : 기둥의 부등축소(Column shortening), 콘크리트 채움 강관(C.F.T) 등
		3. 경량철골공사
	6. 마감공사(방수/조적/미장/도장/타일/목/석/단열/지붕/커튼월/창호공사 등)	1. 방수공사 및 방습공사(시멘트 액체, 도막, 복합, 시트, 침투성, 옥상녹화, 방습, 실링공사 등의 공법의 특성, 부위별 방수, 요구 성능 등)
		2. 조적공사(벽돌, 블록, ALC 블록, 유리블록 등의 백화현상, 균열의 원인 등)
		3. 미장공사(시멘트모르타르, 바닥강화재, 셀프 레벨링, 제치장, 백화현상 등의 공법별 특성, 하자유형 등)
		4. 도장공사(수성·유성 페인트, 은분페인트, 에나멜 도장, 본타일, 방균 페인트공사 등의 도료의 종류별 특성, 하자유형 등)
		5. 타일공사(외벽/내벽타일, 시공법의 종류별 특성, 하자 요인 등)
		6. 목공사(방부처리, 목조뼈대, 지붕틀, 창문틀, 계단 및 난간, 목조천장, 주방가구공사 등)
		7. 석공사(화강석, 대리석, 인조석공사 등의 가공·결함의 원인 및 대책, 시공법의 특성 등)
		8. 단열 및 방·내화공사(단열, 결로, 내화충진, 내화 피복공사 등의 종류, 특징 등)
		9. 커튼월공사(커튼월의 종류, 공법의 종류 및 특성, Fastener의 종류, 누수 및 결로, 층간변위, 시험, 실링 등)

필기과목명	주요항목	세부항목
		10. 창호공사(철재 Door, 목재 Door, 강화유리 Door, 셔터, 알루미늄창호, PVC 창호, 하드웨어 등의 특징, 하자요인 등)
		11. 유리공사(복층유리, 강화/배강도유리, 열선반사/흡수 유리, Low-E, 접합유리/망입 유리, 방화유리 등의 유리요구성능, SSG 공법, DPG 공법 등의 유리선정기준 및 열파손방지, 하자요인 등)
		12. 지붕공사(금속재 잇기, 기와, 아스팔트싱글 공사 등의 특징 등)
		13. 수장 및 기타공사(온돌, 바닥, 벽, 천장, Dry wall, 이중바닥재, 도배, 실내소음, 스페이스 프레임, X-차폐공사, 금속공사, 화장실, 주차장 등의 종류별 특성 및 요구 성능, 공법 종류 등)
	7. 입찰, 계약제도	1. 공사발주방식 및 계약제도의 종류 및 특성 • Turn Key, BTL, BTO, 성능 발주, 민자사업, PF 사업 등 • 물가 변동, 실적공사비, 입찰제도, 새로운 법규에 의한 입찰/계약제도 등
	8. 기타 일반사항	1. 공사관리체계의 정보화 : EC화, IBS, CIC, 건설 CALS, PMIS, 웹기반공사관리시스템, BIM 등
		2. 건설산업의 환경변화에 따른 대응방안(로봇(Robot) 시공, 복합화공법, 신기술 적용 및 대책, 관련 법규 사항, 시사성 issue 등)
		3. 리모델링공사(내구연한분석, 보수·보강공법, 시공상 문제점 및 대책 등)
		4. 초고층공사(양중계획, 코아선행공법, 수직도관리, Out rigger system, 구조형태, 굴뚝효과방지, 대피공간 등의 시공상 문제점 및 대책 등)
		5. 해체 및 재활용공사(해체, 해체폐기물의 처리 및 재활용 등의 공법 종류 등)
	9. 건축시공 법규 및 신기술 적용	1. 건축시공 관련 법규 및 표준 적용
		2. 건축시공 신기술 적용
품위 및 자질	10. 기술사로서 품위 및 자질	1. 기술사가 갖추어야 할 주된 자질, 사명감, 인성
		2. 기술사 자기개발 과제

차례 | CONTENTS

01 정부 발주의 공공시설 건축공사 중 공동도급공사 준공 후
하자 발생요인 및 대책에 대하여 기술하시오. ·· 3

02 Partnering(IPD) 계약방식의 문제점과 기대효과에 대하여 기술하시오. ········ 8

03 공공시설물 공사 중 발생하는 물가변동에 따른 계약금액 조정절차와
내용에 대하여 설명하시오. ··· 12

04 지하 7층, 지상 72층 초고층공사 시 종합가설계획과 종합가설계획 시
유의사항에 대하여 설명하시오. ·· 17

05 건축공사에서 가설공사의 특성과 가설공사 항목 중 공통가설 항목과
직접가설 항목을 설명하시오. ·· 20

06 건축공사 중 가설공사에서 안전시설물과 추락방지시설을 구분하여
설명하시오. ··· 23

07 지반조사의 종류별 특성과 지반조사 자료가 상이할 경우 대처방안에
대하여 설명하시오. ·· 29

08 건축공사 중 도심지 연약지반공사에서의 주요 문제점과 허용지지력
미달 시 해결방안에 대하여 설명하시오. ··· 34

09 도심지 건축공사 시 시추주상도(토질주상도)의 기입 내용과 용도 및
활용방안에 대하여 설명하시오. ·· 40

10 도심지 건축공사 중 흙막이공법의 분류별 특성에 대하여 설명하시오. ········ 44

11 도심지 흙막이 스트럿(Strut) 공법 적용 시 시공순서와 해체 시
주의사항에 대하여 설명하시오. ·· 51

12 흙막이공사에서 어스 앵커(Earth Anchor)의 홀(Hole) 누수 경로 및
경로별 방수처리에 대하여 설명하시오. ··· 58

13 흙막이공사의 IPS 공법 구성과 특징, 시공순서 및 시공 시 주의사항에
대하여 설명하시오. ·· 63

14 Top Down 공사에서 Slurry Wall 공사 완료 후 구조체와의
일체성 확보를 위한 작업방안에 대하여 설명하시오. ································· 66

15 Slurry Wall 공법에서 Guide Wall의 역할과 안정액 관리방안에
대하여 설명하시오. ·· 72

16 지하연속벽공사 시 안정액에 포함된 슬라임(Slime)의 영향 및
   처리방안에 대하여 설명하시오. ·· 78
17 건축공사 중 SPS 공법과 CWS 공법을 비교 설명하시오. ················ 82
18 도심지 공사에 적합한 역타공법 중 BRD(Bracket supported R/C
   Downward) 공법과 SPS(Strut as Permanent System) 공법에
   대하여 설명하시오. ·· 85
19 부력을 받는 지하주차장에 발생하는 문제점 및 대응방안에 대하여
   설명하시오. ··· 91
20 흙막이 계측관리의 목적, 계측계획 수립 시 고려사항 및 계측기의
   종류에 대하여 설명하시오. ··· 99
21 기성 콘크리트 말뚝의 시공관리방안과 말뚝의 반입 및 저장 시
   유의사항, 지하수 용출 시 관리방안을 기술하시오. ···················· 105
22 기성 콘크리트 말뚝의 이음방식별 특성 및 본항타 시 고려사항,
   항타공사 시 유의사항에 대하여 설명하시오. ·························· 110
23 기성 Con'c Pile 항타 시 발생하는 두부 파손원인과 대책 및
   두부 정리 시 유의사항에 대하여 설명하시오. ·························· 117
24 공동주택현장의 PHC 파일 시공 시 유의사항과 재하시험 방법에
   대하여 설명하시오. ··· 121
25 현장타설말뚝 시공 시 수직정밀도 확보방안과 공벽붕괴 방지대책에
   대하여 설명하시오. ··· 127
26 구조물의 부동침하 원인 및 방지대책을 나열하고,
   언더피닝(Under Pinning) 공법에 대하여 설명하시오. ················ 131
27 철근 콘크리트 공사에서 철근 배근 오류로 인하여 콘크리트의 피복두께
   유지가 잘못된 경우, 구조물에 미치는 영향에 대하여 설명하시오. ······ 143
28 철근 콘크리트 공사에서 철근의 이음공법 종류별 시공 시 주의사항과
   철근의 부착강도에 영향을 주는 요인을 기술하시오. ··················· 151
29 거푸집공사에서 시스템 동바리(System Support)의 적용범위,
   특성 및 조립 시 유의사항에 대하여 설명하시오. ······················ 156
30 거푸집공사 중 Gang Form, Auto Climbing System Form,
   Sliding Form 공법을 비교 설명하시오. ······························· 160

31 거푸집에 작용하는 각종 하중으로 인한 사고유형을 기술하고,
   사고 방지방안을 설명하시오. 164
32 철근 콘크리트 공사에서 콘크리트 혼화재료의 종류와 특성 및
   용도에 대하여 설명하시오. 173
33 현장타설 콘크리트의 품질관리방안을 단계별(타설 전, 타설 중,
   타설 후)로 구분하여 설명하시오. 178
34 콘크리트 타설 중 압송배관의 막힘현상 징후와 조치사항,
   막힘현상 발생원인과 대책에 대하여 설명하시오. 185
35 콘크리트 구조물의 28일 압축강도가 설계기준강도에 미달될 경우,
   현장의 처리절차와 구조물 조치방안에 대하여 설명하시오. 187
36 철근 콘크리트 공사에서 줄눈(Joint)의 종류 및 시공 시 유의사항에
   대하여 기술하시오. 192
37 철근 콘크리트 구조의 내구성에 영향을 미치는 요인과 내구성 저하
   방지대책에 대하여 설명하시오. 197
38 일정상 공정이 지연되어 부득이 일평균 기온이 25°C 또는 최고 온도가
   30°C를 초과하는 하절기 콘크리트 공사에서 발생하는 문제점과
   조치방안에 대하여 설명하시오. 203
39 동절기 콘크리트 공사 시 초기 동해 발생원인 및 방지대책에
   대하여 설명하시오. 209
40 매스 콘크리트의 온도균열발생 메커니즘(Mechanism)과
   균열방지대책에 대하여 설명하시오. 214
41 합성 슬래브(Half Slab)의 일체성 확보 방안과 공법 선정 시
   유의사항에 대하여 설명하시오. 223
42 Curtain Wall 공사의 종류별 시공 특성과 Fastener 방식의 종류별
   특성을 비교·설명하고, 시공 시 유의사항을 기술하시오. 228
43 초고층공사에서 커튼월(Curtain Wall) 결로의 발생원인과 방지대책을
   설명하시오. 234
44 철골공사의 시공 상세도면 주요 검토사항 및 시공 상세도면에
   포함되어야 할 안전시설에 대해 설명하시오. 243
45 도심지 초고층공사 현장에서 철골세우기의 단계별 유의사항에
   대하여 설명하시오. 247

46 철골공사에서 고력 볼트 접합과 용접접합 및 그에 따른 접합별 특성에
　 대하여 설명하시오. ··· 252
47 철골 양중계획 수립 시 고려사항과 수직도 관리방법에 대하여
　 설명하시오. ··· 257
48 철골 용접결함의 종류와 결함 예방대책에 대하여 설명하시오. ·············· 262
49 철골 용접변형의 발생원인 및 방지대책에 대하여 설명하시오. ·············· 269
50 철골공사의 현장용접 검사방법에 대하여 설명하시오. ··························· 274
51 철골조 건축물의 내화피복 필요성과 내화성능기준 및 공법에 대하여
　 설명하시오. ··· 279
52 초고층건축물 코어(Core) 선행공법의 접합부에 대한 공종별 관리사항에
　 대하여 설명하시오. ·· 287
53 CFT(콘크리트 충전 강관기둥) 공법의 장·단점과 콘크리트 충전방법,
　 품질관리계획 및 콘크리트 하부 압입 타설 시 유의사항에 대하여
　 설명하시오. ··· 291
54 초고층건축물의 콘크리트공사에서 타설 전 관리사항과 압송장비
　 선정방안, 압송관 관리, 압송관 설치 시 주의사항에 대하여
　 설명하시오. ··· 295
55 초고층건축물에서 연돌효과(Stack Effect)의 문제점과 방지대책에
　 대하여 설명하시오. ·· 299
56 고층 철골철근 콘크리트조 건축물공사에서 수직부재 부등축소현상의
　 문제점과 발생원인 및 방지대책에 대하여 설명하시오. ························· 303
57 고층공사에서의 지진제어장치로 내진·면진·제진구조의 특징과
　 시공 시 유의사항에 대하여 기술하시오. ··· 307
58 건설현장에서 사용되는 도료의 구성요소와 공동주택 지하주차장
　 바닥 에폭시 도장의 하자유형별(도장공사 결함) 원인과 대책에
　 대하여 설명하시오. ·· 315
59 옥상녹화방수공사에서 방수·방근공법 적용 시 시공형태별 특징과
　 시공환경에 따른 유의사항에 대하여 설명하시오. ································ 318
60 건축물 지붕방수공사 시 방수공법의 종류와 작업 전 검토사항
　 대하여 설명하시오. ·· 320

61 목재의 방부처리에 대하여 설명하시오. ··· 325

62 유리공사에서 로이유리(Low-Emissivity Glass)의 코팅 방법별
   특징과 적용성에 대하여 설명하시오. ··· 328

63 단열재 시공 부위에 따른 공법의 종류별 특징과 단열재 재질에
   따른 시공 시 유의사항에 대하여 설명하시오. ···································· 331

64 공동주택에서 층간소음 저감을 위한 시공관리방안을 골조, 완충재,
   기포 콘크리트, 방바닥 미장 측면에서 설명하고, 경량충격음과
   중량충격음을 비교 설명하시오. ·· 336

65 건축공사 분쟁에 있어서 클레임의 유형과 발생요인 및
   분쟁해결방안에 대하여 설명하시오. ··· 343

66 건축공사 중 각 단계별 리스크 인자 및 대응방안과
   위험도 관리(Risk Management)의 관리체계 및
   위험약화 전략(Risk Mitigation Strategy)을 설명하시오. ···················· 347

67 건축공사 시 단계별 공기지연 발생원인과 방지대책에 대하여
   설명하시오. ·· 353

68 건축공사에서 발생하는 공종별 공종간섭(공정마찰) 시
   본공사에 미치는 영향요소와 해결방안에 대하여 설명하시오. ············ 357

69 건축공사에서 공종별 하도급업체 선정 및 관리 시 점검사항에
   대하여 기술하시오. ·· 361

70 최근 장기간의 코로나 사태, 전쟁과 기근, 국제유가 급등 등
   대내·외적인 요인으로 건설산업의 원자재 가격이 급등하는 바,
   이에 따른 문제점과 건설산업에 미치는 영향, 향후 대응방안에
   대하여 기술하시오. ·· 364

CHAPTER 01

계약제도

문제 01. 정부 발주의 공공시설 건축공사 중 공동도급공사 준공 후 하자 발생요인 및 대책에 대하여 기술하시오.

1 공동도급의 일반사항

① 공동도급이란 1개의 회사가 단독으로 도급을 맡기에는 공사 규모가 큰 경우, 2개 이상의 건설회사가 임시로 결합·조직·공동출자하여 연대책임하에 공사를 수급하여 공사 완성 후 해산하는 방식이다.
② 공동도급의 장점으로는 융자력 증대, 기술적 확충, 위험 분산, 시공의 확실성, 신용 증대 등이 있다.

2 공동도급의 개념도 및 종류, 특징

1) 개념도

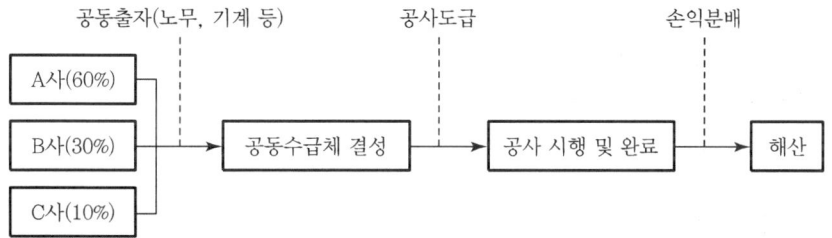

2) 종류

공동이행방식(Joint Venture)	완전한 형태의 공동도급방식으로 건축공사에 주로 적용
분담이행방식(Consorcium)	공구분할이 용이한 토목공사에 주로 적용
주계약자형 공동도급방식	계약상 공사비율이 가장 큰 업체가 주계약자 되는 방식

3) 특징

장점	단점
• 융자력 증대 • 기술적 확충 • 위험 분산 • 시공의 확실성 • 신용 증대	• 경비 증가 • 업무 흐름의 혼란 • 조직 상호 간의 불일치 • 하자 부분의 책임한계 불분명

3 하자 발생요인 연구분석

1) 지역업체와 공동도급 의무화
① 공사의 종류, 규모에 관계없이 의무적으로 지역업체와 공동도급 시 문제 발생 가능
② 기술능력 차이에 따른 문제 발생 소지 있음

2) 도급한도액 실적 적용
① 도급한도액 및 실적이 부족한 업체와 공동도급 시 합산하여 적용
② 부실시공 우려

3) 공동체 운영
① 서로 다른 조직원 편성에서 오는 이해 충돌
② 구성원의 시공능력 차이로 인한 장애

4) 발주상 문제점 발생
① 업체 간의 Joint Venture 기피현상
② Joint Venture 대상 및 자격범위 불명확

5) 하자 발생 시 책임 회피
① 하자 발생 시 책임 기피현상
② 공동이행방식일 때 문제 소지 있음

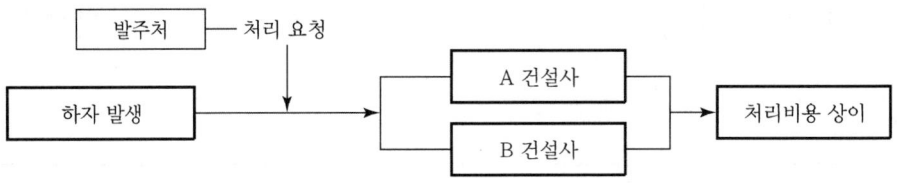

6) 재해 시 책임소재 회피
① 현장에서 재해 발생 시 상호 책임 회피
② 긴급대책 수립이 안 될 수도 있음

7) 회사 간의 대우 문제
① 회사 간 대우 수준이 다름
② 격차해소를 위한 대책 마련 필요함

8) 조직력 낭비
Project의 일시성으로 인한 조직효율 저하 우려

9) 기술 격차
시공능력 차이에 따른 효율적 공사관리 어려움

10) Paper Joint

서류상으로는 공동도급으로 수주를 한 후 실질적으로는 한 회사가 공사 전체를 진행시키며, 나머지 회사는 서류상(형식적)으로만 공사에 참여하는 것

4 하자 방지대책에 대한 연구

1) 도급한도액, 실적 적용 대책
① 구성원 각 회사의 도급한도액 범위 내에서 지분율 확정
② 회사 규모에 맞추어 지분 확정

2) 건설업의 EC화
① Software 측면의 영역 확대
② 기술개발 및 기술교류 촉진 활성화

3) ISO 9000 인증획득
① 국제표준화로 대외 경쟁력 확보
② 외국업체 신기술 도입, 기술 전수

4) 공동도급제도 활성화
① 공동개발 투자 확대
② 제도 개선

5) 사무업무 표준화
자동화, 전산화

6) 업체의 기술개발
① 기술개발 투자 확대
② 전문업종 개발

7) 고급기술인력 육성
해외연수 및 기술교류를 통한 전문인력 육성

8) 공동지분율 조정
분쟁해소책 마련

9) 감독기관의 실행 여부 점검
공동도급사에 대한 시공계획, 하도급 선정 등 확인·점검

10) PQ 제도 활성화
기술능력 위주로 유도

11) 기술상 대책
   ① 기술상 책임한계 명확히 구분
   ② 기술 수준이 비슷한 업체끼리 연결

12) 책임소재 명문화
   공사착수 전 시공범위와 책임소재 명확히 명시

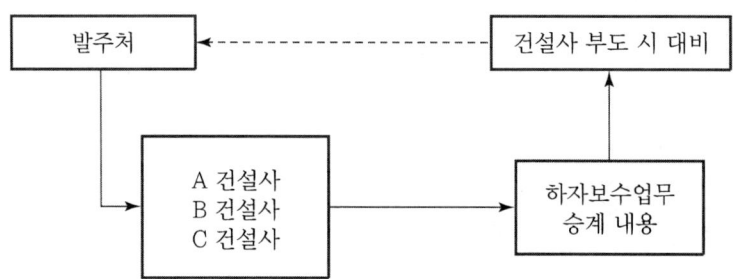

13) 조직력 정비
   ① Part별 담당자 지정
   ② 조직운영계획 사전협의 실시 및 이행

14) 발주상 대책
   ① 공동도급제도 활성화
   ② 시공기술능력 보유 여부를 평가척도로 활용

15) Paper Joint 대책
   제도적 보안장치 강구

5 공동도급과 컨소시엄 비교

구분	공동도급	컨소시엄
자본금	투자비율에 따라 참여사가 공동출자	공동비용 외 모든 비용은 각 참여사 책임
회사 성격	유한주식회사의 형태	독립된 회사의 연합
운영	만장일치제원칙(경우에 따라 지분 비례에 따른 권력 행사)	만장일치제원칙(의견일치가 되지 않을 경우 중재에 회부)
클레임	투자비율에 따라 공동부담	각 당사자가 책임

6 결론 – 준공 후 하자처리

1) 하자처리 방안
공동도급공사에서의 원활한 하자처리 업무를 위하여 전체 하자업무를 책임질 수 있는 업체 선정 및 운영이 중요하다.

2) 하자처리의 명문화
공동도급공사에서의 원활한 하자처리 업무를 위하여 전체 하자업무를 책임질 수 있는 업체를 선정 및 운영하고, 주관사에서 하자처리 시 하자처리 비용을 부관사가 연대책임하도록 하자처리 방식의 문서화가 필요하다.

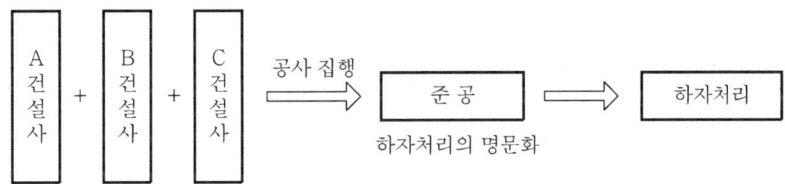

| 문제 02 | Partnering(IPD) 계약방식의 문제점과 기대효과에 대하여 기술하시오.

1 Partnering 계약방식

① 발주자가 직접 설계와 시공에 참여하고 발주자, 설계자, 시공자 및 Project 관련자들이 하나의 팀을 조직하여 공사를 완료하는 방식이다.
② 각 구성원 간의 믿음과 이해가 우선되어야 하며, 원가절감과 품질확보에 대한 인식이 공존되어야 원만한 Project 진행과 기술축적이 가능하다.

2 Partnering 계약방식 개념도 및 분류, 특징

1) 개념도

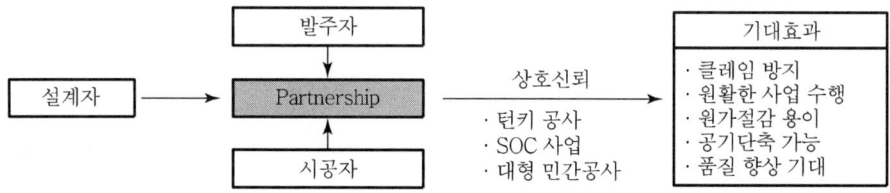

2) 분류

(1) 장기 Partnering
① 서로 신뢰관계를 바탕으로 장기간에 걸쳐 상호협력관계를 유지한다.
② 주로 장기의 Project 진행에 적용한다.
③ 하나의 Project가 끝난 후 다음 Project로 이어질 수 있다.

(2) 단기 Partnering
① 단일 Project를 수행하기 위해 일시적으로 형성된다.
② 1개의 Project를 공동목표로 달성한다.

3) 특징

구분	내용
신뢰성	서로 믿고 정보 공유
공동 목표	Win-Win 유연한 관계로 공동 목표의 개발 및 수집
형평성	모든 구성원의 이익 보장
적극성	경영진 및 참여 주체의 적극 참여

구분	내용
적절한 조치	의사 교류, 정보 공유, 문제점에 대한 조치
지속적 평가	목표를 위해 측정과 평가의 공동 점검
이행	공동 목표 달성을 위한 전략 수립 이행

3 Partnering 계약방식의 문제점

1) Partnering 계약방식에 대한 공사 관계자의 인식 부족

① Partnering 계약방식에 대한 발주자, 설계자, 시공자의 인식 절대 부족
② 정부 관련 기관에서의 홍보 부족

2) 투입원가에 대한 상호 의견차
시공사는 투입원가를 더 요청하고, 발주처는 투입원가를 절감하려는 모순

3) 공기지연, 공정마찰에 대한 의견 조정 난해
시공사와 발주처 간의 선투입 공정마찰에 대한 의견 조정 난해함

4) 사업체 간의 업무처리 및 관리방식 상이
① 각기 다른 사업체 간의 업무처리 및 관리방식 상이
② 서식 사용, 문서 작성 등 통일 필요

5) VE(Value Engineering) 인식 부족

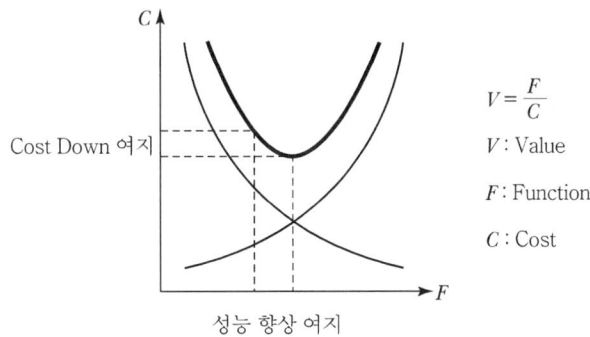

$V = \dfrac{F}{C}$

V : Value

F : Function

C : Cost

기능(Function)을 향상 또는 유지하면서 비용(Cost)을 최소화하여 가치(Value)를 극대화하는 방법의 인식 부족

6) 권한 위임 결여에 따른 책임소재 한계

7) 신기술, 신공법 적용 등 모험 불가

8) 문제점 발생 시 책임소재 불명확

9) 정부 관련 기관에서의 홍보 부족

4 Partnering 계약방식의 활성화 방안

① 건설기술 정보의 표준화
② 공유 문화 형성
③ VE, TQM 기법과의 접목
④ Turn key 발주 시 확대 실시
⑤ 사무 업무의 자동화
⑥ 민·관의 적극적인 홍보
⑦ 건설업체의 전문화
⑧ 사업체 간의 업무처리 및 관리방식 통일
⑨ VE(Value Engineering) 인식 개선
⑩ 신기술, 신공법 등 적용

5 Partnering 계약방식 시행 시 유의사항

① 사업 초기에 계획 수립을 면밀히 검토
② 발주 시 계약서에 관련자의 책임한계를 명확히 표기
③ 상호 협력을 위한 이해관계 내용 공유
④ 각 사업체 간의 이익을 위한 전략을 크로스 체크하여 문제점 도출·해결
⑤ 모든 의사결정은 상호 협의하에 결정하도록 노력

6 Chartering과 Partnering 비교

구분	Chartering	Partnering
조직관계	상하관계(수직관계)	상호평등(수평관계)
목표	건축주(발주처) 목표	공동 목표
이익추구	건축주 이익 추구	상호 이익 추구
현장조직	조직 임대	새로운 조직 구성
협정	단기협정	단기 또는 장기협정

7 결론 – 성공적 프로젝트를 위한 역학적 관계 설정

1) 건설환경의 변화 추이

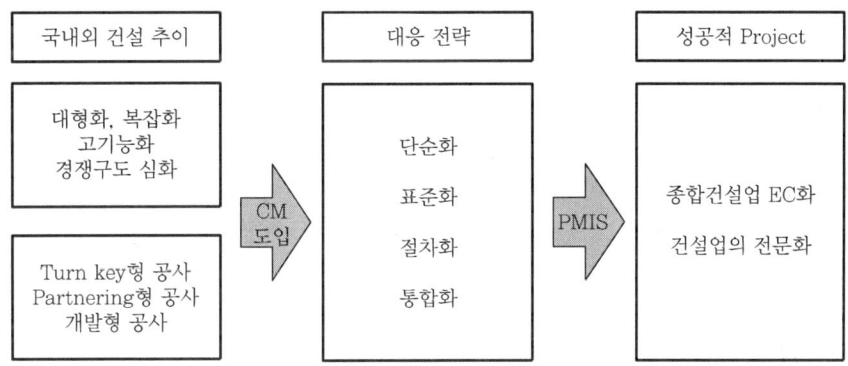

2) 발전 방향

최근 여러 가지 Partnership이 만들어지고 있으며 원활한 Project 추구와 품질 향상 및 공사비 절감 효과를 위해 더욱 연구·발전시켜야 한다.

문제 03. 공공시설물 공사 중 발생하는 물가변동에 따른 계약금액 조정절차와 내용에 대하여 설명하시오.

1 물가변동

① 계약체결일 후 90일 이상 경과 시 계약금액 구성 품목, 비목 가격 상승·하락 시에 계약금액을 조정하는 제도로 계약 당사자의 불공평한 부담 경감 또는 원활한 계약이행을 도모함
② 물가변동은 품목조정률 또는 지수조정률 3% 이상 증감 시 계약금액 조정 대상임 / 계약금액 조정 신청서 접수 후 30일 이내에 조정

2 물가변동 시 계약금액 조정요건

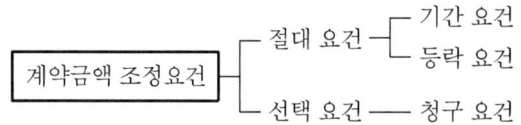

1) 절대 요건

(1) 기간 요건

① 계약체결일 후 90일 이상 경과하여야 한다.
② 입찰일을 기준으로 한다.
③ 2차 이후의 물가변동은 전 조정기준일로부터 90일 이상을 경과하여야 한다.

(2) 등락 요건

품목조정률 또는 지수조정률이 3% 이상 증감 시 적용된다.

2) 선택 요건

(1) 청구 요건

절대 요건이 충족되면 계약 상대자의 청구에 의해 조정된다.

❸ 물가변동에 의한 계약금액 조정절차

1) 품목조정률

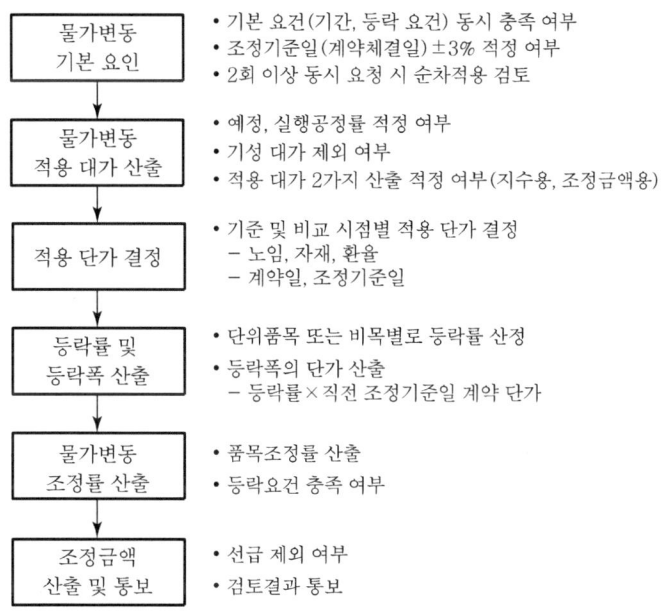

2) 지수조정률

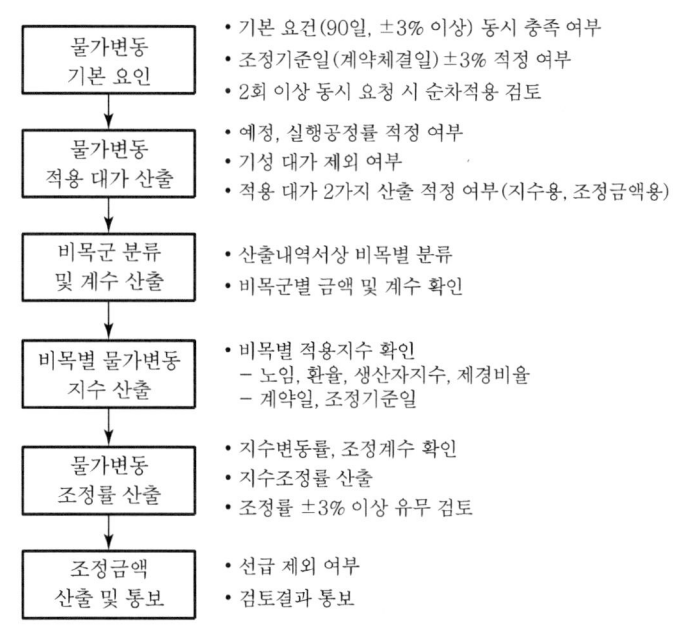

4 물가변동 조정내용

1) 품목조정률
① 조정기준일(조정 사유 발생일) 전의 계약금액에서 차지하는 비율
② 기획재정부장관이 정하는 바에 의거하여 산출
③ 품목조정률의 3% 이상 증감

2) 지수조정률
① 지수조정률 산출방법
- 생산자 물가 기본분류지수, 수입물가지수
- 건설협회에서 공표하는 건설노임지수
- 기획재정부장관이 정하는 지수

② 지수조정률의 3% 이상 증감

5 물가변동 조정 시 유의사항
① 조정 신청서 접수 후 30일 이내에 조정
② 계약금액 조정 후 조정기준일로부터 90일 이내에는 재조정 불가능
③ 동일한 계약에 대하여는 품목조정률과 지수조정률을 동시에 적용하지 못함
④ 조정기준일 전에 이행 완료할 부분은 적용 제외
⑤ 예정가격이 100억 원 이상인 공사는 지수조정률 적용

6 결론
① 계약금액 조정은 현장에서 자주 발생되고 있으나 사전에 이에 대한 준비를 하지 않을 경우 현장 업무 가중으로 시공관리가 소홀해진다.
② 공무부서에서는 계약금액 조정에 대한 사전준비로 신속한 업무처리가 되도록 하여야 한다.

CHAPTER 02

가설공사

문제 04. 지하 7층, 지상 72층 초고층공사 시 종합가설계획과 종합가설계획 시 유의사항에 대하여 설명하시오.

1 종합가설계획

① 초고층공사의 종합가설계획 / 준비공사 / 방음벽 가설 펜스 / 가설건축물 / 본 공사 자재 야적장 / 가설 급·배수 / 현황측량 / 비계 및 양중설비 계획 / 인접 건축물과의 관계
② 유의사항으로는 건축물의 배치, 높이 등 설계도서 파악 / 수도관, 가스관 등 지하매설물 위치도 입수 / 공사 대지 및 주변 현황조사 / 가설 기자재, 가설장비 사용계획

2 종합가설계획 시 도해 및 검토사항, 분류

1) 종합가설계획 시 도해

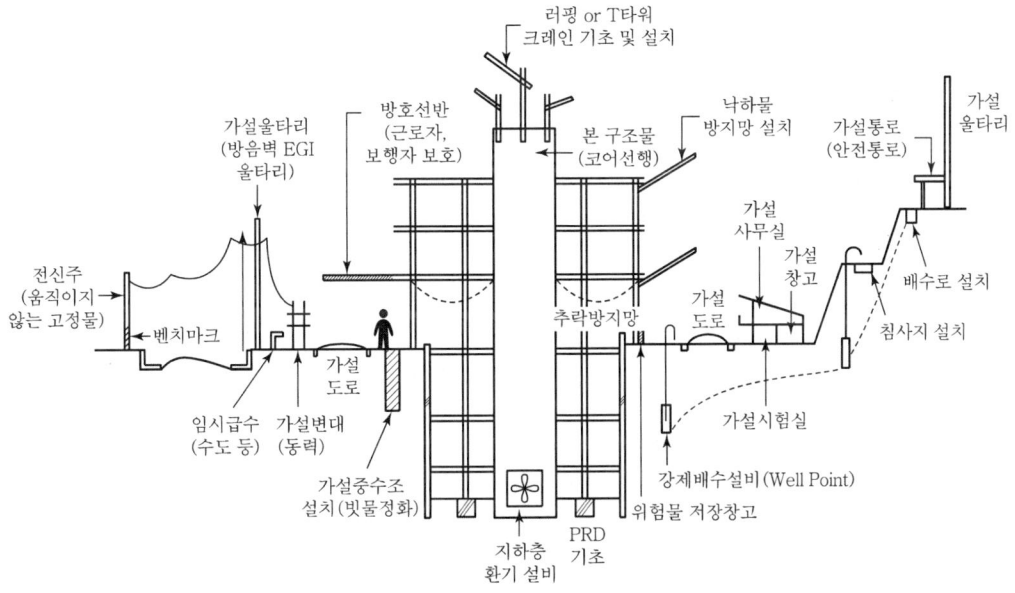

2) 종합가설계획 시 검토사항

① 본 공사에 영향을 미치지 않는 곳에 위치
② 본 공사 공정과 시기를 조정
③ 직접 가설공사의 반복 사용 검토
④ 조립, 해체가 용이한 자재 검토
⑤ 가설용수 및 가설전력 등의 적정성 검토
⑥ 가설 재료의 안전성 고려
⑦ 원가절감이 가능한 선에서 VE 실시

3) 가설공사 분류

분류	공통가설	직접가설
역할	공사전반에 간접적 역할	특정건물에 직접적 역할
종류	• 가설울타리 • 가설건물(숙소, 현장사무소, 기자재창고) • 가설운반로(가설도로) • 동력설비(공사용 동력, 전기설비) • 용수(用水)설비(급배수 설비) • 운반(공통가설에 수반되는 운반비용) • 공사용 기계기구의 설치	• 규준틀 • 비계 • 보양재료(콘크리트 양생) • 먹매김 • 안전설비(방호선반) • 양중하역설비(운반설비)

3 종합가설계획 및 유의사항

1) 종합가설계획

(1) 준비공사
장애물 철거, 부지정리, 가설도로(보도용 통로발판) 등

(2) 가설 펜스
① 가설 펜스의 위치, 가설 펜스 기초
② 야적장이 없는 경우 도로점용의 필요성 검토
③ 현장 주 출입구, 부 출입구, 방음·방진이 필요한 곳, 간판 등

(3) 가설건축물
① 현장사무실, 협력업체 사무실, 시험실, 숙소, 식당 등
② 창고, 화장실, 경비실 등의 규모와 배치 계획

(4) 자재의 적재야적장, 작업공간
① Pump Car의 배치나 레미콘 차량 진출입, 직접공사의 자재야적장 등
② 현장 내의 철근 가공장, 가설자재의 야적장 등
③ 야적장 부족 시 복공판 설치 검토

(5) 가설 전기
① 전기 고(저)압 수전 확인
② 각층별, 공사 부위별 분전함 배치나 인입 위치

(6) 가설용수
① 급수 : 본 공사분을 가설용수로 사용 여부 검토
② 배수 : 배수처리 비용, 오수정화처리 기준 및 시설 등 검토

(7) 현장 내 경계복원 측량
① 시, 도에 위치한 도근점을 중심으로 좌표, 레벨 확인
② 한국국토정보공사에서 실시한 경계측량을 기준으로 토공사업체와 경계복원 측량 실시

(8) 비계 및 양중설비
① 골조공사와 마감공사를 고려한 외부 시스템 비계 설치
② 외부 마감공사가 커튼월일 경우 곤돌라, 윈치 등의 설치를 고려
③ 야적장의 동선과 최고 양중량, 무게, 층수, 외장 등에 기초하여 계획하고 협력업체에 자문을 구할 것

(9) 인접 건축물과의 관계
① 인접 건축물에 소음측정기, 크랙케이지, 경사계 등을 설치하여 비상사태, 민원 등에 대비
② 지중장애물(전기, 가스, 통신, 수도, 지상고압전력선)의 위치 파악 필수, 관계기관과 사전협의

2) 유의사항
① 건축물의 배치, 높이 등 설계도서 파악
② 수도관, 가스관 등 지하매설물 위치도 입수
③ 공사 대지 및 주변 현황조사
④ 가설 기자재 및 가설장비 사용계획
⑤ 공사품질, 공기단축 등 고려
⑥ 본 공사에 지장을 주지 않는 설치 위치
⑦ 본 공사의 공정과 설치시기 조정
⑧ 반복 사용으로 전용률 향상
⑨ 가설 설비의 조립·해체의 용이성
⑩ 적정한 가설 설비 규모 선택

4 낙하물방지망 설치 후 유의사항
① 3개월 이내마다 정기점검 실시
② 망의 손상된 부위는 즉시 교체 또는 수리할 것
③ 망 주위에서의 용접작업 금지
④ 망에 적재된 낙하물은 즉시 제거

5 결론
① 가설공사는 본 공사를 합리적이고 능률적으로 실시하기 위한 기본요소가 되므로 공사내용과 현장조건에 맞는 적정 규모로서 사용의 편리함이 요구된다.
② 가설공사계획은 경제성, 안전성 등에 대한 사전 검토가 필요하며, 가설공사가 전체 공사에 미치는 영향을 고려하여 경제적이고 안전한 가설계획을 세워야 한다.

문제 05. 건축공사에서 가설공사의 특성과 가설공사 항목 중 공통 가설 항목과 직접가설 항목을 설명하시오.

1 가설공사에 대하여

① 가설공사는 본 공사 완성을 위한 임시설비로, 공사가 완료되면 해체 및 철거가 행해지는 임시적인 공사이며, 공통가설공사와 직접가설공사로 분류된다.
② 특성으로는 최소한의 설비로 최대한의 효과, 유도 가설자재의 반복 사용, Unit한 부재를 사용하여 조립·해체가 용이, 공사 완료 후 해체·철거가 쉽도록 계획하는 것 등이 있다.

2 낙하물방지망의 도해 및 가설공사의 특성

1) 낙하물방지망 도해

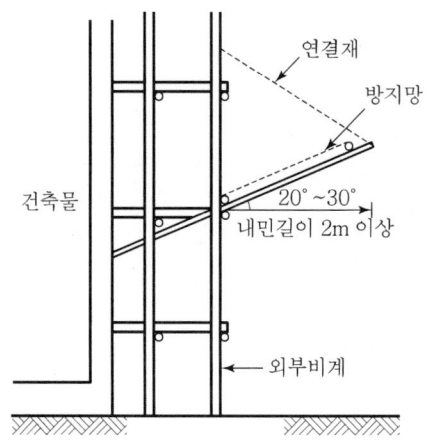

2) 가설공사의 특성

① 도면에 표시되지 않아 시공자가 계획하여 시공
② 최소한의 설비로 최대한의 효과 유도
③ 가설자재의 반복 사용
④ Unit한 부재를 사용하여 조립·해체가 용이
⑤ 양부에 따라 가설공사 전반에 영향을 미침
⑥ 공사 완료 후 해체·철거가 쉽게 계획

3 공통가설 항목과 직접가설 항목

1) 공통가설 항목

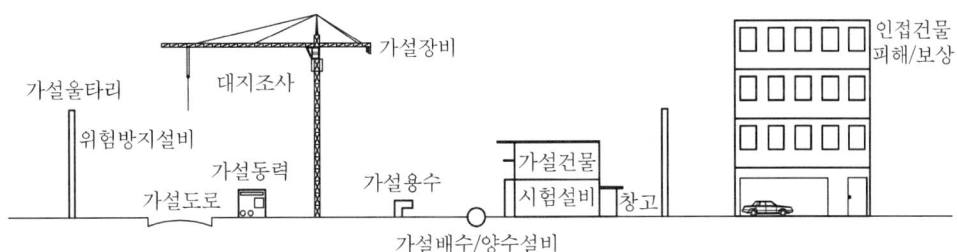

〈공사 전반에 걸쳐 공통으로 사용되는 공사용 기계 및 공사관리에 필요한 시설〉

① 대지조사　　　　　② 가설도로　　　　　③ 가설울타리　　　　④ 가설건물
⑤ 공사용 동력(가설전기)　⑥ 용수설비(가설용수)　⑦ 시험설비　　　　　⑧ 공사용 장비
⑨ 인접 건물 보상 및 보양　⑩ 양수 및 배수설비　⑪ 위험방지설비　　　⑫ 통신설비
⑬ 냉난방설비　　　　⑭ 환기설비

2) 직접가설 항목

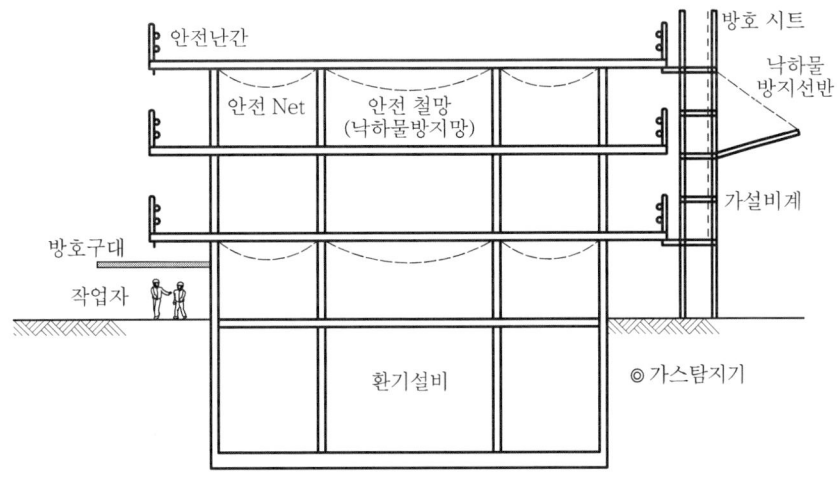

〈본 공사의 직접적인 수행을 위한 보조적 시설〉

① 규준틀 설치　② 비계공사　③ 안전시설　④ 건축물 보양　⑤ 건축물 현장정리

4 직접가설공사 시 안전관리방안

① 가설공사계획 수립 시 실질적인 안전관리계획 수립
② 현장 안전시설의 점검 및 안전교육 실시
③ 위험공사 시공 시 안전관계자 입회하에 실시
④ 실무책임자 및 작업원의 안전의식 고취 및 강화교육

5 가설재의 개발방향

① 강재화 ② 경량화
③ 표준화(규격화, Standardization) ④ 단순화(Simplification)
⑤ 전문화(Specialization) ⑥ 재질 향상

6 결론

① 가설공사는 본 공사를 위해 일시적으로 행하여지는 시설 및 설비이다.
② 가설항목에 대한 경제성, 안전성, 시공성 등을 고려하여 보다 합리적이고 능률적인 계획과 실시가 이루어져야 한다.

문제 06. 건축공사 중 가설공사에서 안전시설물과 추락방지시설을 구분하여 설명하시오.

1 가설공사에 대하여

① 가설공사는 본 공사의 완성을 위한 임시설비로, 공사가 완료되면 해체 및 철거가 행해지는 임시적인 공사이며, 공통가설공사와 직접가설공사로 분류된다.
② 안전시설의 종류로는 추락방지망, 안전난간, 낙하물방지망, 낙하물방지선반, 보호방호구대, 방호 시트(수직보호망) 등이 있다.

2 낙하물방지망의 도해 및 가설공사의 특성

1) 낙하물방지망 도해

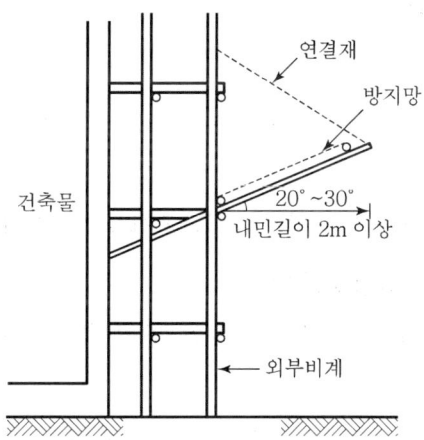

2) 가설공사의 특성

(1) 반복 사용 중시
   ① 조립 및 해체를 용이하게 하여 반복 사용 증대
   ② 조립·해체 시의 인력절감

(2) 가설재료 강도 고려
   ① 가설재료의 안전성 고려
   ② 경제성을 고려하여 안전성과 균형 유지

(3) 고정설비로 이관
   ① 가설재의 Unit화로 이관 용이
   ② 품질 향상 및 인건비 절감

(4) 가설재 관리
① 강제가설재의 방청관리 필요
② 가설재 부품의 손실 방지

❸ 안전시설물과 추락방지시설

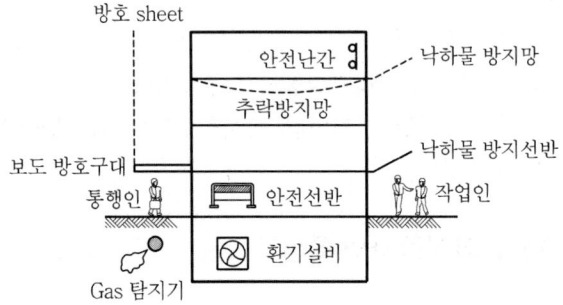

1) 가설공사의 안전시설물

(1) 안전난간
개구부, 작업발판, 가설계단의 통로 등에서 작업원의 추락사고를 방지하기 위해 설치

(2) 낙하물방지망
고소작업 시 재료나 공구 등의 낙하로 인한 피해를 방지하기 위한 망

(3) 낙하물방지선반(낙하물방호선반)
고소작업 시 재료나 공구 등의 낙하로 인한 피해를 방지하기 위한 합판 또는 철판

(4) 보도 방호구대
보도 위의 통행인을 위험으로부터 방호할 목적으로 설치

(5) 방호 Sheet(수직보호망)
외부 발판에 설치하여 내부의 먼지, 쓰레기 또는 콘크리트 분말 등이 외부로 비산되는 것을 방지

(6) 기타
위험표시 테이프, 안전표시, 낙하물표시, 추락방지표시 등의 표시물 부착

2) 추락방지시설

(1) 추락방지망(안전 Net)
고소작업 시 작업원의 추락방지를 위한 망

(2) 추락 안전선반

　　추락 위험이 있는 개구부 주위 등에 잠정적으로 사용

(3) Elevator Hall의 추락방지망

　　① 테두리 Rope : 방지망 갓 둘레를 형성하는 Rope
　　② 달기 Rope : 방지망을 벽면에 부착하는 Rope

(4) 기성재 접이식 추락방지망

(5) 경사선반

　　① 엘리베이터 Pit 하부에 쓰레기가 쌓이는 것을 방지하기 위해 경사선반 설치
　　② Concrete 타설 시 배수를 위한 Sleeve 매입

4 안전시설물 설치 시 안전관리방안

① 가설공사계획 수립 시 실질적인 안전관리계획 수립
② 현장 안전시설의 점검 및 안전교육 실시
③ 위험공사 시공 시 안전관계자 입회하에 실시
④ 실무책임자 및 작업원의 안전의식 고취 및 강화교육

5 결론

① 가설공사의 안전에 대한 대책은 안전관리기준의 검토와 안전관리기법의 개선 및 현장원 모두의 안전에 대한 의식개혁이다.
② 현장원 모두가 안전관리의 중요성을 인식하고, 재해예상 부분에 대한 사전 예방과 철저한 사전 교육과 점검으로 재해예방에 주력해야 한다.

CHAPTER **03**

토공사

문제 07 지반조사의 종류별 특성과 지반조사 자료가 상이할 경우 대처방안에 대하여 설명하시오.

1 지반조사

① 지반조사란 대지 내의 토층·토질·지하수위·지내력·장애물 상황 등을 조사하는 것을 말한다.
② 지반조사가 상이할 경우 사전조사 → 예비조사 → 본조사 → 추가조사 순으로 현장에 맞는 재조사를 실시해야 한다.

2 표준관입시험(SPT) 도해 및 지반조사의 목적

1) 표준관입시험 도해

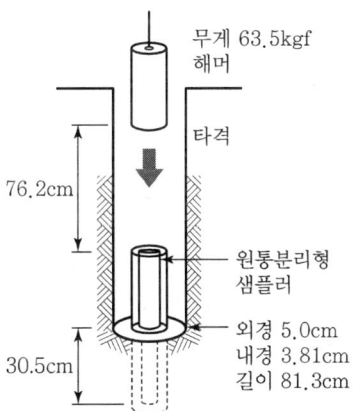

타격높이 : 76.2cm
관입깊이 : 30.5cm일 때의 타격횟수

2) 지반조사의 목적

① 기초 및 토공사의 설계 Data 수립
② 합리적 공법 선정을 위한 자료 역할
③ 토질의 성질 확인(흙막이공법 선정 자료) 가능
④ 굴토 부위의 지층 분포 확인
⑤ 부력 및 양압력 대비 지하수위 검토 가능

3 지반조사의 종류별 특성

1) 지하탐사법

구분	짚어보기	터파보기	물리적 탐사법
시험 방법	직경 φ9mm 철봉을 이용하여 인력으로 삽입하거나 때려 박아보는 방법	생땅의 위치, 지하수위 등을 알기 위해 삽으로 구멍을 파보는 방법	지반의 구성층 및 지층 변화의 심도를 판단하는 방법
특성	• 손짐작으로 지반의 경연을 판단함 • 얕은 지층의 특성 파악에 사용	• 얕은 지층의 토질, 지하수 등 파악 • 얕고 소규모 건축물의 기초에 사용 • 간격 5~10m, 구멍 지름 1.0m 내외, 깊이 1.5~3.0m	• 흙의 공학적 성질을 판별하기 어렵기 때문에 Boring과 병용 • 종류에는 전기저항식, 강제진동식, 탄성파식 탐사방법 등이 있음

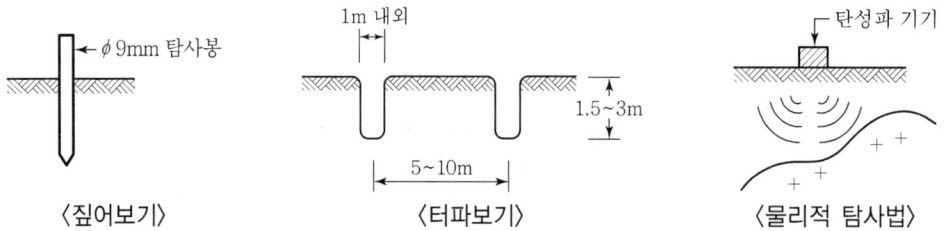

〈짚어보기〉　〈터파보기〉　〈물리적 탐사법〉

2) 보링(Boring)

① 흙의 지층 판단, 역학시험을 위한 시료채취, 토층성상, 층두께, 지하수 등을 확인할 수 있음
② 표준관입시험, Vane Test

구분	내용
오거 보링	• 나선형으로 된 송곳(Auger)을 인력으로 지중에 박아 지층을 알아보는 방법 • 깊이 10m 이내의 점토층에 사용
수세식 보링	• 선단에 충격을 주어 이중관을 박고 물을 뿜어내어 판 흙과 물을 같이 배출 • 흙탕물을 침전시켜 지층의 토질을 판별
회전식 보링	• Drill Rod의 선단에 첨부한 날(Bit)을 회전시켜 천공하는 방법 • 안정액은 Drill Rod를 통하여 구멍 밑에 안정액 Pump로 연속하여 송수하고 Slime을 세굴하여 지상으로 배출
충격식 보링	• 이어 로프 끝에 충격날(Percussion Bit)의 상하작동에 의한 충격으로 토사·토석을 파쇄 천공하여 파쇄된 토사는 Bailer로 배출 • 공벽 토사의 붕괴를 방지할 목적으로 안정액 사용

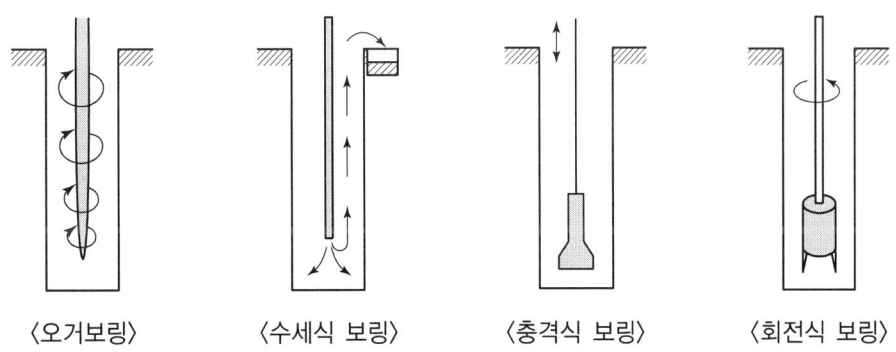

⟨오거보링⟩　　⟨수세식 보링⟩　　⟨충격식 보링⟩　　⟨회전식 보링⟩

3) Sounding

구분	표준관입시험	Vane Test	Cone 관입시험
시험 방법	중량 63.5kg, 높이 750mm에서 자유낙하, 300mm 관입 시 타격횟수(N치)	Boring의 구멍을 이용하여 Vane (十자형 날개)을 지중에 소요깊이까지 넣은 후 회전시켜 저항하는 Moment 측정	원추형 Cone을 지중에 관입할 때의 저항력 측정
특성	• 흙의 지내력 판단 • 사질토 적용	• 점토질 점착력 판단방법 • 깊이 10m 이내가 적당	흙의 경연 정도 측정

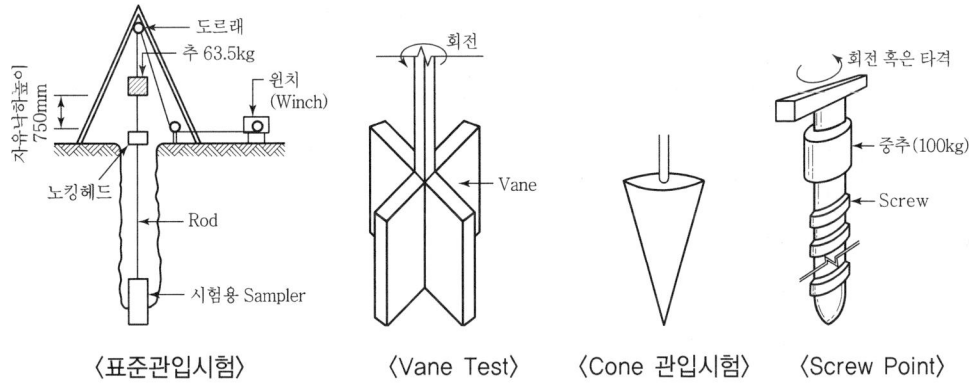

⟨표준관입시험⟩　　⟨Vane Test⟩　　⟨Cone 관입시험⟩　　⟨Screw Point⟩

4) Sampling(시료 채취)

분류		내용
교란 시료 채취	정의	토질이 흐트러진 상태로 채취한 시료
	특성	• 토성, 다짐성 등을 시험 • 토량환산계수를 구하기 위하여 교란시료와 불교란시료를 채취
불교란 시료 채취	정의	토질이 자연상태 그대로 흩어지지 않도록 채취하는 것으로 Boring과 병행하여 실시
	특성	• 흙의 분류시험, 역학적 시험에 사용 • 전단, 압축, 투수, 입도 등을 시험

5) 토질시험

(1) 물리적 시험(분류판별시험)
① 흙의 물리적 성질을 판단하는 시험
② 함수량, 비중, 입도, 액성한계(LL), 소성한계(PL), 수축한계(SL) 등을 시험

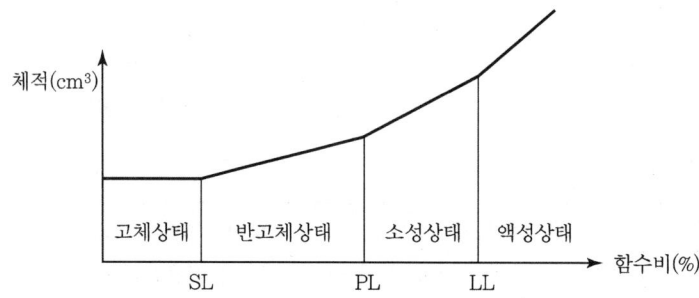

(2) 역학적 시험
흙의 역학적 성질을 판단하는 전단강도의 점착력(C)과 마찰각(φ)에 의해 결정
① 직접전단시험 : 수직력을 가해 대응하는 전단력 측정
② 1축 압축시험 : 직접하중을 가해 파괴시험
③ 3축 압축시험 : 수직하중을 가해 공시체 파괴시험

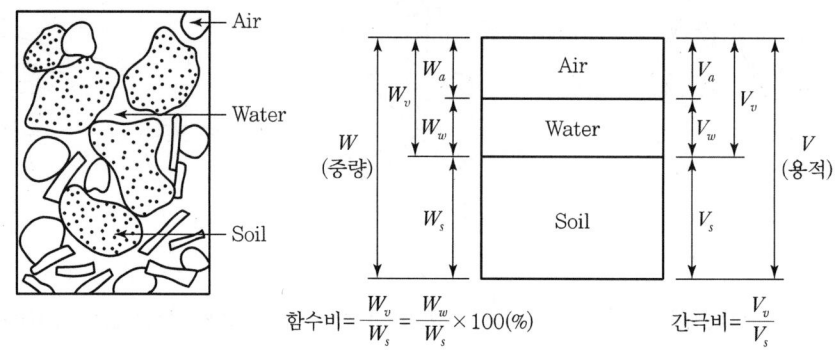

함수비 = $\dfrac{W_v}{W_s} = \dfrac{W_w}{W_s} \times 100(\%)$ 간극비 = $\dfrac{V_v}{V_s}$

6) 지내력 시험

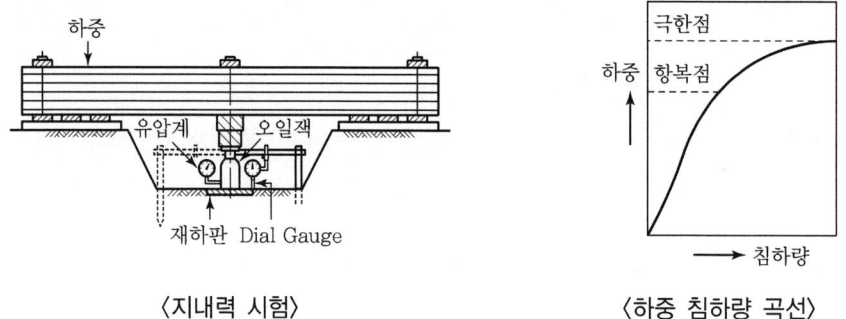

〈지내력 시험〉 〈하중 침하량 곡선〉

(1) **평판재하시험(PBT ; Plate Bearing Test)**
   ① 평판의 하중과 변위량의 관계에서 지반강도 특성 파악
   ② 단기하중은 장기하중의 2배

(2) **말뚝박기시험**
   ① 항타기를 통해 직접 관입량, Rebound 측정
   ② 말뚝의 장기허용지지력 산정

(3) **말뚝재하시험**
   ① 지지력을 실물재하에 의해서 판단(실제 지지력 판단)
   ② 연직하중은 예상 장기설계하중의 3배

7) 기타 시험

   투수성, 양수, 간극수압 및 토압계를 사용한 토압시험

4 지반조사 자료가 상이할 경우 대처방안

① 설계단계와 시공단계의 지반조사 자료가 서로 상이한 경우 원칙적으로 현장여건에 맞는 재조사를 실시함
② 지반조사 자료의 상이 정도를 미리 파악하기가 난해할 때 우선적으로 추가조사를 실시함
③ 추가조사의 결과에 따라 기초저면 재설계 또는 부분 재설계를 실시함

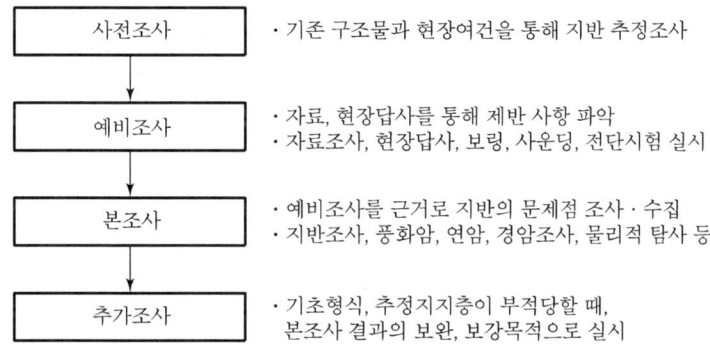

5 결론

지반조사는 공사와 관련되는 토질의 제반 문제점들을 정확히 파악하기 위해 필요하며, 사전에 본 공사에 소요되는 시간과 예산을 충분히 감안하여 종합적인 관점에서 지반조사를 실시해야 한다.

문제 08
건축공사 중 도심지 연약지반공사에서의 주요 문제점과 허용지지력 미달 시 해결방안에 대하여 설명하시오.

1 연약지반의 일반사항
① 연약지반이란 강도가 약하고 압축성이 큰 흙으로 이루어진 지반으로서 점토·실트·유기질토 및 액상화되기 쉬운 느슨한 사질토 등의 지반을 말한다.
② 지반개량공법은 지반의 지지력을 증대시키기 위한 것으로 크게 사질토·점성토·사질토와 점성토 혼합지반에서의 지반개량공법으로 분류할 수 있다.

2 지반개량공법 JSP 시공도 및 지반개량 목적

1) JSP 공법 시공도

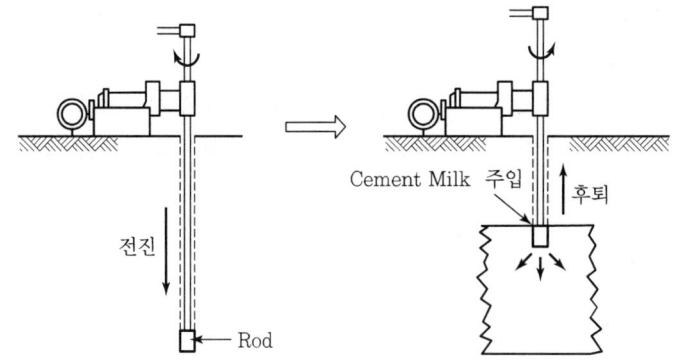

2) 지반개량 목적

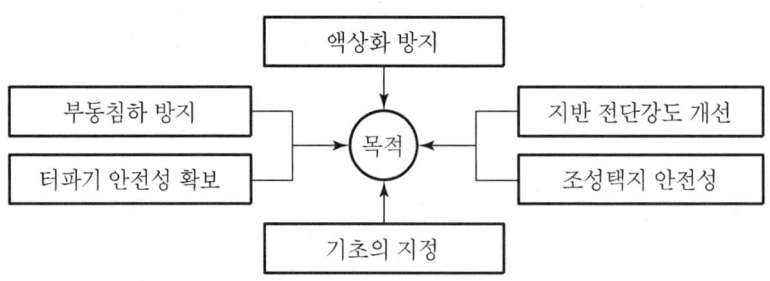

❸ 연약지반 주요 문제점의 선행적 고찰

1) 흙의 물리적 성질

(1) 팽창작용(Bulking)
건조상태에 있는 흙에 수분을 가하면 표면에 흡착수가 들어가 체적이 팽창됨

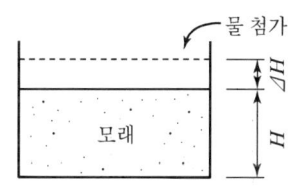 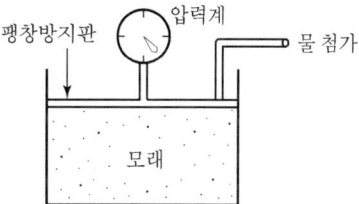

(2) 수축작용
점성토에서 수분이 증발하면서 수축되는 압밀현상

(3) 비화작용
점토가 자체의 물을 흡수할수록 토립자 간의 결합력이 감소되어 붕괴되는 현상

2) 사질토, 점성토의 전단강도 약화

(1) 흙의 전단강도
전단응력을 받아서 전단변형(Shear Strain)을 일으킨다.

(2) 흙의 전단저항
흙 속의 정지하려는 저항력과 지지력과의 관계이다.

(3) 사질토의 전단특성
① 상대밀도가 크거나 간극비가 작으면 전단저항각은 커진다.
② 입도분포가 좋은 흙은 입경이 균등한 흙보다 전단저항각이 크다.

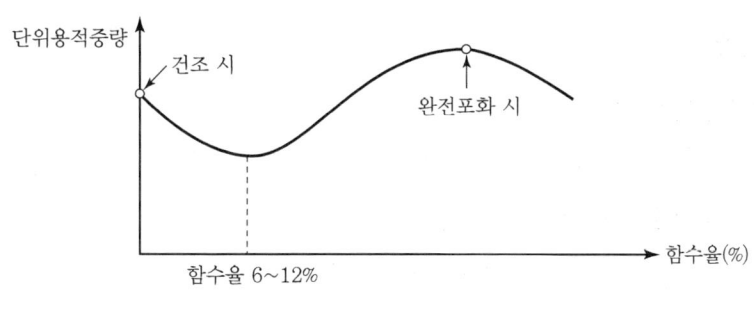

〈모래의 다짐곡선〉

3) 점성토의 전단특성

① 점성토가 함수비의 변화 없이 감소되는 예민성
② 예민비가 클수록 교란이 적어 역학적 성질은 불량

4) 틱소트로피(Thixotropy) 현상 발생

교란된 흙이 시간이 지남에 따라 손상된 강도의 일부를 회복하는 현상

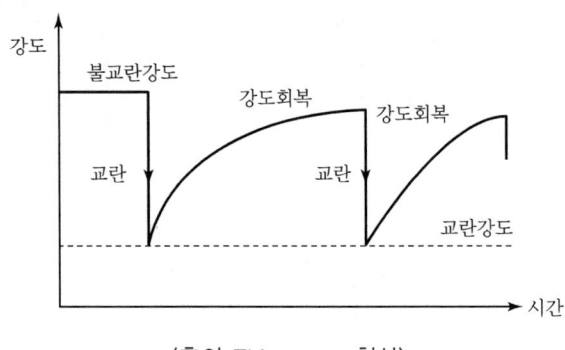

〈흙의 Thixotropy 현상〉

5) Leaching 현상(용탈현상) 발생

해성점토(海成粘土)가 담수에 의해 전단강도가 저하되는 현상

4 허용지지력 미달 시 해결방안(지반개량)

1) 사질토

(1) 진동다짐공법

진동을 동시에 일으켜 느슨한 사질토를 개량하는 공법

(2) 모래다짐말뚝공법

상부 Hopper로 Casing 안에 일정량의 모래를 주입하면서 상하로 이동다짐하는 공법

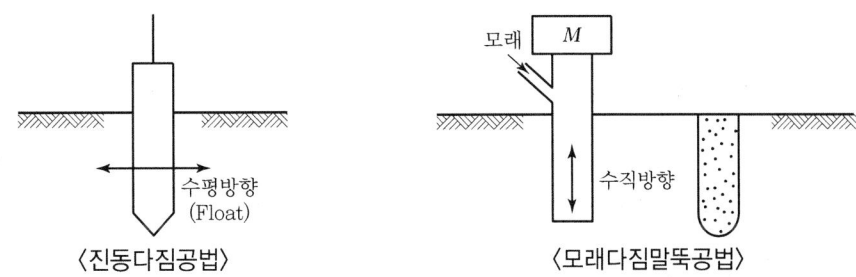

〈진동다짐공법〉   〈모래다짐말뚝공법〉

(3) 전기충격공법
사질지반에서 전극을 삽입하여 지반 속에서 고압방전충격으로 지반을 개량하는 공법

(4) 폭파다짐공법
지중에서 폭파하여 가스의 압력으로 지반을 파괴·다지는 공법

(5) 약액주입공법
화학약액을 지중에 충전시켜 시간이 경과한 후 지반을 고결시키는 공법

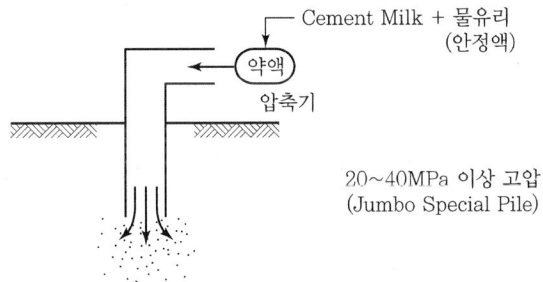

(6) 진동다짐공법
무거운 추를 자유낙하시켜 지반을 다지고, 잉여수를 배수하여 개량하는 공법

2) 점성토 중 치환공법

(1) 굴착치환공법
굴착기계로 굴토 후 양질의 흙으로 치환

(2) 미끄럼치환공법
연약지반에 미끄럼 활동으로 지반을 양질토로 치환

(3) 폭파치환공법
폭파에너지를 이용하여 양질의 흙으로 치환하는 공법

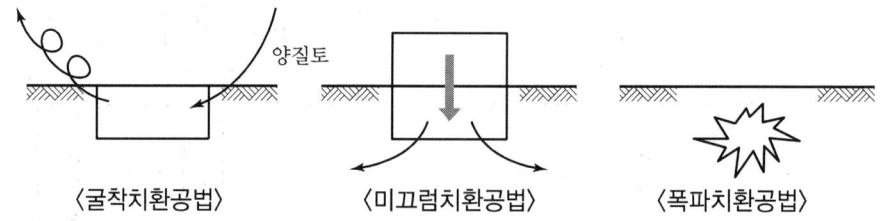

〈굴착치환공법〉　〈미끄럼치환공법〉　〈폭파치환공법〉

3) 점성토 중 압밀공법

(1) 선행재하공법

압밀침하를 촉진시키기 위하여 샌드드레인 공법을 병행하여 사용

(2) 사면선단재하공법

성토한 비탈면 옆 부분을 0.5~1.0m 정도 더 돋움하여 비탈면 끝부분의 전단강도를 증가시키는 공법

(3) 압성토공법

토사의 측방에 압성토하거나 법면구배를 통해 모멘트를 증가시키는 공법

4) 점성토 중 탈수공법

(1) Sand Drain 공법

연약한 점토지반에 Sand Pile을 통해 압밀강화하는 공법

(2) Paper Drain 공법

Drain Paper를 통하여 연약지반에 설치하는 치환공법

(3) Pack Drain 공법

Casing을 지중에 박고 타설 완료 후 Casing 내부에 주머니를 달아매서 그 속에 모래를 채운 다음 Casing을 뽑아내는 공법

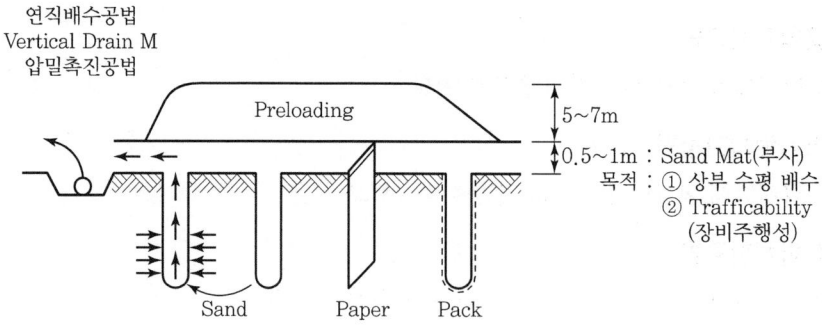

5 고압분사교반공법의 비교

구분	주입공 개수	경화재료 상태	주입압(MPa)
JSP 공법	2중관	시멘트 밀크	20
RJP 공법	3중관	시멘트	30~60

6 결론 – 연약지반개량에 따른 역학적 고찰

1) 지반 · 지중 관계
① 토공사의 적정 구조설계 기간 확보
② 유효응력 고려한 현장 토질전문 기술사 상주
③ 지나친 굴착의 변형, 응력 등의 사전 시뮬레이션 실시

2) 건설 소프트웨어 개발
① 가상현실세계를 구현한 사전 시뮬레이션 실시
② 진동에 따른 지반구조안정성 연구
③ 시방서와 도면 간의 연결 BIM 설계
④ IFC 기반으로 BIM의 빅 데이터 설계

문제 09. 도심지 건축공사 시 시추주상도(토질주상도)의 기입 내용과 용도 및 활용방안에 대하여 설명하시오.

1 시추주상도의 일반사항

① 지질 단면의 도법으로 지층의 층서, 포함된 제 물질의 상태, 층두께 등을 축적으로 표시한 것을 시추(토질)주상도라 한다.
② 기입내용은 지반조사지역, 보링 방법, 공내수위, 심도 및 토질의 색조, 지층두께 및 구성 상태, N치, 샘플링 방법 등이다.

2 시추주상도의 실례, 필요성, 기입내용

1) 시추주상도의 실례

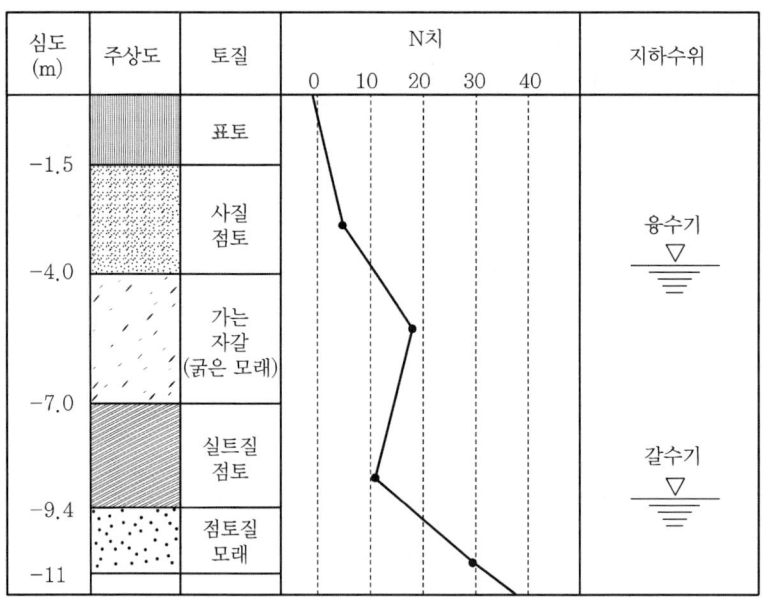

2) 필요성

① 토층의 공학적 특성 파악
② 지하수위 및 피압수 여부 파악
③ 토질주상도 작성
④ 지질의 상태 및 지지력 파악

3) 기입내용

① 지반조사지역, 조사일자 및 작성자

② 보링 방법, 공내수위
③ 심도에 따른 토질 및 색조
④ 지층두께 및 구성 상태
⑤ 표준관입시험의 N치

3 용도 및 선행공법의 활용방안

1) 공사일정 파악

2) 흙막이공법 선정

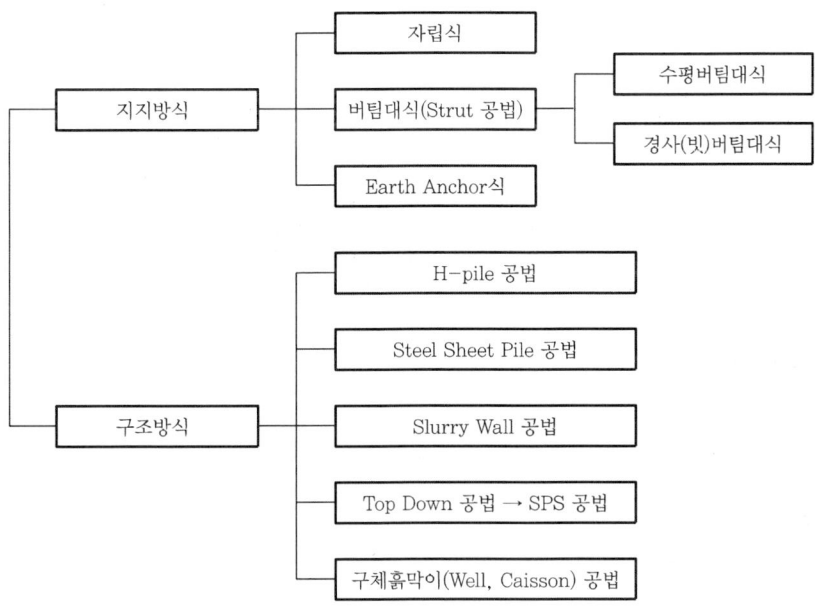

3) 흙의 지지력 산정

① 지층별로 N치 확인
② N치로 상대밀도, 전단강도 확인
③ 기초설계 및 기초의 안정성 확인

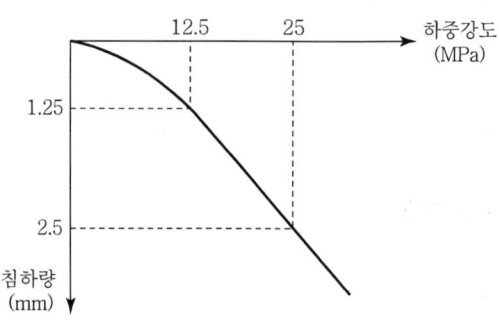

〈지지력계수〉

4) 인접 건물의 안정성 검토
지하수위 변동, 피압수로 인한 안정성 검토

5) 기초의 지지층 확인
① 건물의 기초와 지지층을 연결, Pile의 길이 산정
② 기초 Pile은 지지층에 도달
③ Pile의 두부는 기초 속에 묻혀 일체화 시공

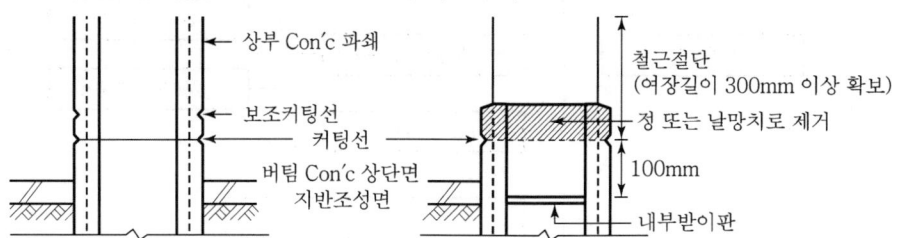

6) 구조설계 자료
① 가시설인 구조설계의 기본 자료
② 전체 건축물의 구조설계 자료

7) 잔토량 산정
① 토질에 따른 흙파기 시의 잔토량 차이 발생
② 토층 파악으로 정확한 잔토량 산정 가능

8) 장비 동원 계획 수립
토질 및 토층 상태 파악으로 장비 동원 계획 수립 가능

9) 전체 공사비 산정
토공사비 산정이 완료되면 미리 계산된 구조체공사와 마감공사비를 합하여 전체 공사비 산정이 용이함

10) 동 지역 공사의 자료

같은 지역에서 공사 착공 시 중요한 Data로 활용

4 N치를 통한 추정항목 고찰

1) 모래지반

① 상대밀도(다짐상태의 정도) ② 침하에 대한 허용지지력 ③ 지지력계수
④ 탄성계수 ⑤ 전단저항각 ⑥ 액상화 가능성

2) 점토지반

① Consistency(경연의 정도) ② 일축(一軸)압축강도 ③ 점착력
④ 파괴에 대한 극한허용지지력

5 결론

① 토공사계획은 주변 지반의 변화, 토질, 토층, 지하수위, 지내력 및 장애물 상황 등에 대한 철저한 사전준비조사가 중요하다.
② 토질주상도는 공법 선정이나 공사일정 파악의 주요 근거자료가 되므로 면밀히 파악하도록 한다.

문제 10. 도심지 건축공사 중 흙막이공법의 분류별 특성에 대하여 설명하시오.

1 흙막이공법의 개요
① 기초공사를 하기 위해 땅을 파는 일을 흙파기라 하며, 흙파기공사는 주변 지반의 침하가 발생하지 않도록 해야 하며, 흙파기공법은 지반상태에 맞는 적정 공법을 선정해야 한다.
② 흙파기공사에 앞서 지반조사·인접 구조물·대지주변 매설물 등에 대한 충분한 사전조사가 필요하며, 흙파기공법은 크게 모양에 의한 것과 형식에 의한 것으로 분류할 수 있다.

2 토압작용 시 힘의 균형도시 및 흙막이공법의 분류

1) 토압작용 시 힘의 균형도시(圖示)

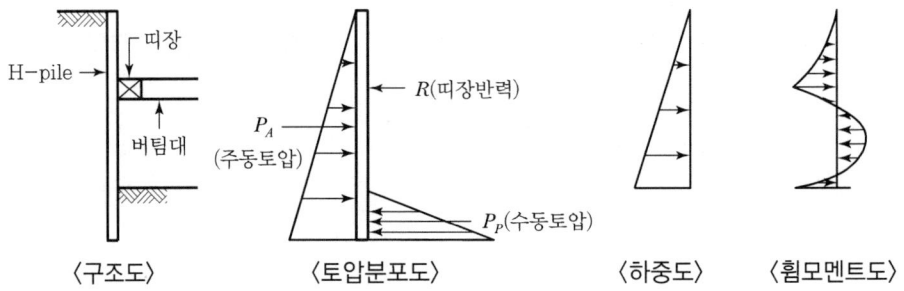

〈구조도〉   〈토압분포도〉   〈하중도〉   〈휨모멘트도〉

2) 흙막이공법의 분류

구분	공법
지지방식에 의한 분류	• 자립식, 버팀대식 • Earth Anchor식
구조방식에 의한 분류	• H-pile 공법 • Steel Sheet Pile(강널말뚝) 공법 • Slurry Wall 공법 • Top Down 공법 • 구체흙막이공법(Well 공법, Caisson 공법)

❸ 흙막이공법의 분류별 특성

1) 지지방식 분류별 특성

(1) 버팀대식

① 정의

흙막이벽 안쪽에 띠장(Wale)·버팀대(Strut)·지지말뚝(Post Pile)을 설치하여, 토압·수압 등에 대하여 저항시키면서 굴착하는 공법이다.

② 특성
- 버팀대식 공법으로 가장 많이 사용되는 공법임
- 대지 전체에 건물을 세울 수 있음
- 가장 보편적으로 이용하는 공법이고, 공기가 짧음
- 굴착심도가 깊어지면 버팀대 설치 수가 많아져 본 구조물 시공에 장애를 초래하므로 주의

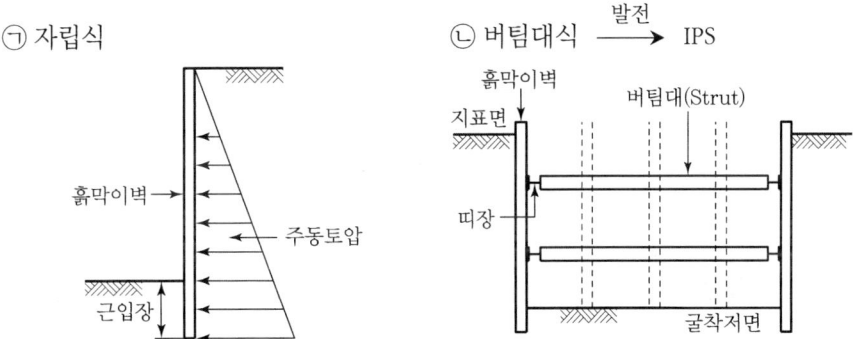

※ 말뚝을 지중에 박아 흙막이 배면의 토압을 지지

(2) Earth Anchor 공법

① 정의

Earth Anchor 공법이란 흙막이벽 등의 배면을 원통형으로 굴착하고, Anchor체를 설치하여 주변 지반을 지지하는 공법을 말한다.

② 특성
- 버팀대가 없으므로 굴착공간을 넓게 활용 가능
- 대형기계 반입 용이
- 작업공간이 좁은 곳에서도 시공 가능
- 공기단축이 용이, 시공 후 검사는 곤란

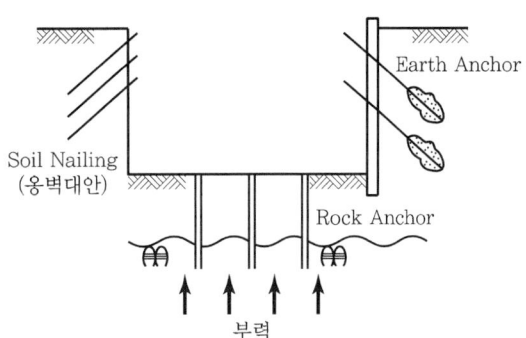

2) 구조방식 분류별 특성

(1) H-pile 흙막이공법

① 정의

일정한 간격으로 H-pile(어미말뚝)을 박고 기계로 굴토해 내려가면서, H-pile 사이에 토류판을 끼워 흙막이벽을 형성하는 공법이다.

② 특성
- 시공이 간단하고, 공사기간이 짧음
- 공사비는 저렴하지만 적용하는 지반이 한정적임
- 흙막이벽 차수가 필요할 때 Grouting 보강 필요함
- 근입장 길이가 짧을 때 Heaving 현상 우려됨

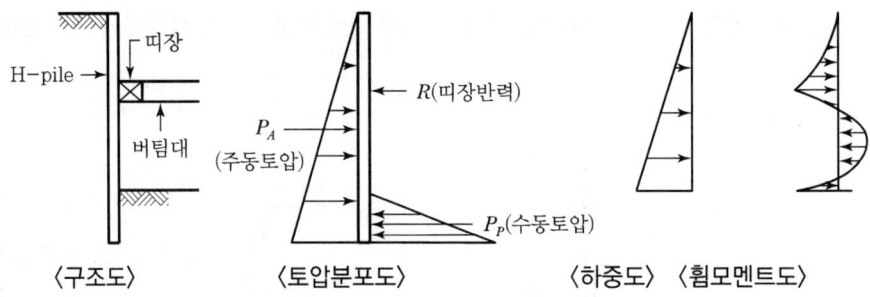

〈구조도〉　　〈토압분포도〉　　〈하중도〉 〈휨모멘트도〉

(2) IPS 공법

① 정의

기존의 버팀보를 사용하지 않고 IPS 띠장을 흙막이벽체에 운반하여 설치한 뒤 PS 강선에 긴장력을 가하여 흙막이벽체를 지지하게 함

② 특성
- 다수의 버팀대로 인한 작업공간 침해 방지
- 굴착현장에서 중장비의 작업공간 확보로 작업효율 향상
- 본 구조물 작업인 거푸집 및 철근공사 용이
- 사용 강재의 회수율이 높아 경제적
- 가시설 설치 및 본 구조물의 공기단축 가능

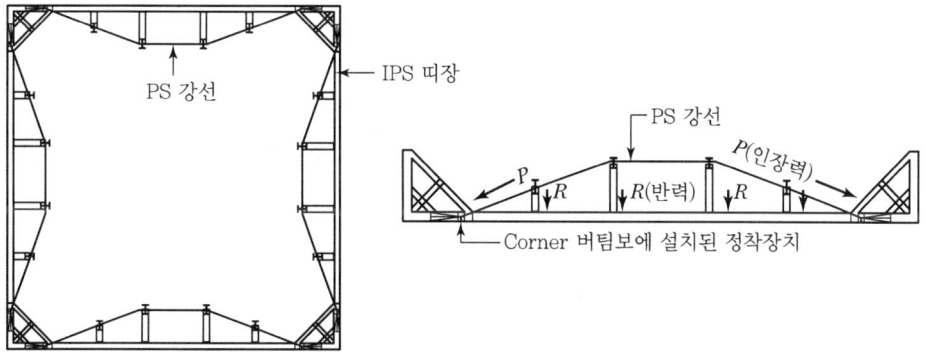

(3) Steel Sheet Pile(강널말뚝) 공법
① 정의
철재의 널말뚝을 연속해서 박아 수밀성 있는 흙막이벽을 만들어, 이것을 띠장·버팀대로 지지하는 공법이다.
② 특성
- 지하수위가 높은 연약지반에 적합
- 시공이 용이, 차수성이 우수, 공사비가 저렴
- 단면형상이 다양하고, 재질이 균등하고 용도가 다양
- 근입깊이를 깊게 하여 Heaving 현상을 방지
- 자갈 섞인 토질에는 관입이 곤란

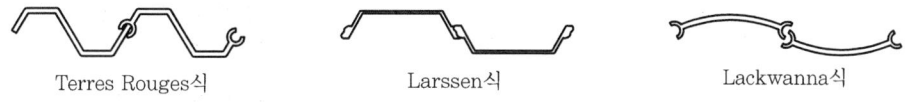

(4) 벽식 Slurry Wall(지하연속벽) 공법
① 정의
지하연속벽공법이란 안정액을 사용하여 공벽을 보호하며, 지반을 굴착하여 철근망을 삽입하고, Concrete를 타설하여 Panel을 연속으로 축조한 벽체이다.
② 특성
- 굴착공벽의 붕괴방지를 위해 Bentonite 안정액 사용
- 저소음·저진동공법
- 차수성이 우수하고, 안전성 확보가 용이
- 공사비 고가, 이수처리 곤란
- 일수현상으로 공벽붕괴 우려

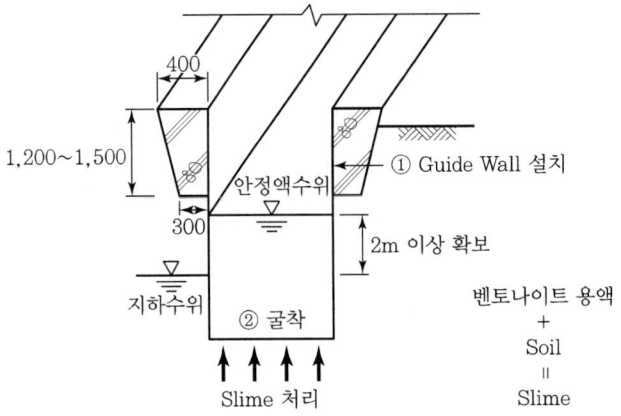

(5) 주열식 Slurry Wall 공법 중 SCW 공법
① 정의

지하연속벽공법 중의 하나로 Soil에 직접 Cement Paste를 혼합하여 현장 Con´c Pile을 연속시켜 지중연속벽을 완성시키는 공법으로 토류벽·차수벽으로 이용한다.

② 특성
- 차수성이 우수
- 공기단축 및 공사비가 저렴
- 소음진동 및 주변 피해가 적음
- 시공기술능력에 따라 품질 편차가 큼
- 토사의 성질 양부가 강도를 좌우

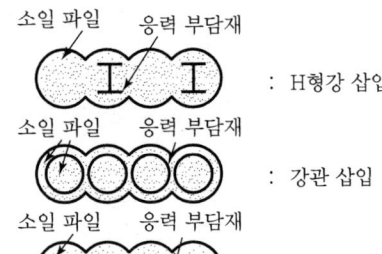

(6) Top Down 공법(역타공법)
① 정의

흙막이벽으로 설치한 Slurry Wall을 본 구조체의 벽체로 이용하고, 기둥과 기초를 시공한 다음 점차 지하로 진행하면서 동시에 지상구조물도 축조해가는 공법이다.

② 특성
- 지하·지상의 동시시공으로 공기단축이 용이
- 1층 바닥이 먼저 타설되어 작업공간으로 활용 가능
- 주변 지반에 대한 영향이 적음
- 기둥, 벽 등의 수직부재에 콘크리트 역타설로 역 Joint 발생으로 마감 곤란

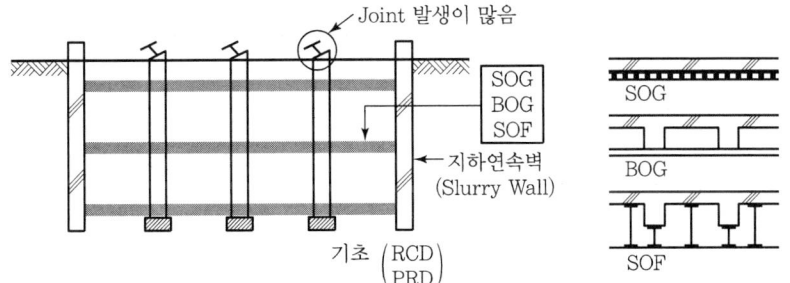

(7) SPS 공법

① 정의

SPS 공법은 가설 Strut(버팀대) 공법의 성능을 개선하여 본 구조체인 기둥, 보를 흙막이 버팀대로 활용하는 공법이다.

② 특성
- 지하의 철골보만 설치하여 아래로 진행하므로 환기, 채광이 양호
- 철골과 RC Slab가 띠장 역할을 하므로 구조적으로 안정
- 가설 Strut 해체 시 발생하는 지반 이완현상 감소
- 굴착공사용 장비의 작업성 향상
- 가설 Strut의 해체 과정 생략으로 공기단축
- 공기단축 및 시공성 향상으로 원가절감

4 CWS 공법과 SPS 공법의 비교

구분	CWS 공법	SPS 공법
흙막이벽체	Slurry Wall 외 CIP와 SCW에 적용 가능	Slurry Wall
띠장	• 벽체 매입용 철골 띠장 • 흙막이벽과 띄워서 설치하며 좌대에 부착	• 콘크리트 띠장 • 좌대 및 흙막이벽에 부착
지상 및 지하 동시시공	동시시공 가능	• Up-Up 공법 : 동시시공 가능 • Down-Up 공법 : 순차시공
지하외벽 타설	• Slab 타설 시 외벽체 미타설 • 철골 띠장이 외벽에 매입되어 역 Joint 미 발생	철골보 하부에 역 Joint 발생

5 결론

① 근래에 지하구조물이 대형화됨에 따라 대형 붕괴사고 및 주변 건축물의 피해가 늘어 민원의 대상이 되고 있다.

② 정보화 시공(계측관리) 및 저소음, 저진동공법 개발 등을 통하여 흙막이공사의 안정성을 높여야 한다.

문제 11. 도심지 흙막이 스트럿(Strut) 공법 적용 시 시공순서와 해체 시 주의사항에 대하여 설명하시오.

1 스트럿(Strut) 공법의 일반사항

① 스트럿(Strut)이란 흙막이 배면에 작용하는 토압에 대응하는 구조로서 널말뚝 측면에 부착된 지보공 띠장을 수평으로 지지하는 공법이다.

② 시공은 Strut 도면 검토 → Post Pile 설치 → 터파기 → 토류판 설치 → Strut 설치 → Strut 해체 순으로 진행된다.

2 스트럿(Strut) 공법의 개념도 종류 및 시공 시 고려사항

1) 스트럿(Strut) 공법의 개념도

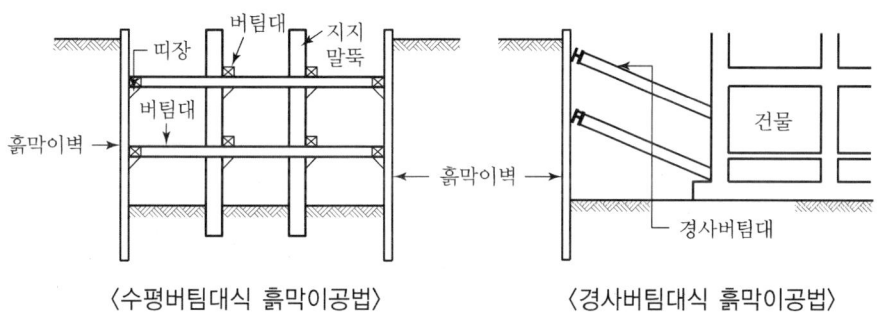

〈수평버팀대식 흙막이공법〉　　〈경사버팀대식 흙막이공법〉

2) 종류

(1) 수평버팀대식

① 빗버팀대식과 같이 중앙부의 흙을 파고, 중간 지주 말뚝을 박는 공법
② 시공순서

> ㉮ 줄파기 → ㉯ 규준대 대기 → ㉰ 널말뚝 박기 → ㉱ 흙파기 → ㉲ 받침기둥박기 → ㉳ 띠장 및 버팀대 대기 → ㉴ 중앙부 흙파기 → ㉵ 주변부 흙파기

(2) 빗버팀대식

① 흙막이 내부에 빗버팀대를 설치하여 토압에 저항하게 하는 공법
② 시공순서

> ㉮ 줄파기 → ㉯ 규준대 대기 → ㉰ 널말뚝 박기 → ㉱ 중앙부 흙파기 → ㉲ 띠장대기 → ㉳ 버팀말뚝 및 버팀대 대기 → ㉴ 갓둘레 흙파기

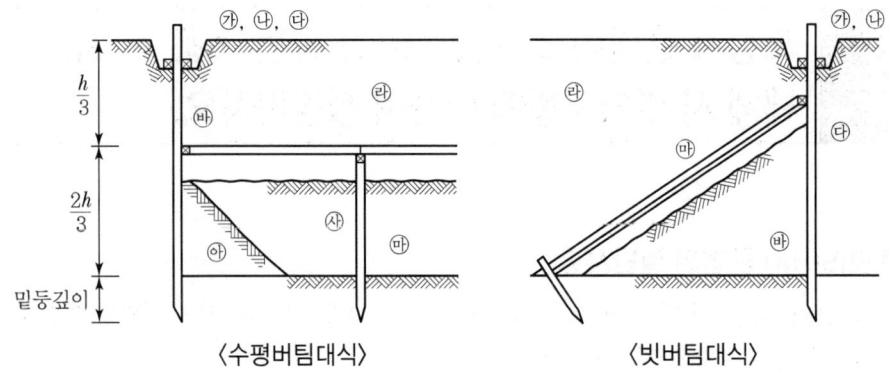

〈수평버팀대식〉　　　〈빗버팀대식〉

3) 시공 시 고려사항(검토사항, 시공계획)

(1) 평면도 고려사항
① 버팀대와 본 구조물 기둥, 벽체의 간섭 장애 사전 검토
② 본 구조물의 RC보와 Post Pile의 간섭 여부 검토
③ 서로 직교하는 버팀대는 보강하여 좌굴방지 대책 수립
④ 스트럿 배치 계획 시 작업용 복공판 설치 계획 검토

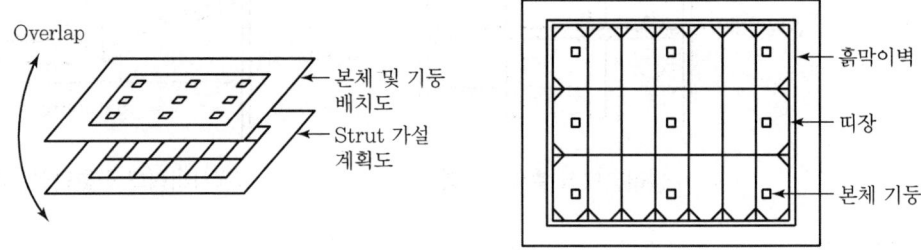

(2) 단면도 고려사항
① 버팀대와 각 단의 레벨이 각층 레벨과의 간격을 유지함으로써 작업성 확보가 중요
② 하단부 토압 및 해체 계획에 의한 스트럿 간격 고려
③ 포스트 파일은 스트럿 연결 부분까지 가까이 설치
④ 포스트 파일의 경우 레벨 변화가 없도록 브래킷 보강

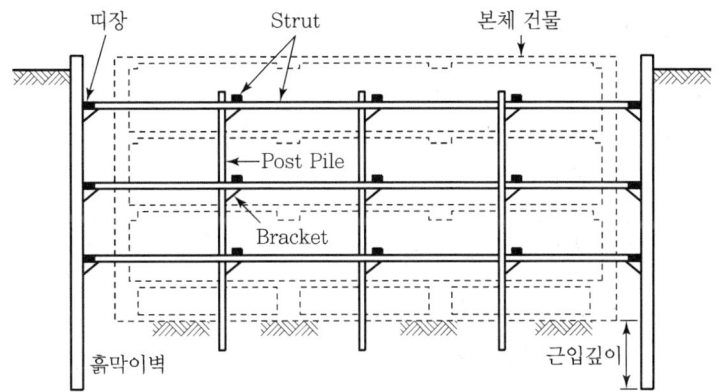

(3) 방수공사 시 고려사항
① Post Pile이 구조체 통과 시에는 방수계획 수립 필요
② 스트럿의 벽체 구조체 통과 시에는 방수계획 수립 필요
③ 스트럿 배치 계획 시에는 작업용 복공판 설치 계획 검토

(4) 계측 시 고려사항
① 굴착에 따른 주변 지반과 구조물, 흙막이벽 등의 가시설, 토압 또는 수압을 계측 관찰
② 계측결과를 설계상 가정조건, 계산결과와 비교 검토
③ 굴착공사 중 예측치 못한 변화, 영향 파악
④ 변위 등의 계측 Data의 허용한계치 설정 및 초과 시 대책 강구

3 스트럿(Strut) 공법의 시공순서, 시공 시 유의사항

1) 시공순서

1. 스트럿(Strut) 공법 도면 검토
   - 본 구조물 기둥, 벽체의 간섭 장애 검토
   - 본 구조물의 RC보와 Post Pile의 간섭 여부 검토
2. H-pile 및 Post Pile 설치
   - H-pile 및 Post Pile의 근입장 깊게 박음
   - H-pile 및 Post Pile의 수직 정밀 확보
3. 터파기 실시 및 토류판 설치
   - Strut 보강 후 굴착, 보일링, 히빙 방지
   - 토류판 뒷채움 철저 및 다짐 철저
4. Strut 설치 및 해체
   - Strut 설치 시 토압에 저항하도록 강성 확보
   - 지하구조물 콘크리트 초기강도 발현 후 해체
   - 슬래브 보양 후 상부 Strut 해체

2) 시공 시 유의사항

(1) 띠장 및 Strut의 좌굴방지 확보
① 각종 요인에 따른 띠장 및 Strut의 좌굴을 미연에 방지
② 보강철물 및 Packing재를 적절하게 사용

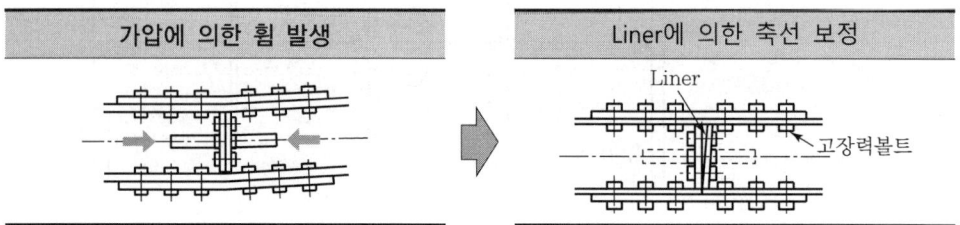

(2) 축선 보정에 의한 좌굴방지로 Strut과 띠장의 중심잡기

(3) 교차부 부재 간 긴결 철저
① 부재 간 긴결 유지에 의한 좌굴방지에 유의
② Pre Load 도입 후 Bolt 조임
③ 보조철물에 의한 안정성 확보

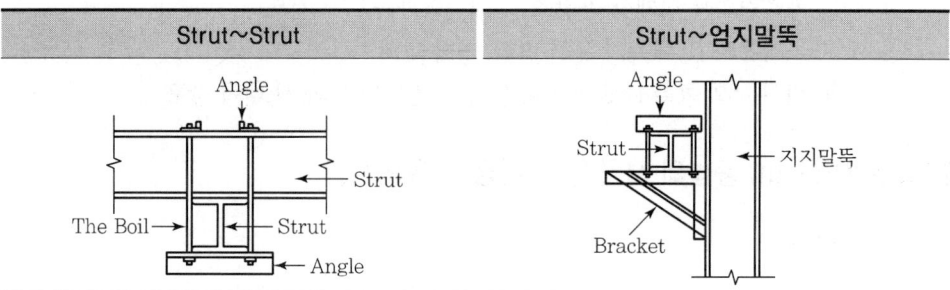

(4) 확실한 측압 전달을 위해 지지말뚝에 뒷채움 실시

(5) CIP의 경우 매 주열마다 뒷채움을 설치

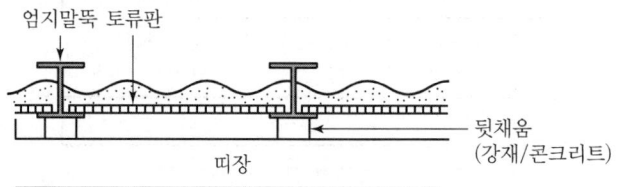

(6) 띠장(Web)의 강성보강에 의한 국부변형 방지에 유의

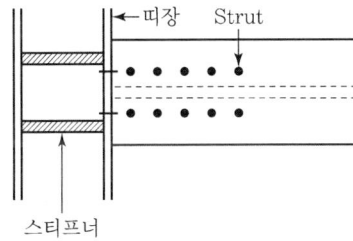

(7) 토압의 축력이 띠장에 작용 시 맞댐이음 시공이 필요

4 해체 시 주의사항

1) 주요 구조체와 여유 확보
① 본 건물의 기둥, Slab, 보 등이 가시설인 Post Pile과 Strut에 부딪치지 않도록 유의
② 건물의 외벽 시공에 지장이 없도록 여유를 두고 해체

2) 계측관리 철저
H-pile의 흙막이벽은 변위에 약하므로 철저한 계측관리 필요

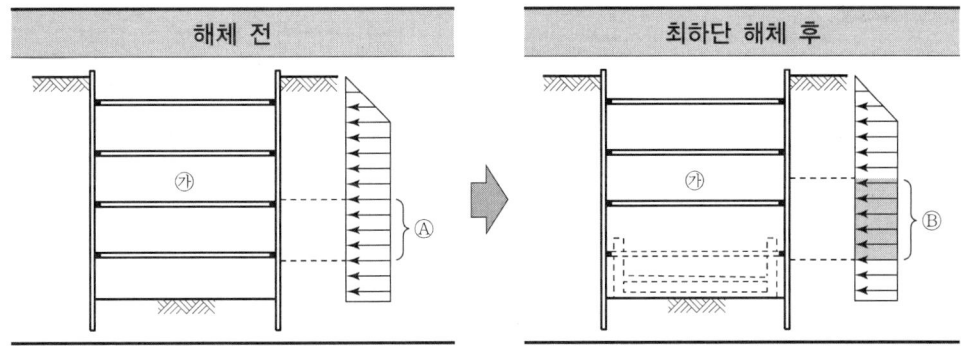

3) 흙막이벽체 수직도 계속 유지
해체 시 수직정밀도 유지

4) 버팀대(Strut)와 띠장의 직각 유지
① 가압 잭에 의한 띠장의 휨 방지
② 버팀대와 띠장의 직각 확인 후 버팀대 해체

5) 버팀대 보강 각도 유지
① 전단력의 국부적인 집중현상 방지
② 버팀대 보강 설치 시 버팀대와 45° 유지

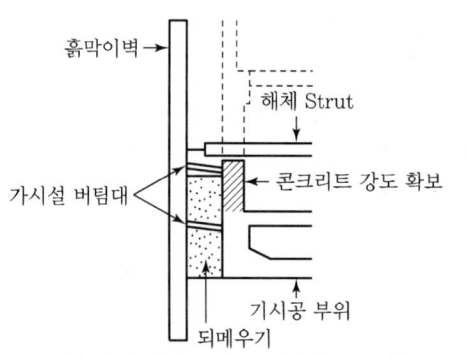
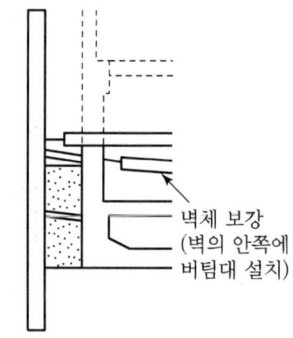

※ 구조체에 가시설 버팀대로 지지하는 경우
  콘크리트 강도 확보 후 설치

※ 해체에 따른 타 Strut의 하중을 고려하여
  적정한 보강 대책 수립

6) 띠장의 변형 방지
① 띠장과 버팀대가 만나는 부위의 띠장 강성 확보
② 버팀대의 가압으로 인한 띠장의 변형 방지

5 계측관리

분류	항목	용도
지상	Tilt Meter(건물 경사계)	인접구조물 기울기 측정
	Level and Staff(지표면 침하계)	지표면의 침하량을 측정
지중	Inclino Meter(지중 경사계)	지중의 수평변위를 계측하여 기울기 측정
	Extension Meter(지중 침하계)	지중의 수직변위를 계측하여 침하정도를 측정
	Strain Gauge(변형률계)	흙막이부재(엄지말뚝, 띠장)에 작용하는 응력을 측정, Strut의 변형 측정
	Load Cell(하중계)	흙막이 측압, 어스 앵커 인장력 등의 하중을 측정
	Earth Pressure Meter(토압계)	주변지반의 토압의 변화를 측정
지하수	Piezo Meter(간극수압계)	굴착에 따른 간극의 수압을 측정
	Water Level Meter(지하수위계)	지하수위의 변화를 측정

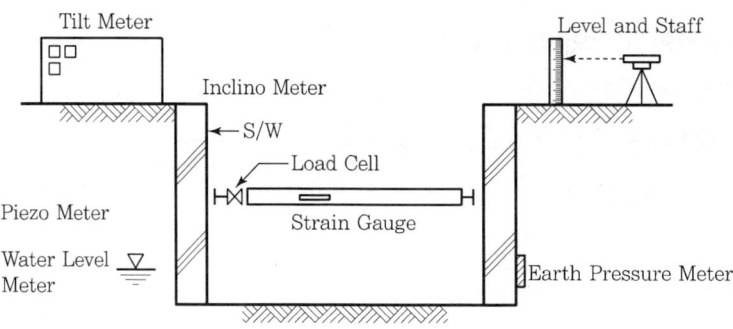

6 결론

흙막이공사 시 사전조사를 철저히 시행하고, 설계 시 정확한 측압계산 및 계측관리를 통한 정밀시공으로 안전성을 확보한다.

문제 12. 흙막이공사에서 어스 앵커(Earth Anchor)의 홀(Hole) 누수 경로 및 경로별 방수처리에 대하여 설명하시오.

1 어스 앵커의 홀(Hole) 누수 일반사항

① Earth Anchor 공법은 흙막이벽체 배면토 깊이에 굴착하여 Rod를 Anchor시켜 Cement Paste를 주입하여 인발저항 확보 후 토압에 견디게 하는 공법이다.

② Earth Anchor 공법에서 Hole 누수 경로는 Sleeve와 Slurry Wall의 접합부, Strand, Sleeve 내부에서 발생하며, 누수 경로에 대해서는 시공단계별로 철저한 조치가 필요하다.

2 어스 앵커의 시공 상세도 및 시공순서

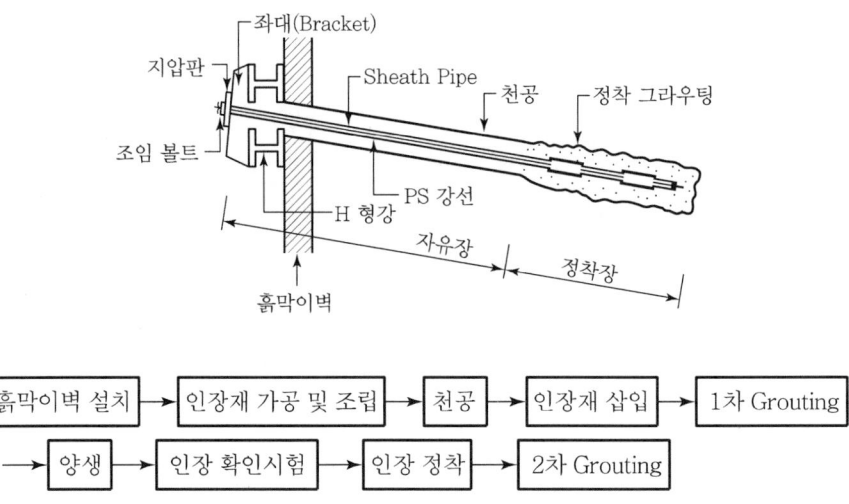

3 어스 앵커의 홀(Hole) 누수 경로

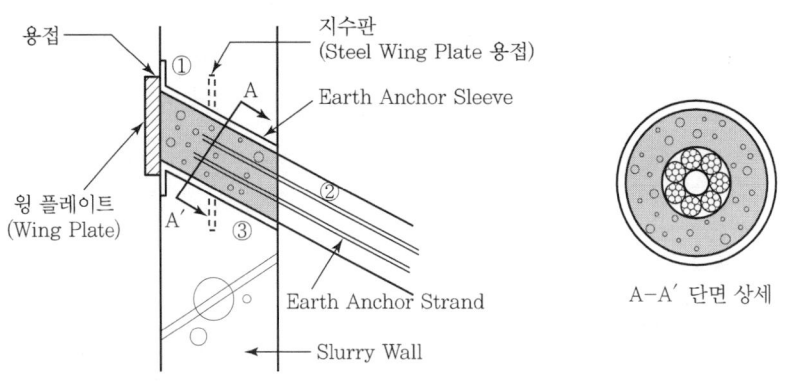

```
┌─────────────────────────────────────────┐
│ Earth Anchor Sleeve와 Slurry Wall의 접합부 누수 │
└─────────────────────────────────────────┘
                    │
┌─────────────────────────────────────────┐
│     Earth Anchor Strand에 의한 누수       │
└─────────────────────────────────────────┘
                    │
┌─────────────────────────────────────────┐
│        Earth Anchor Sleeve 내부 누수      │
└─────────────────────────────────────────┘
```

4 어스 앵커의 홀(Hole) 누수 경로별 방수처리 방법

1) Slurry Wall 내 지수판 설치

① Earth Anchor와 Slurry Wall 접합부에 지수판 설치
② 지수판 설치 불가 시 수팽창 지수 코킹재로 대체

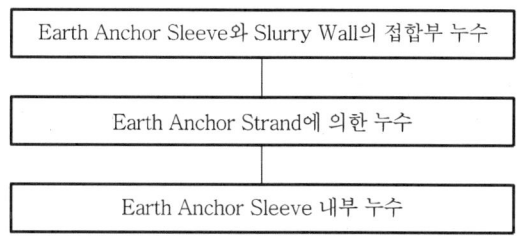

대책
- 지수 Box
- 지수 셔터
- Cementation
- 감압 우물 등

2) Sleeve 내부의 방수 Mortar 충전

① Sleeve 내부에 방수 Mortar를 저압으로 가압 충전
② 충전 후 1개월간 누수 여부 모니터링
③ 누수 확인 후 건조상태에서 Sleeve 입구 철판 용접 및 방청도장 실시

3) Earth Anchor Strand의 누수 방지

① 영구식 Earth Anchor의 Strand는 가능한 짧게 절단
② 경계부위 : 자유장 피복 + Strand 접합방수 → 지하수 유입 차단

4) Strand 및 정착부 부식방지 조치 수립

① PS 강연선 방청처리 및 정착부 부식방지 대책 검토
② Packer의 가압 주입 → Packer 팽창 → 정착부 Mortar 및 지하수 유출 방지

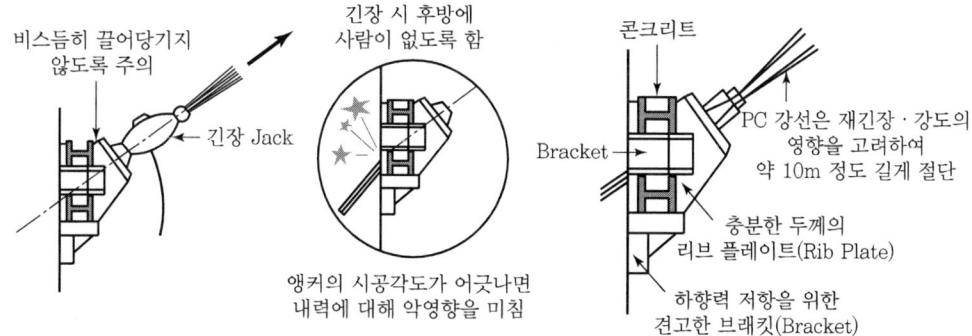

5) 지하수위 계측 수행
   ① 하계 High Water Level 계측 시행
   ② 수압이 높은 사질지반 : Piping, Boiling 대책 필요 → 지수 Box, 지수 셔터 등

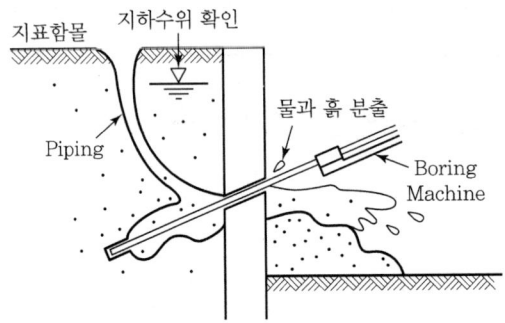

※ 수압이 높은 가는 모래 지반에서의 Piping, Boiling 대책 필요

6) Removal Anchor 적용 검토
   지중 장애물 제거 → 준공 후 영향 Zero화

7) Earth Hole 천공 전 지반 투수계수 확인
   투수계수가 높은 지반에서 순환수 및 지하수 유출 방지

8) 지중 피압대수층 존재 여부 확인

지질조사 보고서 및 토질주상도를 활용한 피압수층 존재 여부 검토

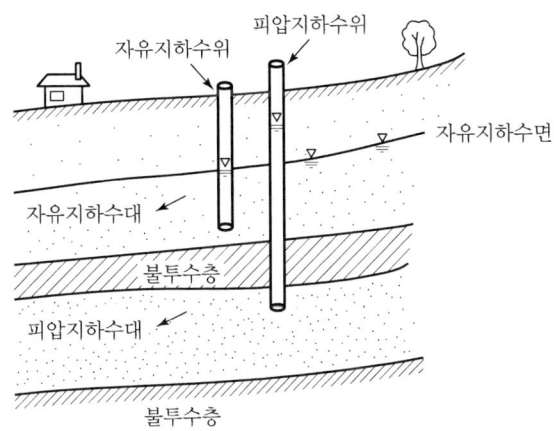

5 Earth Anchor의 정착장

1) 정착장 길이 산정방법

① 인장력$(T) = \dfrac{P_A}{\cos\alpha} F_s$

② 정착장 저항력 $= \pi \times D \times l \times \tau$

③ $\pi D l \tau = \dfrac{P_A}{\cos\alpha} F_s$

$$\therefore l = \dfrac{P_A \cdot F_s}{\pi D \tau \cos\alpha}$$

여기서, T : Earth Anchor 인장력, P_A : 배면토압에 의한 지점반력
τ : 정착장과 원지반과의 마찰저항력, l : 정착장 길이
D : 정착장 직경, α : Earth Anchor 인장력 도입각도
F_s : 안전율(가설 Earth Anchor : 1.5, 영구 Earth Anchor : 2~3.0)

2) 활동면에 걸쳐있을 경우

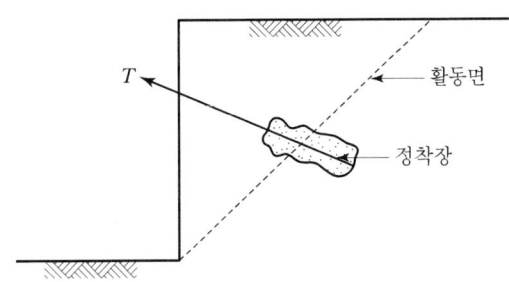

인발저항력 부족으로 부착파괴 또는 앵커체가 빠져나온다.(Anchor체 인발)
① 너무 긴 경우 : Anchor 긴장재의 신장량이 커져서 Relaxation에 의한 변형량이 커져 지표부근 균열 및 침하 발생(Anchor체 진행성 파괴 발생)
② 너무 짧은 경우 : 파괴예상면까지 도달하지 못하므로 Anchor 역할을 수행할 수 없다.(Anchor체 인발)

6 결론

① 흙막이 배면의 지하수위 상승 및 지중 피압대수층 존재 시 Earth Anchor Hole 부위의 누수가 발생했을 때 흙막이벽 붕괴 등의 안전사고 발생이 가능하다.
② 앵커 홀에 대한 지수처리 및 철저한 흙막이 배면의 지반조사와 유효지층에 앵커체 시공으로 흙막이벽체의 변위 경감이 필요하다.
③ 어스 앵커 제거 후 Hole을 통한 다량의 누수와 함께 Piping현상이 발생하지 않도록 지속적인 계측관리와 누수 경로별 지수대책 수립이 필요하다.

문제 13. 흙막이공사의 IPS 공법 구성과 특징, 시공순서 및 시공 시 주의사항에 대하여 설명하시오.

1 IPS 공법
① IPS 공법은 기존의 Strut을 사용하지 않고 IPS 띠장을 흙막이벽체에 운반하여 설치한 뒤 PS 강선에 긴장력을 가하여 흙막이벽체를 지지케 함으로써 굴착으로 인한 토압을 지지하는 공법이다.
② 시공은 흙막이벽체 정리 → IPS 띠장 설치 → 코너 버팀보 설치 → PS 강선 정착장치 설치·검사 → 코너 버팀보 긴장 → 띠장 긴장 순으로 진행된다.

2 IPS 공법 구성요소 및 특징

1) IPS 공법 구성요소
① IPS System = 띠장 + 받침대 + PS 강선
② 조립된 IPS 띠장을 운반하여 흙막이벽체에 설치

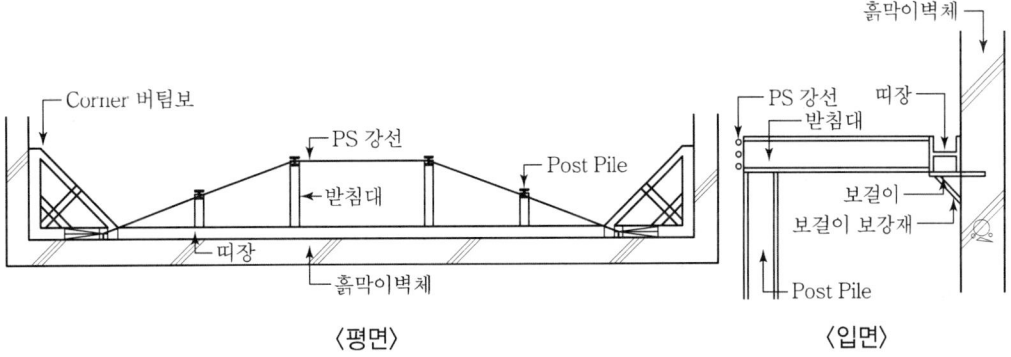

〈평면〉　　〈입면〉

2) 특징
① 다수의 버팀대로 인한 작업공간의 침해 방지
② 굴착현장에서 중장비의 작업공간 확보로 작업효율 향상
③ 본 구조물 작업인 거푸집 및 철근공사 용이
④ 사용 강재의 회수율이 높아 경제적임
⑤ 가시설 설치 및 본 구조물의 공기단축 가능
⑥ 띠장의 인장휨 파괴 방지로 안정성 증대
⑦ 강재량 및 작업 Joint 수 절감

❸ IPS 공법 시공순서 및 방법

1) 흙막이벽체 정리
① 흙막이벽체는 Slurry Wall(지하연속벽) 또는 H형강 토류벽 등 현장여건에 따라 다름
② IPS 띠장 설치를 위하여 흙막이벽의 수직도 유지

2) Post Pile 설치
받침대를 위한 Post Pile을 설치하며, 보걸이의 처짐이 과도하다고 판단될 경우에는 보걸이에도 Post Pile 설치 가능

3) 보걸이 설치 및 보강
보걸이는 띠장을 받쳐주며, 보걸이의 처짐을 방지하기 위하여 보걸이 보강재로 보강하고, 과도한 처짐 예상 시 Post Pile 설치 가능

4) IPS 띠장 운반 및 설치
IPS 띠장은 띠장과 받침대 및 PS 강선으로 조립된 IPS System을 의미하며, 미리 조립된 IPS 띠장을 흙막이벽체에 운반하여 설치

5) Corner 버팀보 설치
Corner 버팀보는 Corner에 설치하며, PS 강선의 정착을 위해 필요

6) PS 강선 정착장치 설치
Corner 버팀보에 PS 강선 정착장치 설치

7) Corner 버팀보 긴장
① 설계하중의 70% 긴장
② Corner 버팀보 선행하중가력 = 설계하중 × 70%

8) IPS 띠장 긴장
① 설계하중의 70% 긴장
② IPS 띠장 선행하중가력 = 설계하중 × 70%

9) 굴착 및 반복
IPS 띠장 긴장 후 다음 단계의 굴착과 IPS 설치를 반복 시공

4 IPS 공법 시공 시 주의사항

1) H-pile + 토류벽일 경우는 띠장의 평행선 유지
지하 흙막이벽체가 콘크리트일 경우 흙막이벽을 정리

2) 흙막이벽체와 띠장의 일체화
띠장과 흙막이벽체 사이에 틈이 없도록 유의

3) 공종 마찰 방지
터파기 구간과 IPS 설치 시 간섭되지 않도록 계획

4) 받침대 처짐 방지
① 받침대 처짐 방지를 위해 Post Pile 설치
② 보걸이의 보강재가 약할 때는 Post Pile 설치 가능

5) PS 강선의 겹침
강선 간의 겹침현상이 발생하지 않도록 유의

6) Post Pile 간격과 좌굴
① 받침대의 보걸이 지지용으로 일정한 간격 유지
② 두부의 접합부에 강성 확보와 좌굴 방지

7) 계측관리
① 띠장의 중심부와 정착장치에 계측기를 부착
② 토압에 의한 띠장의 휨변위 측정
③ 실시간 자동측정으로 변위 파악

8) IPS 가력 순서 준수
Corner 버팀보에 먼저 설계하중의 70%를 가한 후 IPS 띠장의 PS 강선을 설계하중의 70%를 가함

9) IPS 운반 전 설계하중 15% 정도의 긴장력 확인

5 결론

IPS 공법은 도심지 공사 등 대형공사에서 사용이 확대되고 있으므로 안정성 확보를 위하여 많은 연구 및 개발이 필요하다.

문제 14. Top Down 공사에서 Slurry Wall 공사 완료 후 구조체와의 일체성 확보를 위한 작업방안에 대하여 설명하시오.

1 구조체와의 일체성 확보방안 개요

① Slurry Wall은 지중에 중공벽을 형성하고, 벤토나이트를 사용하여 중공벽을 안정시킨 다음 여기에 철근망을 삽입하여 현장타설 콘크리트 연속벽을 형성하는 공법이다.
② 구조체와의 일체성 확보를 위한 공법으로는 CWS 공법, SPS 공법, 카운트 월 공법, Embedded Plate 공법, Halfen box 공법 등이 있다.

2 CWS 공법 도해 및 일체성 확보의 필요성

1) CWS 공법 도해

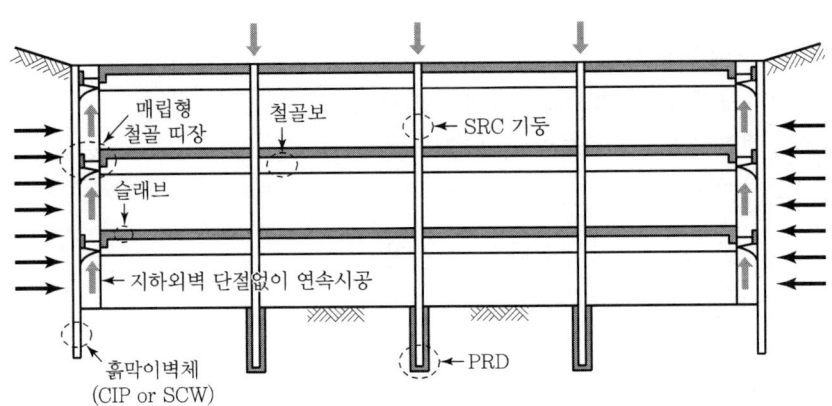

2) 일체성 확보의 필요성

① Top Down 공사의 Skip 시공(2개층 동시굴착) 효율 증가
② 슬래브+벽체의 일체화로 토압지지력 향상
③ PRD 공법의 기둥으로 슬래브 간섭의 최소화
④ 지하슬래브+벽체 일체화로 토압, 수압 지지의 강성 확보
⑤ 슬래브의 버팀대 역할로 구조적 안전성 확보
⑥ 매립철물로 일체화시켜 공기단축 효과 발생

3 구조체와의 일체성 확보를 위한 작업방안

1) CWS 공법 적용

(1) 정의

지하 흙막이벽체에 좌대를 설치하고 좌대 위에 매립형 철골 띠장과 철골 보부재를 접합시켜 토압에 저항하면서 지하구조물을 축조하는 방식

(2) 특징

① 주변 구조물에 대한 안전성 확보
② 가설부재의 해체작업이 생략되므로 지반의 변위가 최소화됨
③ Slab 선타설로 작업공간 확보
④ 지하와 지상의 동시시공에 의한 공기단축
⑤ 공기단축 및 공사비 절감
⑥ Slurry Wall뿐 아니라 CIP 벽체와 SCW 공법에 적용 가능

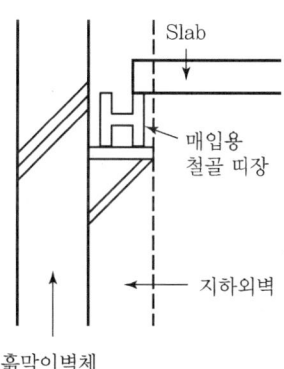

※ 철골 띠장이 외벽에 매입되어 역 Joint 미발생

2) SPS(Strut as Permanent System) 공법 적용

(1) 정의

가설 Strut(버팀대) 공법의 성능을 개선하여 본 구조체인 기둥, 보를 흙막이 버팀대로 활용하는 공법

(2) 시공순서

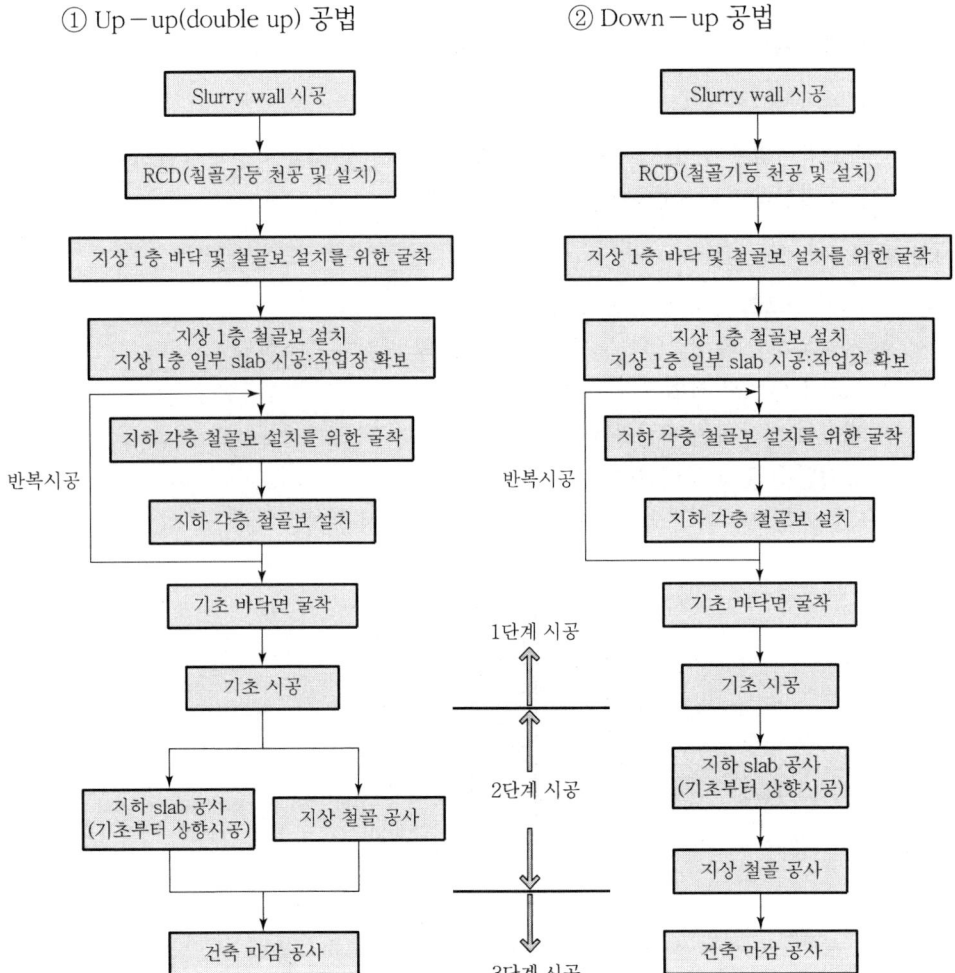

(3) 특징
① 지하의 철골보만 설치하여 아래로 진행하므로 환기, 채광이 양호함
② 철골과 RC Slab가 띠장 역할을 하므로 구조적으로 안정적임
③ 가설 Strut 해체 시 발생하는 지반 이완현상 감소
④ 굴착공사용 장비의 작업성 향상
⑤ 가설 Strut의 해체 과정 생략으로 공기단축
⑥ 공기단축 및 시공성 향상으로 원가절감

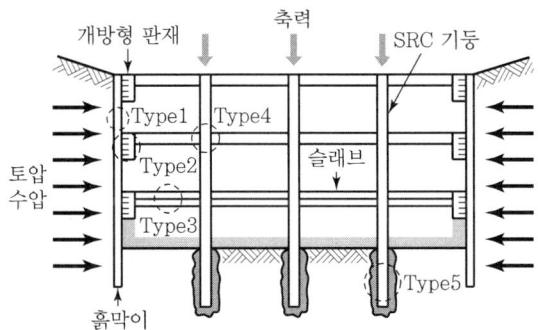

3) Counter Wall 공법 적용

(1) 정의

Slurry Wall 시공 시 하부 암반으로 인해 Slurry Wall이 하부로 진행되지 않을 경우 하부 암반과 합벽으로 시공하는 공법

(2) 특징

① Anchor로 암반에 고정함
② 암반과 합벽 처리함
③ 암반의 절리선이나 면을 따라 지하수 유입 가능
④ 지하수 유입 시 배수공으로 처리

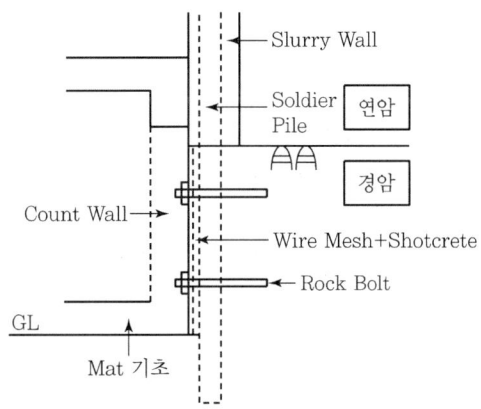

〈Counter Wall 공법 단면도〉

4) 매입철물(Embedded Plate) 적용

(1) 정의

선행벽체와 연결되는 철골보, 배관 Bracket, 호이스트 Bracket, CPB(Concrete Placing Boom) 등의 후속 연결을 위해 매입되는 Plate

(2) 특징
  ① Embedded Plate 후면에 Shear Stud 설치
  ② 오차범위가 20mm 이내로 관리

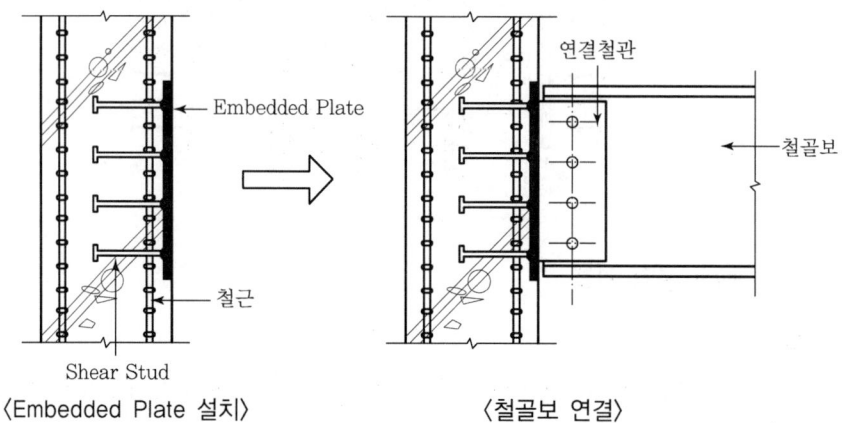

〈Embedded Plate 설치〉 〈철골보 연결〉

5) 매입 박스(Halfen Box) 적용

(1) 정의
  코어벽과 바닥, 계단 및 부속벽체가 만나는 곳의 철근이음을 위해 설치하는 박스

(2) 특징
  ① 연결철근(Dowel Bar)은 공장 가공
  ② D13 이하 일반철근만 사용 가능

6) 철근의 커플러(나사이음) 사용

(1) 정의
  나사이음은 철근에 수나사를 만들고 Coupler 양단을 Nut로 조여서 이음하는 방식으로 이음 후 조임 확인시험을 실시하여야 한다.

(2) 특징
  ① 시공이 간편하다.
  ② 누구나 시공할 수 있다.
  ③ 굵은 철근이음에 적당하다.

④ 열을 사용하지 않으므로 철근의 변화가 없다.
⑤ 나선이 커플러에 잘 물리도록 주의한다.

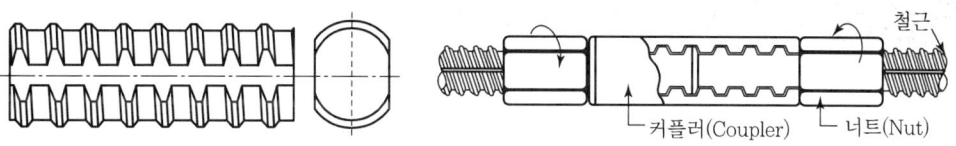

4 결론

도심지 공사에서의 흙막이벽 시공은 민원 발생의 여지가 많으므로 주변 지반에 영향이 최소화되는 공법 선정이 중요하다.

문제 15. Slurry Wall 공법에서 Guide Wall의 역할과 안정액 관리 방안에 대하여 설명하시오.

❶ 구조체와의 일체성 확보방안 개요

① Guide Wall은 지중벽체의 위치 파악과 표토층 보호를 위해 설치되며 지하굴착 시 공벽 보호를 위해 안정액을 사용한다.

② 굴착공사 중 굴착벽면의 붕괴를 막고, 지반을 안정시키는 비중이 큰 액체를 총칭하여 안정액이라 한다.

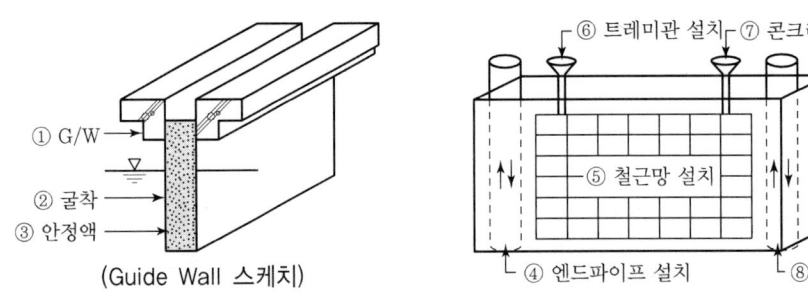

〈Slurry Wall 시공순서〉

❷ Guide Wall의 역할 및 안정액의 요구성능

1) Guide Wall의 역할 및 도해

① 지표 부분 굴착 시 공벽 붕괴 방지
② 우수침투 방지
③ 굴착장비 사용에 따른 위치 보호
④ 내·외측 토압 방지
⑤ 안정액 수위 유지
⑥ 평면적 위치 결정
⑦ 철근망 거치대 역할
⑧ 인접 구조물의 보강 역할
⑨ 연속벽 굴착 시 수직도 및 벽두께 유지

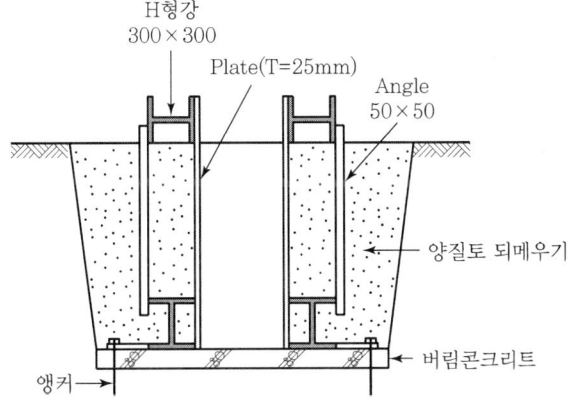

2) 안정액의 요구성능

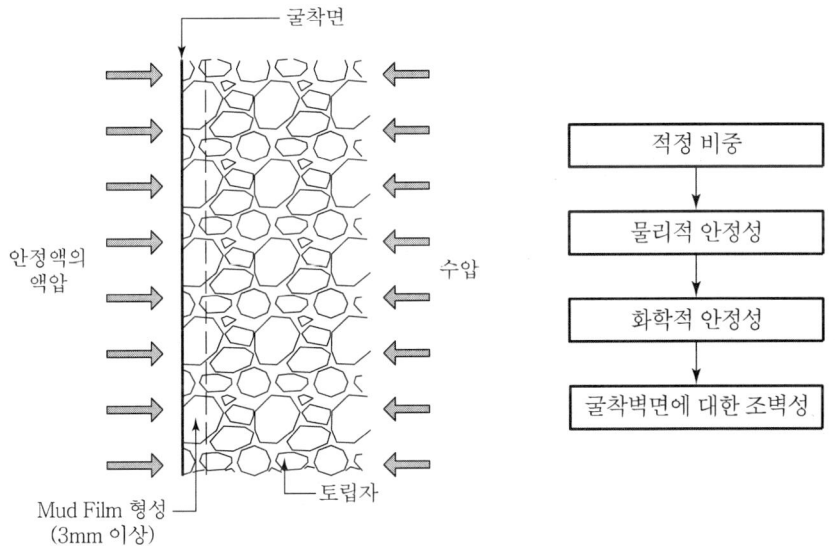

3) 안정액의 종류

(1) Bentonite를 주체로 한 안정액

① Bentonite는 점토광물의 하나로 응회암, 석영암 등의 유리질 부분이 분해하여 생성된 미세점토로 물을 흡수하여 크게 팽창하고 건조하면 수축하는 성질이 있다.
② 물을 흡수하면 체적이 6~8배 팽창하므로 팽창 진흙이라고도 한다.

(2) CMC(Carboxy-methyl cellulose)를 주체로 한 안정액

① CMC란 펄프를 화학적으로 처리하여 만든 인공풀로서 물에 혼합하면 쉽게 녹아 점성이 높은 액체가 된다.
② 혼합량은 물 100cc에 대해 0.1~0.5g이다.

③ 반복사용이 가능하나 비중이 높은 안정액을 만들 수 없다.

(3) Bentonite·CMC 혼합 안정액
CMC 용액에 bentonite를 2~3% 혼합한다.

(4) 폴리머(polymer) 안정액
① 친수성 고분자 화학물로서 물에 용해되어 점성을 나타내는 것으로 전분, 알긴산소다, 한천, 고무, 젤라틴 등이 있다.
② 굴착 시 혼입되는 토사는 bentonite계보다 쉽게 분리된다.

(5) 염수 안정액
① 해수에 의해 안정액의 오염이 우려될 때 상황에 따라 해수 또는 염수를 사용한다.
② Bentonite 안정액에서 필요한 성질을 얻을 수 없을 때 염수 중에서 점성이 높은 내염성 점토를 1~2% 정도의 농도로 첨가한다.

❸ 안정액의 기능(사용목적) 및 관리방안

1) 안정액의 기능

(1) 액압으로 굴착벽면 붕괴 방지
① 토압과 수압을 안정액의 액압으로 저항
② 굴착면에 Mud Film(진흙막) 두께 형성
③ 굴착벽면의 손상 방지

(2) Desanding으로 굴착토사 배출
Desanding 시 안정액 속에 있는 굴착토사 부유물을 제거

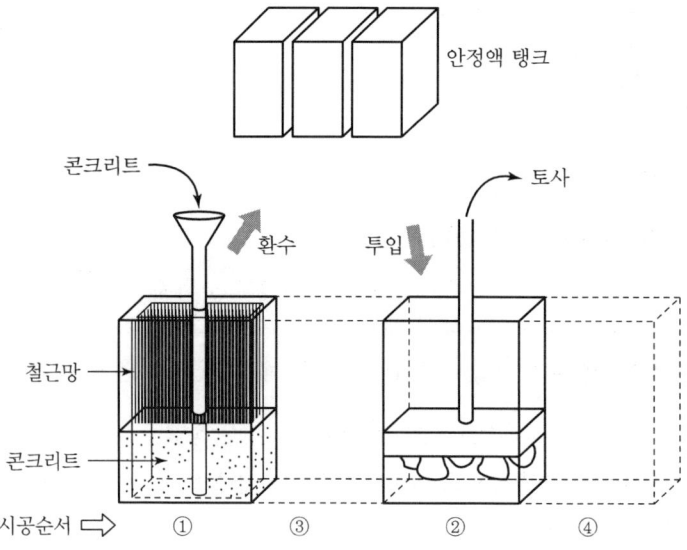

(3) 토사 및 부유물 침전 방지

① 안정액에 혼입된 토사 및 부유물의 저면 퇴적 예방

② 콘크리트의 품질관리에 효과적

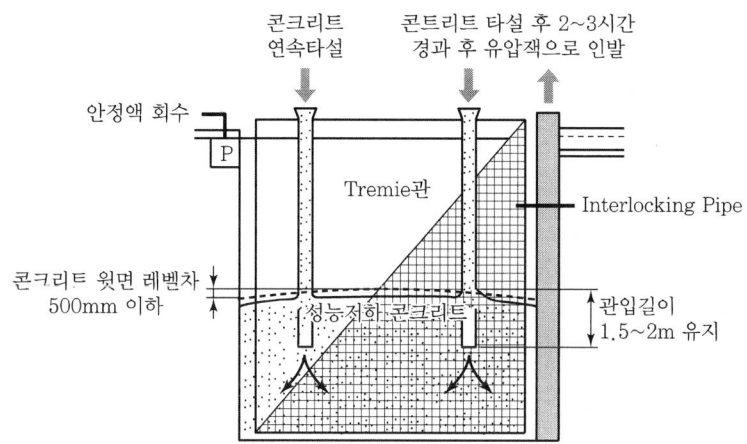

(4) 1mm 이하의 Mud Film의 불투수막 형성

굴착 시 3mm 이하, Slime 처리 시 1mm 이하의 Mud Film 형성

(5) 환경공해 방지

수압 및 토압에 대한 가시설 설치 및 해체 과정 생략

2) 안정액의 관리방안

(1) 안정액 농도가 옅을 경우

안정액 농도가 옅으면 붕괴 발생률이 높다.

(2) 안정액 농도가 짙을 경우

농도가 너무 짙으면 Con'c와의 치환이 불안전하므로 적정 농도 유지가 필요함

〈점도계〉

(3) 지질, 지하수, 투수층, 공법 종류 등에 따라 결정

(4) 안정액 사용 시 비중, 점성, 여과성 등을 관리

안정액 사용 시 비중, 점성, 여과성 등을 관리해야 공벽 붕괴 가능성이 줄어듦

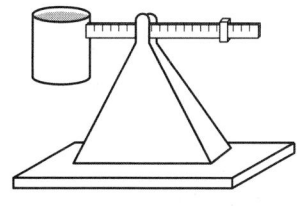

〈머드 밸런스(Mud Balance)〉

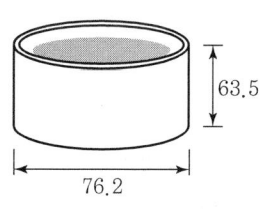

〈여과 실린더〉

(5) 안정액의 비중
굴착 시 1.04~1.2, Slime 처리 시 1.04~1.1 유지

(6) 안정액의 점성
굴착 시 22~40초, Slime 처리 시 22~35초 유지

(7) 안정액의 사분율
굴착 시 15% 이하, Slime 처리 시 5% 이하 유지

(8) 안정액의 조벽성
굴착 시 3mm 이상, Slime 처리 시 1mm 이상 유지

(9) 콘크리트와 혼합 방지
안정액 및 안정액 속의 부유물이 콘크리트와 혼합되는 것을 방지

(10) 안정액의 폐기처리
① 안정액 관리 기준에 벗어난 것은 폐기처리
② 안정액 관리 기준

시험항목	기준치		시험기구
	굴착 시	slime 처리 시	
비중	1.04~1.2	1.04~1.1	Mud balance
점성	22~40초	22~35초	점도계
pH 농도	7.5~10.5		pH meter
사분율	15% 이하	5% 이하	Sand content tube
조막성 (Mud film 두께)	3mm 이상	1mm 이상	표준 filter press

4 안정액의 치환방식

1) Suction Pump 방식
Tremie Pipe나 기타 유사한 Pipe를 굴착저면까지 설치하고 지상의 Suction Pump로 흡입해서 안정액과 함께 Slime을 퍼올리는 방식

2) Air Lift 방식
Trench 내에 Tremie Pipe를 설치한 후 Nozzle을 부착한 Air Hose를 관 내에 투입하고 Compressor로 Air를 보내 그 반발력으로 돌아온 Air와 함께 안정액이 흡입되는 방식

3) Sand Pump 방식
수중 Pump를 굴착바닥까지 내려서 Pump로 직접 퍼올리는 방식

5 결론

안정액은 Slurry Wall 시공 시 주요 오염원인이 되므로 철저히 관리하여야 하며, Slime 처리시설을 확충하고, 도시형 굴착장비 개발이 시급하다.

문제 16. 지하연속벽공사 시 안정액에 포함된 슬라임(Slime)의 영향 및 처리방안에 대하여 설명하시오.

1 슬라임(Slime)의 정의
① 슬라임(Slime)이란 수중굴착 시 굴착한 흙의 고운 입자가 안정액과 혼합되어 굴착구멍 밑바닥에 가라앉은 부유물질로 굴착 종료 후 3시간 이내에 제거해야 한다.
② 처리방안으로는 Desanding으로 모래 등의 혼입에 따른 Slime 제거, Joint 부위의 Clearing 작업 효과, Con'c 타설 시 치환능력 저하 방지를 담당한다.

2 안정액에 대한 선행적 이론 배경

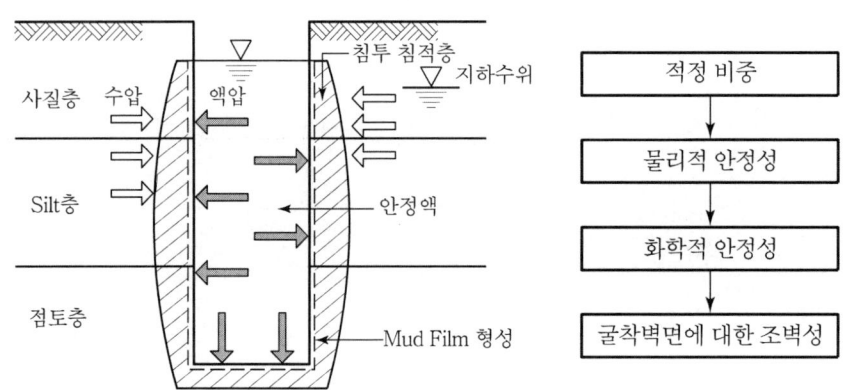

3 슬라임(Slime)이 공사에 미치는 영향인자

1) 지하벽의 지지력 저하 초래
① 콘크리트 타설에 의해 치환되지 않고 벽체 하부에 잔류
② 벽체의 침하 발생

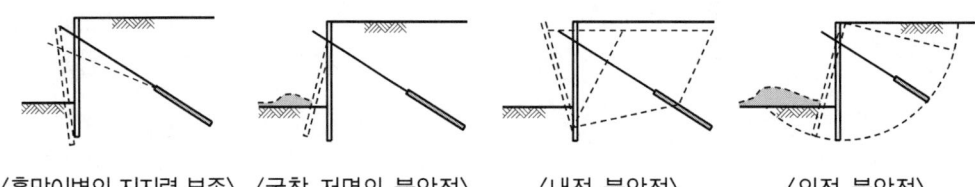

〈흙막이벽의 지지력 부족〉 〈굴착 저면의 불안정〉 〈내적 불안정〉 〈외적 불안정〉

2) 벽체 하부 지수성 저하

보일링 현상 등의 발생 원인

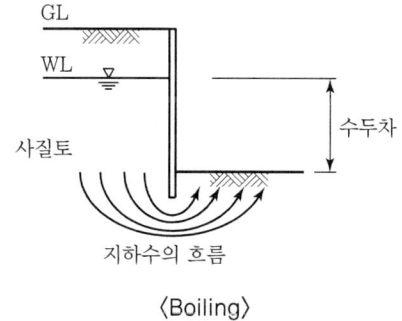

〈Boiling〉

3) 콘크리트 내부로 혼입

① 불완전한 콘크리트 타설
② 콘크리트 강도 저하

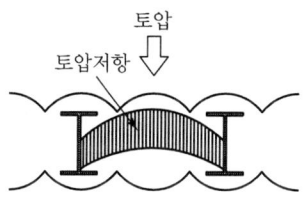

4) 이음부 지수성 저하

타설 중인 콘크리트 유동으로 패널 이음부로의 슬라임 집중

5) 콘크리트 유동성 저하

① 타설속도 저하
② 철근망 부상 초래

6) 타설된 콘크리트 불량 부위 발생

① 슬라임 부위의 콘크리트 곰보 발생
② 콘크리트 강도 저하

7) 소정 위치에 철근 근입 난해

다량의 슬라임 혼입 시 발생

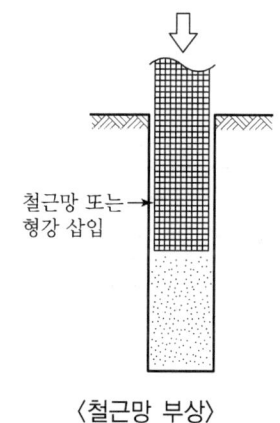

〈철근망 부상〉

8) 안정액의 물성 저하

안정액의 물성이 저하되어 일수현상 발생 우려

4 슬라임(Slime) 처리방안

1차 (Desanding)

1) 정의
① 굴착이 완료된 Trench 내의 안정액은 Gel화되어 Con´c 타설 시 치환능력을 떨어뜨리고 많은 모래분이 혼입되어 Slime이 발생한다.
② Slime이 퇴적되면 굴착심도를 유지하지 못하기 때문에 신선한 안정액과 교체시켜 주는 작업이 Desanding이다.

2) 기능
① 모래 등의 혼입에 따른 Slime 제거
② Joint 부위의 Clearing 작업 효과
③ Con´c 타설 시 치환능력 저하 방지
④ Joint 부위 누수방지

⬇

2차 (Cleaning)
① 굴착공사 후 부유 토사분 침강 완료 시 실시
② BC 커터기의 경우, 흡입펌프가 장비에 장착되어 있으므로 공벽 내로 장비를 재투입시켜 Slime을 제거한다.

5 토사와 안정액 분리방법 비교

구분	Suction Pump 방식	Air Lift 방식	Sand Pump 방식
도해			
정의	Tremie Pipe나 기타 유사한 Pipe를 굴착 저면까지 설치하고 지상의 Suction Pump로 흡입해서 안정액과 함께 Slime을 퍼 올리는 방식	Trench 내에 Tremie Pipe를 설치한 후 Nozzle을 부착한 Air Hose를 관 내에 투입하고 Compressor로 Air를 보내 그 반발력으로 돌아온 Air와 함께 안정액이 흡입되는 방식	수중 Pump를 굴착 바닥까지 내려서 Pump로 직접 퍼올리는 방식

6 결론

Slurry Wall 시공 시 안정액(벤토나이트액)은 주요 오염 원인이 되므로 철저히 관리하여야 하며, Slime 처리 시설을 확충하고 도시형 굴착장비 개발이 시급하다.

문제 17. 건축공사 중 SPS 공법과 CWS 공법을 비교 설명하시오.

1 SPS 공법과 CWS 공법의 정의

1) SPS 공법의 정의
① SPS 공법은 가설 Strut(버팀대) 공법의 성능을 개선하여 본 구조체인 기둥, 보를 흙막이 버팀대로 활용하는 공법이다.
② SPS 공법은 Top Down 공법의 문제점인 지하공사 시 조명 및 환기 부족을 개선하기 위해 개발된 공법으로 근래에 시공빈도가 가장 높은 공법이다.

2) CWS 공법의 정의
① CWS 공법은 지하 흙막이벽체에 좌대를 설치하고 좌대 위에 매립형 철골 띠장과 철골보 부재를 접합시켜 토압에 저항하면서 지하구조물을 축조하는 방식이다.
② 기둥 및 지하벽체의 순타로 연속 콘크리트 타설이 가능하므로 역타공법으로 인한 역 Joint에 대한 문제점을 해소할 수 있다.

2 SPS 공법과 CWS 공법의 시공 도해

1) SPS 공법의 시공 도해

구분		Up-Up 공법	Down-Up 공법	Top Down 공법
1단계 시공	지하구조체 하향작업	철골기둥 · 철골보		
2단계 시공	지상 철골 공사			
	지하 Slab 공사	동시작업	순차작업	동시작업
3단계 시공	건축마감 공사	마감공정 Cycle에 의한 별도 시공		별도 시공

2) CWS 공법의 시공 도해

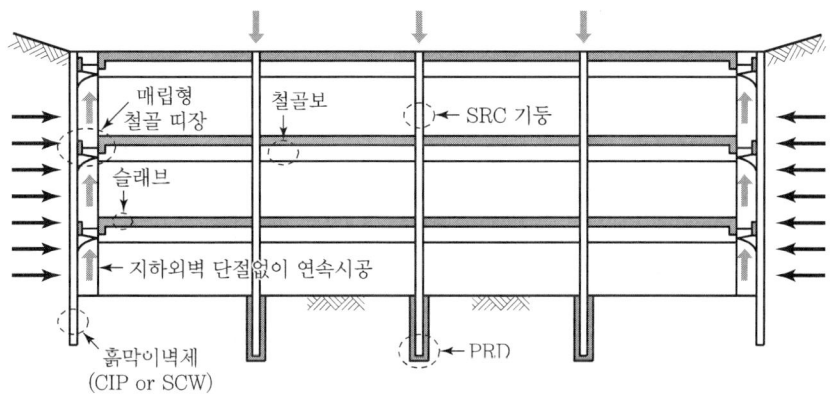

❸ SPS 공법과 CWS 공법 비교

구분	CWS 공법	SPS 공법
개발 배경	Top Down 공법의 문제점 개선	Top Down 공법의 문제점 개선
흙막이벽체	Slurry Wall 외 CIP와 SCW에 적용 가능	Slurry Wall
띠장	• 벽체 매입용 철골 띠장 • 흙막이벽과 띄워서 설치하며 좌대에 부착	• 콘크리트 띠장 • 좌대 및 흙막이벽에 부착
지상 및 지하 동시시공	동시시공 가능	• Up-Up 공법 : 동시시공 가능 • Down-Up 공법 : 순차시공
특성	• 주변 구조물에 대한 안전성 확보 • 가설부재의 해체작업이 생략되므로 주변 지반의 변위 최소화 • Slab 선타설로 작업공간 확보 • 지하와 지상의 동시시공에 의한 공기단축 • 공기단축 및 공사비 절감 • Slurry Wall뿐 아니라 CIP 벽체와 SCW 공법에 적용 가능	• 지하의 철골보만 설치하여 아래로 진행하므로 환기, 채광 양호 • 철골과 RC Slab가 띠장 역할을 하고, 구조적으로 안정적임 • 가설 Strut 해체 시 발생하는 지반 이완현상 감소 • 굴착공사용 장비의 작업성 향상 • 가설 Strut의 해체 과정 생략으로 공기단축 • 공기단축 및 시공성 향상으로 원가절감

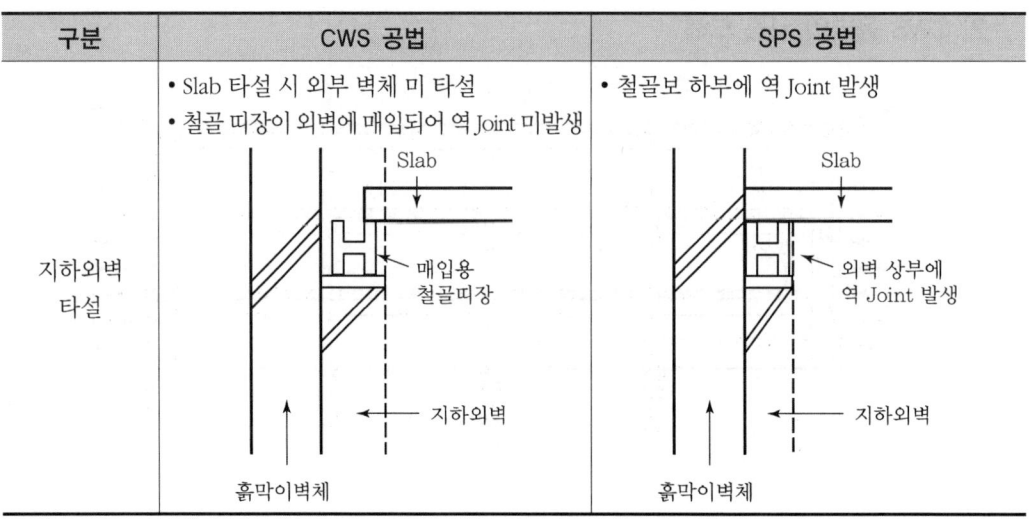

4 결론

① SPS 공법은 인접 지반 및 환경에 피해가 적으므로 점차 발전시켜야 할 공법이다.
② SPS 지하공사 시에는 공사환경이 밀폐되어 있으므로 안전관리가 특히 요구된다.

문제 18. 도심지 공사에 적합한 역타공법 중 BRD(Bracket supported R/C Downward) 공법과 SPS(Strut as Permanent System) 공법에 대하여 설명하시오.

1 개요

① BRD 공법은 이동식 브래킷 및 거푸집 지지틀을 설치하여 시공하는 공법으로, 거푸집 지지틀을 현수하강하여 역타시공하는 공법이다.

② SPS(영구 구조물 흙막이) 공법은 Top Down 공법의 문제점인 지하공사 시 조명 및 환기 부족을 개선하고, 가설공사비 절감을 위하여 개발된 공법으로 근래에 시공빈도가 높은 공법이다.

2 역타공법의 분류 및 BRD 공법 · SPS 공법의 도해

1) 역타공법의 분류

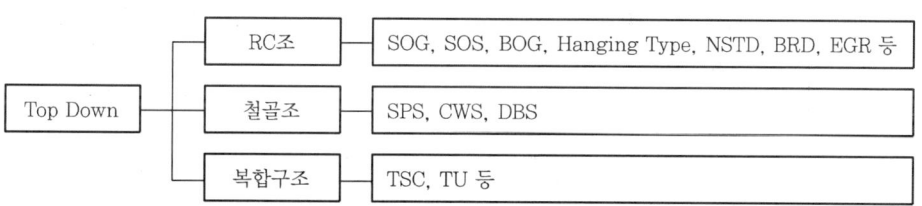

2) BRD 공법 · SPS 공법의 도해

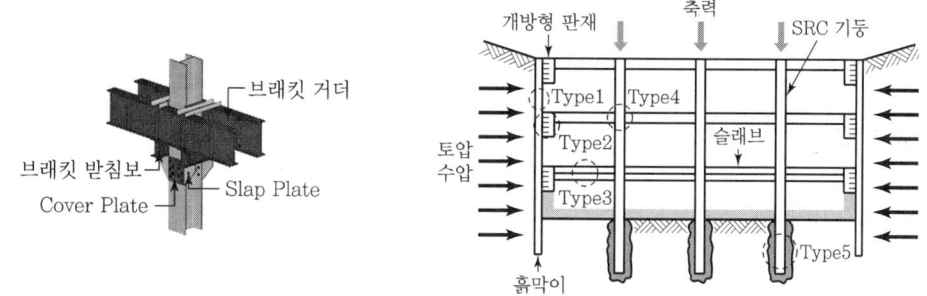

3 BRD 공법의 일반사항

1) 공법의 정의

BRD 공법은 이동식 브래킷 및 거푸집 지지틀을 설치하여 시공하는 공법으로, 거푸집 지지틀을 현수하강하여 역타시공하는 공법이다.

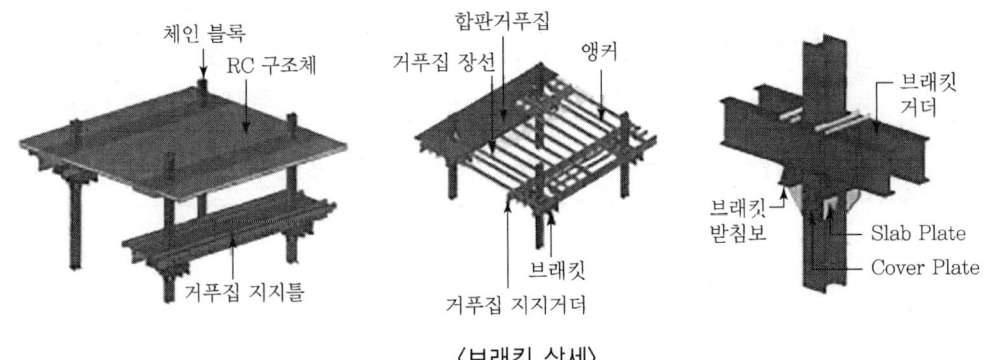

〈브래킷 상세〉

2) BRD 공법의 특징

① RC 역타이므로 철골구조 대비 재료비 절감이 가능하고, 단 지지틀 및 거푸집 전용률이 높을수록 공사비 절감효과가 큼
② 기존 철골구조 역타공법 대비 낮은 보춤으로 층고가 낮아져 토공사비 절감효과가 있음

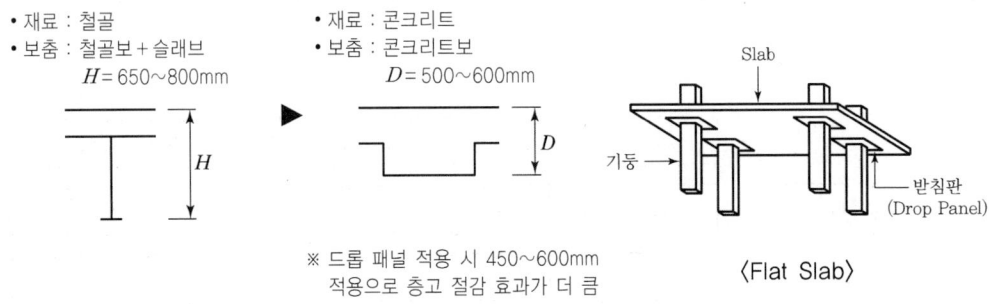

③ 철골을 사용한 구조형식 대비 시공성 및 작업성 저하
④ 콘크리트 양생 후 하강이 가능하므로 지하층 면적이 넓을수록 작업 중단 없이 시공 가능(최소 4개의 조닝 필요)
⑤ 지지틀 및 브래킷 조립 및 해체기간이 45~60일 정도 소요되므로 공정계획 수립 시 반영 필요

4 SPS 공법에 대하여

1) SPS 공법의 정의

① SPS 공법은 가설 Strut(버팀대) 공법의 성능을 개선하여 본 구조체인 기둥, 보를 흙막이 버팀대로 활용하는 공법이다.
② SPS 공법은 Top Down 공법의 문제점인 지하공사 시 조명 및 환기 부족을 개선하기 위해 개발된 공법으로 근래에 시공빈도가 가장 높은 공법이다.

2) SPS 공법의 시공순서

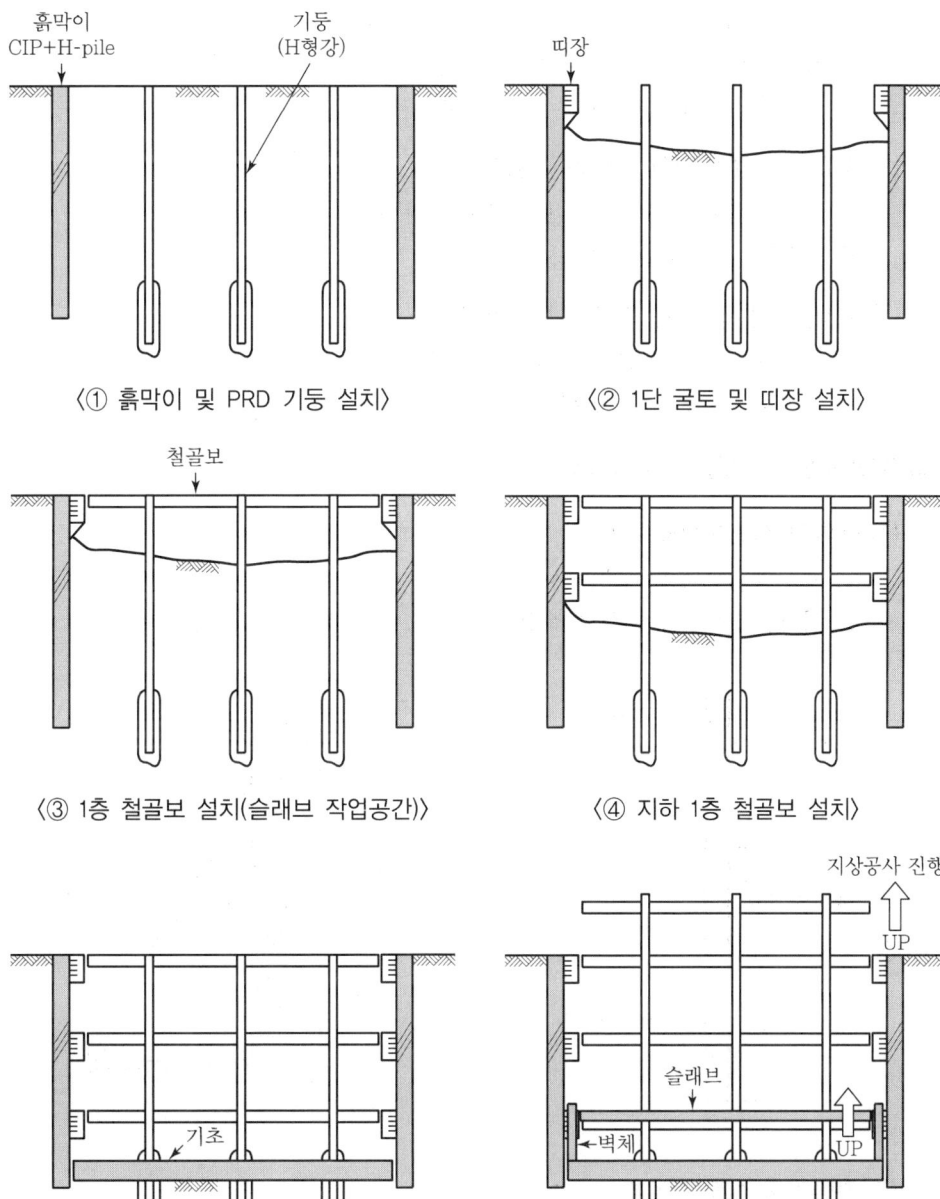

3) SPS 공법의 특징

(1) 자연채광으로 인한 환기 및 조명 양호

① 지하공사 시 철골보만 설치하므로 환기 양호
② 최소한의 조명시설로도 작업 가능, 자연채광 이용 가능
③ Top Down 공법에 비해 지하작업장의 환기·조명 양호

(2) 가설구조물을 본 구조물로 사용하여 구조적 안전성 추구
① 철골과 RC Slab가 띠장 역할을 하므로 구조적으로 안정적임
② 가설 Strut 해체 시 발생하는 지반 이완현상 감소
③ 가설띠장 해체 시 발생하는 지반균열 방지

(3) 철골 작업장이 넓어 작업환경 경제적
① 본 구조물인 철골 작업장을 넓게 활용 가능
② 굴착공사용 장비의 작업성 향상

(4) 지상, 지하 동시작업으로 공사기간 단축
① 기초 완료 후 지상과 지하 동시시공 가능
② 가설 Strut의 해체 과정 생략으로 공기단축

4) SPS 공법의 시공 시 주의사항

(1) 흙막이벽의 수직도 유지
① 차수성 있는 흙막이벽체 시공
② 지하층 합벽으로 인한 수직정밀도 확보

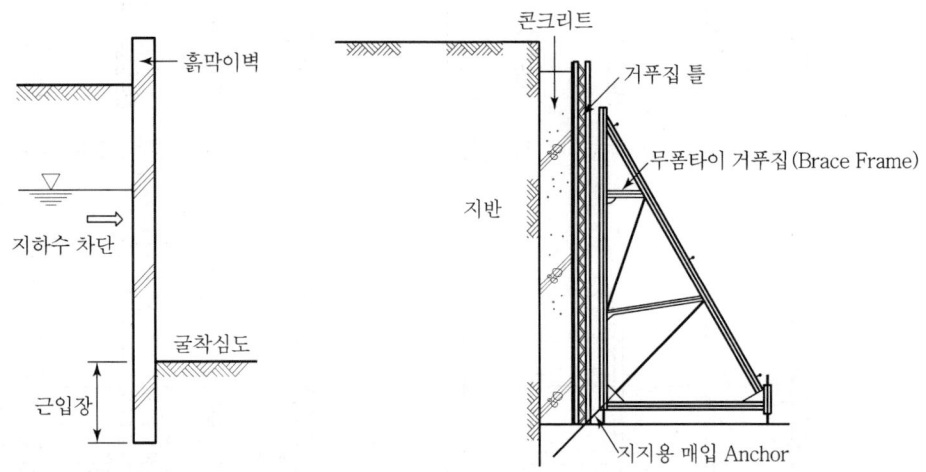

(2) 철골기둥 수직도 유지
① 하부 기둥은 고정용 철물(주로 철근)로 내부 Casing과 용접 접합
② 상부 기둥은 Transit으로 수직 유지, 하부 기둥과 접합

(3) 외벽 콘크리트 타설
외벽 콘크리트 타설 시 벽체의 밀실화에 유의

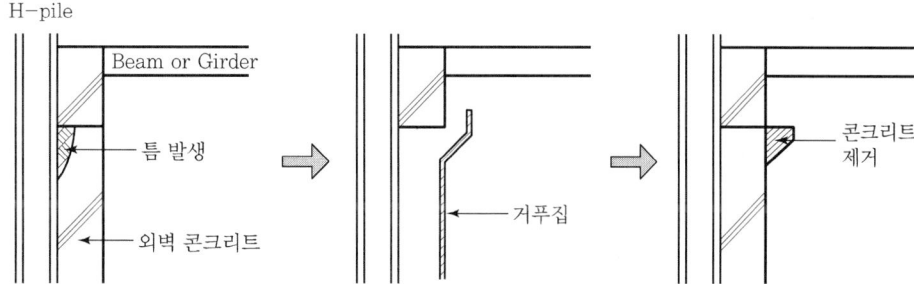

(4) 콘크리트 띠장 시공
① H-pile Flange 면에 Stud Bolt 설치 후에 콘크리트 띠장 설치
② 콘크리트 띠장에 기초 콘크리트 타설용 Sleeve 매입

(5) 조명 및 환기시설
조명시설 설치를 위한 Sleeve 및 강제환기설비 설치

(6) 계측관리 철저
계측관리를 통한 주변 건물의 안정과 공사장 내의 안전을 도모

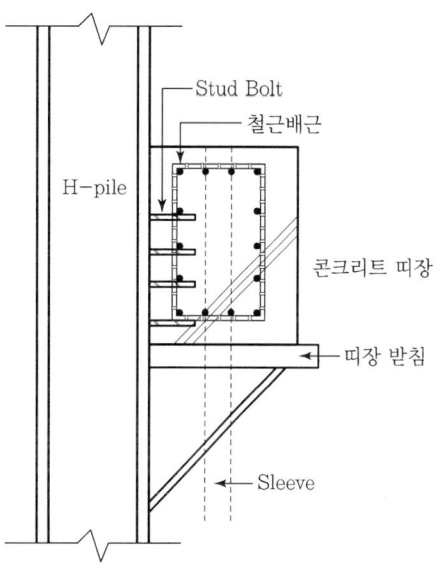

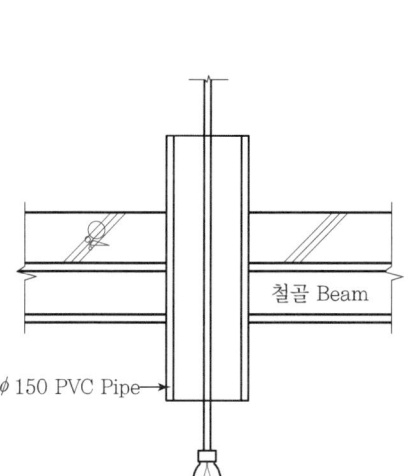

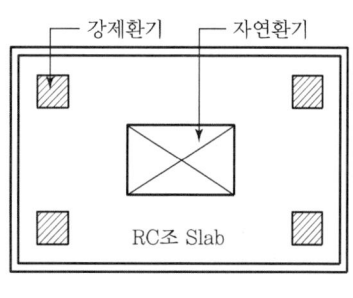

〈제2종 환기시설〉

5 SPS 공법과 BRD 공법의 비교

구분	SPS 공법	BRD 공법
슬라브 지지	Strut	Bracket
공간활용	보통	우수
경제성	보통	보통
작업성	작업공간 장애	작업공간 유리

6 결론

① SPS 공법은 인접 지반 및 환경에 피해가 적으므로 점차 발전시켜야 할 공법이다.
② SPS 지하공사 시에는 공사환경이 밀폐되어 있으므로 안전관리가 특히 요구된다.

문제 19 부력을 받는 지하주차장에 발생하는 문제점 및 대응방안에 대하여 설명하시오.

유사 지하구조물의 부상요인 및 방지대책에 대하여 설명하시오.

1 부력의 정의

① 액체 속에 잠겨 있는 물체의 표면에 상향으로 작용하고 있는 물의 전체 압력을 부력이라 한다.
② 수중에 건축물을 축조할 경우 건축물의 밑면 깊이만큼 부력을 받게 되고, 건물의 자중이 부력보다 작으면 건물은 부상하게 된다.
③ 지하실이 깊어질수록 지하수의 영향은 증대하여 부력 또한 커지므로 정확한 지질조사를 토대로 사전대책이 이루어져야 하며, 효율적인 대처방안이 설계 및 시공 측면에서 검토되어야 한다.

2 부력의 개념, 발생요인 및 건축물의 안전율 검토

1) 부력의 개념, 발생요인

부력의 개념	발생요인 검토
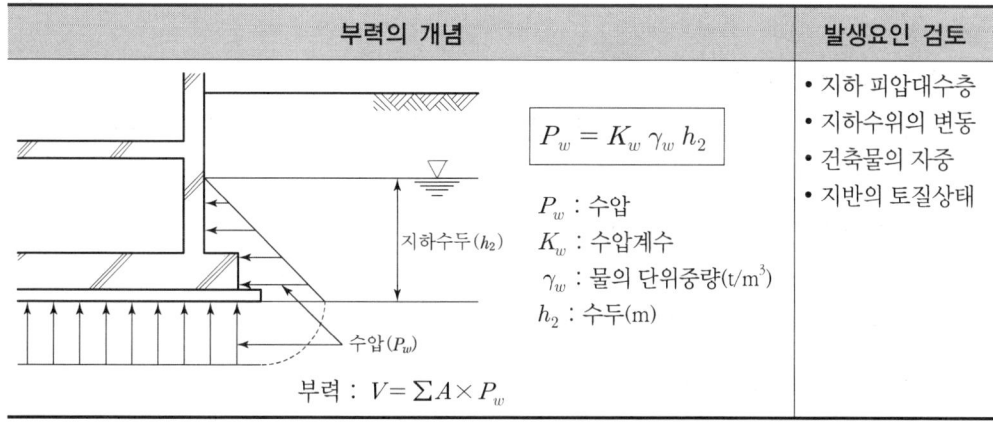 $P_w = K_w \gamma_w h_2$ P_w : 수압 K_w : 수압계수 γ_w : 물의 단위중량(t/m³) h_2 : 수두(m) 부력 : $V = \Sigma A \times P_w$	• 지하 피압대수층 • 지하수위의 변동 • 건축물의 자중 • 지반의 토질상태

2) 건축물의 안전율 검토

$$W_D \geq 1.25B (안전율\ 포함)$$

① 건물의 자중(W_D)이 부력(B)보다 클 때 건물은 부상하지 않는다.
② 여기에 안전율을 감안하여 부력보다 자중이 1.25배 이상 되게 한다.

❸ 부력의 문제점

1) 지하주차장 외벽 누수 발생
① 수압 증대에 따른 콘크리트 결함 부위의 누수 발생 가능
② 지속적 누수 발생 시 구조물의 열화가 가속화됨

2) 우력 발생에 의한 건물전도
① 건축물의 하중중심과 부력중심 간의 편차 발생
② 건물의 기울어짐 발생 → 전도 우려됨

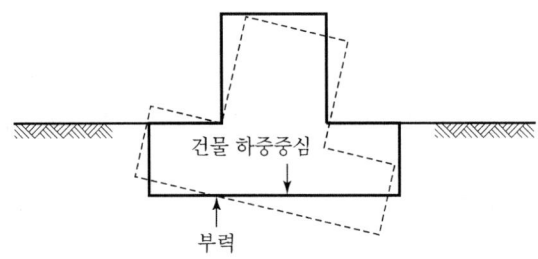

3) 지하주차장의 침하 발생

| 기초면으로 수압 전이 | ⇨ | 기초 지지력 저하 | ⇨ | 건축물 부등침하 발생 |

4) 구조부재의 변위 가속화
① 지하층 시공 시 구조물 부상에 따른 Slab 융기 및 기둥의 압축·휨파괴 발생
② 구조물 Balance 상실로 구조부재의 변위 발생

5) 마감재 표면의 곰팡이 발생
① 지하층 누수에 의한 상대습도 과다로 마감재 표면에 곰팡이 발생
② 곰팡이 발생 시 마감재 파손 및 재시공 필요

6) 기초저면의 지내력 저하
① 기초저면의 Boiling 현상에 의해 저면 모래지반의 지지력 감소(수동토압 감소)
② Boiling 현상 가속화로 Piping 발생, 모래의 Quick Sand 현상 가속

❹ 부력의 원인 및 적극적 대응방안 연구 검토

1) 부력의 원인(부상요인)

(1) 지하피압수
압력 수두차에 의해 건물의 기초저면이 뜨는 현상 발생

(2) 지하수위 변동

　　매립지대, 계곡지대 등에 건물이 위치할 경우 우기 시 지하수위 상승으로 부력이 발생

(3) 지반 여건

　　건물이 불투수층이 강한 점토층이나 암반층에 위치할 경우 물의 유입으로 인한 수위 증가로 기초저면에 부력 발생

(4) 건물의 자중

　　부력보다 건물의 자중이 적을 때 건물이 떠오르는 현상 발생

2) 부력의 대응방안(방지대책)

(1) 부력에 대한 구조검토 실시

　　① 지질조사 시 지하수위 판별 → 부력 위험성 검토 실시
　　② 건축물의 자중(W) ≥ 부력(V)×안전율($F_s = 1.25$)

(2) 집중호우 시 지표수 유입 차단

　　지표면 가배수로 설치 → 지표수 배수의 원활한 처리

(3) 지표수 배수 철저

　　역구배 시공 및 지표수 유입 대비 맹암거 설치 → 지표수 배제

(4) Rock Anchor 시공

　　① 연약지반에서 암반까지 천공하여 설치하는 Anchor
　　② 구조물을 지지하는 영구용 Anchor를 기초 하부에 설치하여 부력에 의한 부상 방지
　　③ 피압수 부력에 의한 건물 부상 방지용
　　④ 경질층에 정착장 안착하여 PS 강연선의 인발저항

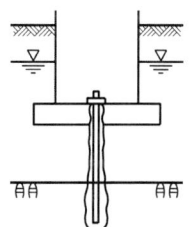

(5) 마찰말뚝 이용

　　① 부력에 대항하는 하중을 말뚝의 마찰력으로 저항
　　② 기초 하부 말뚝의 수량을 증가시켜 마찰력 증대
　　③ 지하구조가 깊지 않은 건물에 사용

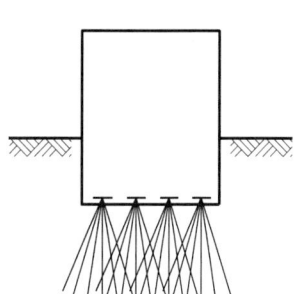

(6) 인접 건물에 Bracket 설치

건축물이 경미하고 작은 경우에 지하벽 외부에 Bracket을 설치하는 공법

〈지중 Bracket 설치〉

(7) 구조물 자중 증대

① 부력과 건물 자중의 차이가 적을 경우 적용
② 기초판을 지하실 벽 밖으로 확장하여 건물의 고정하중 증대
③ 건물의 자중은 부력의 1.25배(안전율) 이상으로 할 것

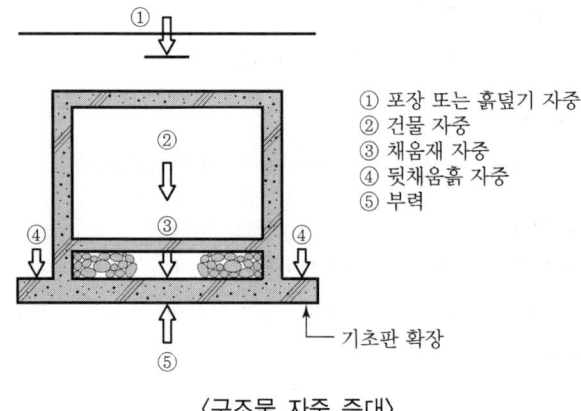

① 포장 또는 흙덮기 자중
② 건물 자중
③ 채움재 자중
④ 뒷채움흙 자중
⑤ 부력

기초판 확장

〈구조물 자중 증대〉

(8) 지하수위 저하

① 지하수위를 저하시켜 수압과 부력을 감소시키는 이중 효과
② 지하수위 저하공법으로 영구적인 배수시설 역할
③ 인접 건물의 탈수에 의한 압밀침하가 우려되는 곳에는 채용 불가능

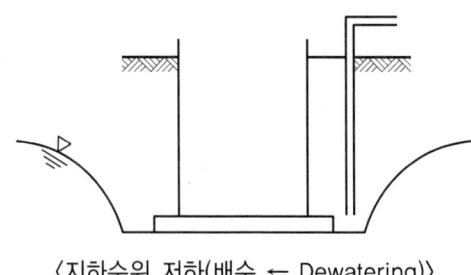

〈지하수위 저하(배수 ← Dewatering)〉

(9) 강제배수공법

유입 지하수를 강제로 Pumping하여 외부로 배수

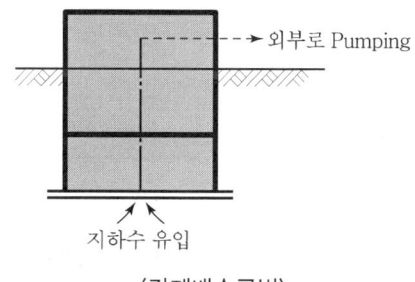

〈강제배수공법〉

(10) 건축물 외벽 부위 : 외부 배수 시스템(맹암거) 적용

① 지하벽체 외부의 일부 심도에 배수층을 형성하고 유공관을 통하여 집수정으로 지수를 집수한 후, 펌프에 의한 배수처리로 지하벽체에 작용하는 수압을 감소시키는 공법
② 지하구조물 전체의 안정에 효과적

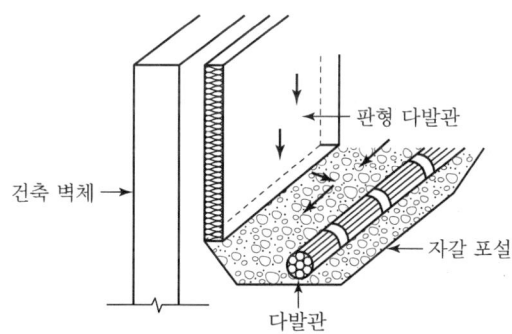

(11) 영구배수공법 중 기초 하부 유공관공법

① 외부 압력에 강하고 균열 및 찌그러짐이 없는 HDPE(High Density Polyethylene, 고밀도 폴리에틸렌)관에 작은 구멍의 흡수공을 설치하여 지중의 물을 배수하는 공법
② 흡수성으로 토사에 의해 막힐 염려가 없음
③ 요철부에 다량의 흡수공으로 흡수면적이 넓음

(12) 영구배수공법 중 기초상부 배수관공법

① 지하 기초 내 수직으로 Hole을 설치하여 기초상부 누름 콘크리트 사이로 배수관을 연결
② 연결된 배수관을 지하층에 설치된 집수정을 통해 외부로 배수하는 공법

(13) 상수위 제어 영구배수공법 적용

① 상수위 제어 영구배수공법이란 지하수위가 부력 안정수위 이상으로 상승 시 배수가 이루어져 양 압력에 의한 건축물의 부상 및 손상을 방지하는 영구배수공법이다.
② 공법 적용 시 영구배수공법의 단점인 유지관리비에 대한 절감효과가 우수하다.

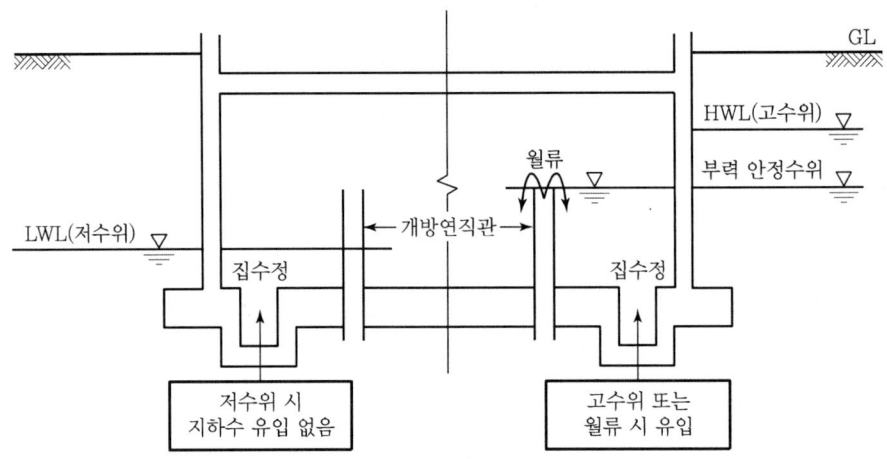

(14) 구조물 변경

지하층 규모 축소(소극적 방법으로 지하층 층수를 감소시킴)

(15) 부력대응 역방향 철근배근

부력 발생에 대응한 철근의 주근 위치 결정

(16) 지하중간 부위층 지하수 채움

① 지하층이 깊을 경우 적용
② 지하수 출입이 자유로우며 지하수조 형성

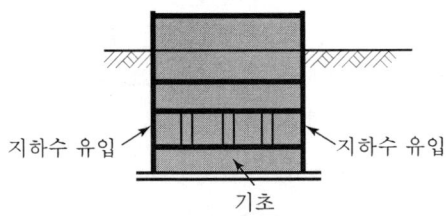

〈지하중간 부위층 지하수 채움〉

(17) 건물 외부 지하수 유입구 설치
    ① 급작스런 수위 상승 시 건축물 부상 대응
    ② ϕ100mm 정도의 Sleeve 매입 및 안정화 이후 내부 충진

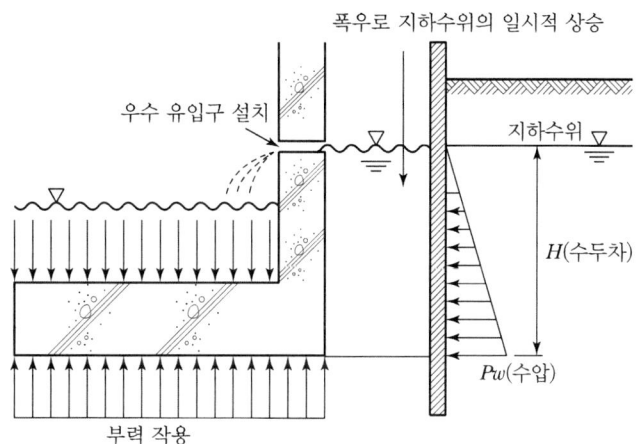

(18) 지하주차장 외방수 적용
    ① 외방수 도입으로 지하수압 대응
    ② 구체 균열에 의한 누수 방지
    ③ 방수층 손상 방지를 위한 보호층 필요

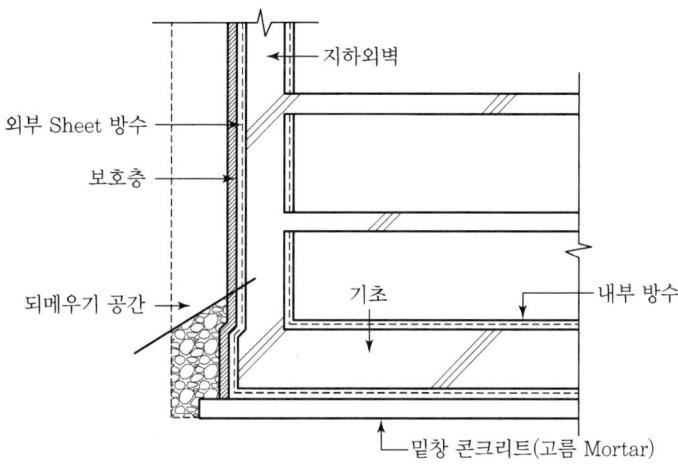

(19) 계측관리 시행
    ① 지하수위 변화 여부에 대한 사전 모니터링 실시
    ② 수위 변화에 대한 구조물의 영향 위험도 사전 차단

5 결론

① 지하수위가 높은 지질에서의 지하주차장은 지하수 수압에 의한 부력작용으로 구조물의 균열 및 누수 발생이 빈번하여 부력에 대한 안정성 검토가 수행되어야 한다.

② 지하구조물 시공 시 부력에 대응하는 적절한 배수 시스템 도입과 Dewatering 공법을 접목하여 효과적인 부력 저감방안을 모색하고, 누수방지를 위해 외방수공법도 검토되어야 한다.

문제 20. 흙막이 계측관리의 목적, 계측계획 수립 시 고려사항 및 계측기의 종류에 대하여 설명하시오.

1 계측관리의 개요

① 계측관리란 Strut, 토압, 인근 건물 및 지반의 변형, 균열 등에 대비하고, 흙막이벽체의 변형 등을 미리 발견·조치하기 위하여 계측기기를 통한 정보화 시공을 말한다.
② 계측관리는 안전하고 경제적이며 우수한 지하구조물을 완성하기 위하여 절대적으로 필요하며, 실정에 맞는 항목을 선정하여 합리적인 방법으로 시행해야 한다.

2 계측기 배치도 및 계측관리의 목적, 설치부위

1) 계측기 배치도

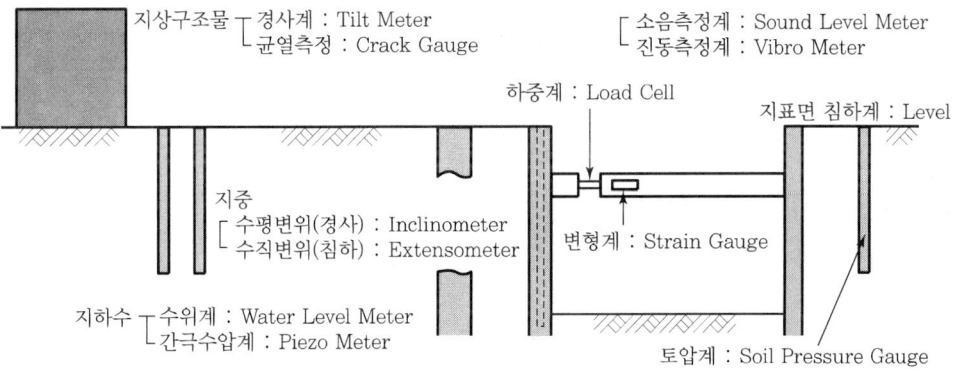

2) 계측관리의 목적

① 계측기를 통한 정보입수
② 계측분석으로 현재 변위상태 파악
③ 계측 후 거동을 사전 파악하여 대책 수립
④ 설계 시 예측치와 시공 시 측정치의 불일치 사항을 검토
⑤ 흙막이공사에 대한 변위, 안정상태 확인
⑥ 변위로 인한 향후 변형을 정확히 예측
⑦ 공기단축, 원가절감 등의 새로운 공법에 대한 평가

3) 계측기기 설치 부위
   ① 변위량이 가장 많은 부위
   ② 시공상 장애가 되지 않는 부위
   ③ 안전한 계측작업이 가능한 부위

3 계측계획 수립 시 고려사항

1) 종합적으로 평가할 수 있는 계측항목 선정
구조물 및 지반의 안전성을 종합적으로 평가할 수 있는 계측항목을 선정한다.

2) 계측 결과의 상호 연관성 고려
각 계측 결과가 서로 관련성을 갖도록 상호 연관성을 고려한다.

3) 결과의 평가와 설계 시공에의 Feedback
계측은 신속히 행하고, 그 결과의 평가를 설계 시공에 Feedback한다.

4) 시공상 장애요소가 되지 않도록 하며, 안전한 계측작업 실시
계측기 등이 시공상 장애요소가 되지 않도록 주의하고, 안전한 계측작업이 가능하도록 한다.

5) 계측기의 정밀도, 내구성 등 필요조건 만족
계기류는 정밀도, 내구성 및 방재성의 필요조건을 만족하도록 선정한다.

6) 현장기술자의 육안관찰에서 얻은 자료도 가산하여 종합평가
계기에 의한 계측만이 아니라 현장기술자의 육안관찰에서 얻은 자료도 가산하여 종합적으로 평가한다.

4 계측기의 종류

1) 인접 구조물 기울기 측정(경사계)
   ① Tilt Meter, Level, Transit
   ② 인접 구조물의 기울기 등을 측정하여 주변 지반의 변위를 알아보는 계측기

2) 인접 구조물의 균열 측정(균열계)
   ① Crack Gauge
   ② 지상 인접 구조물의 균열 정도를 파악하는 계측기

3) 지중 수평변위 계측(경사계)
   ① Inclinometer
   ② 지중 또는 지하연속벽의 중앙에 설치하여 흙막이가 배면 측압에 의해 기울어짐을 측정

4) 지중 수직변위 계측(침하계)
① Extensometer
② 지중에 설치하여 흙막이 배면의 지반이 토사 유출 또는 수위변동으로 침하하는 정도를 측정

5) 지하수위 계측(수위계)
① Water Level Meter
② 지하수의 수위를 측정하는 계측기

6) 지하 간극수압 계측(간극계)
① Piezometer
② 지중의 간극수압을 측정하는 계측기

7) 흙막이 부재응력 측정(하중계)
① Load Cell
② 흙막이 배면에 작용하는 측압 또는 Earth Anchor의 인장력 측정

8) Strut의 변형 계측(변형률계)
① Strain Gauge
② 흙막이 버팀대(Strut)의 변형 정도를 측정

9) 토압 측정(토압계)
① Soil Pressure Gauge
② 흙막이 배면에 작용하는 토압을 측정하는 계측기

10) 지표면 침하 측정
① Level, Staff
② 현장 주위 지반에 대한 구조물의 침하 및 융기 정도 측정

11) 소음 측정(소음계)
① Sound Level Meter
② 건설현장 주변의 소음 수준 측정

12) 진동 측정(진동계)
① Vibro Meter
② 건설현장에서 발생하는 진동을 측정하는 계측기

5 계측관리 발전방향
① IoT의 적용으로 실시간 계측
② 전자동 계측관리 실시

③ 무인 계측시스템 구축
④ 소규모 건축물에서의 의무화

6 결론

① 토공사계획은 주변 지반의 변화 · 토질 · 토층 · 지하수위 · 지내력 · 장애물 상황 등에 대한 철저한 사전준비조사가 무엇보다 중요하다.
② 토공사 시 발생할 수 있는 모든 요소에 대하여 사전에 대비하고, 계측관리 등의 정보화 작업을 통해 공사현장의 안전성을 확보해야 한다.

CHAPTER **04**

기초공사

문제 21. 기성 콘크리트 말뚝의 시공관리방안과 말뚝의 반입 및 저장 시 유의사항, 지하수 용출 시 관리방안을 기술하시오.

1 기성 콘크리트 말뚝의 개요

① 기성 콘크리트 말뚝이란 선단지지말뚝과 마찰말뚝으로 구분되며, 마찰말뚝은 연약한 지층이 깊어 굳은 지층까지 Pile을 도달시킬 수 없을 때 말뚝 전길이의 주면 마찰력에 의해서 지지하는 말뚝을 말한다.
② 선단지지말뚝이란 말뚝 선단이 풍화암 이상 지층에 근입되어 선단의 지지력에 수로 의존하는 말뚝을 의미한다.

2 말뚝의 시공도, 마찰말뚝 및 지지말뚝의 특성

1) 말뚝의 시공도

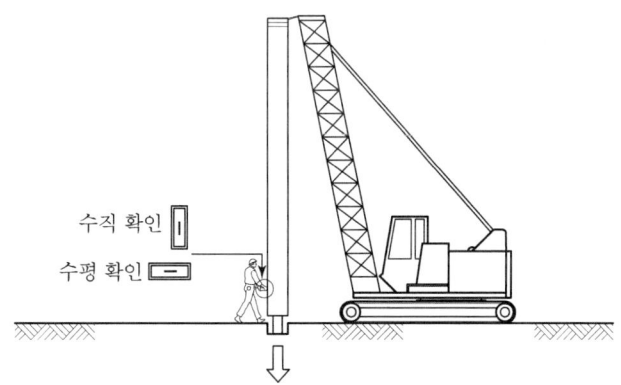

※ 수직 및 수평 확인 후 굴진, 기성 콘크리트 말뚝 삽입 시 공벽붕괴 방지

2) 마찰말뚝 및 지지말뚝의 특성 비교

구분	마찰말뚝	지지말뚝
지지력	Pile 주면 마찰력	Pile 선단지지력
Pile 깊이	보통	깊음
Pile 크기	공장 생산 규격품	규격품 또는 현장 제자리 Pile
시공성	양호	특별 장비 필요
경제성	경제적	비용 많이 소요
기초신뢰도	보통	신뢰성 높음

❸ 반입 및 저장 시 유의사항, 시공 시 관리방안

1) 반입 및 저장 시 유의사항

① 제작 후 14일 이내에는 운반 금지, 콘크리트 양생 관리 철저
② 납품서 확인 시 말뚝의 종류, 길이, 본수 등
③ 규격, 치수 및 물뿌림을 통한 표면 균열 여부 확인
④ 운반, 하역 시 충격으로 인한 손상, 균열 발생에 유의
⑤ 2단 이하로 저장 : 종류별로 분류하여 저장
⑥ 적재장소는 박기 지점에 가깝고, 배수가 양호하며 지반이 견고할 것
⑦ 횡으로 구르지 않도록 쐐기 설치

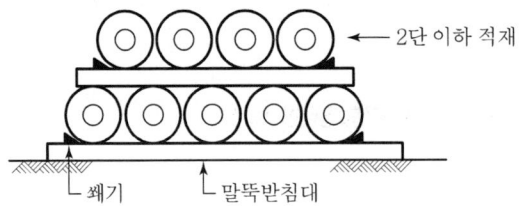

2) 시공 시 관리방안(시공순서, 시공 시 유의사항)

(1) 말뚝의 종류별 특성 파악

타입공법, 매입공법, 현장타설말뚝공법 등 현장특성에 맞게 합리적인 공법 선정

(2) 지지방식 파악

지지방식상 지지말뚝인지 마찰말뚝인지, 응력상 압축말뚝인지 인장말뚝인지 파악

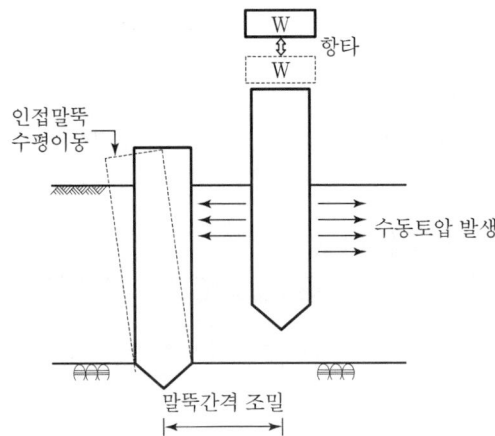

(3) 기성 콘크리트 말뚝의 배치도 검토

① 말뚝 중심도, 말뚝번호, 시험 말뚝의 위치, 박기 순서 파악
② 시항타를 통해 하루 박기 개수, 시공공정 등 파악

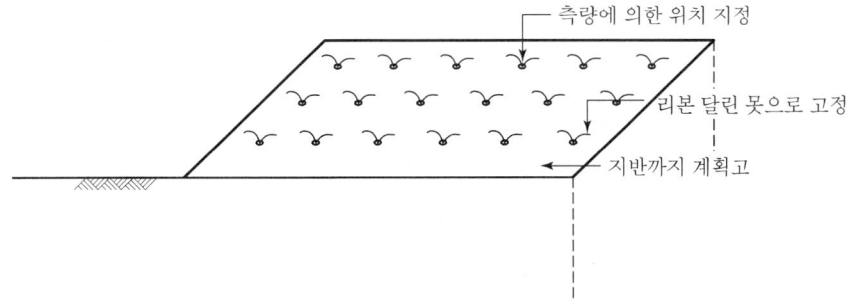

(4) 시공 시 박기 사항 확인
① 소음과 진동 정도 / 지반고의 조정 필요 여부
② 말뚝의 이음 필요 여부 / 이음 시의 이음방법 선택
③ 타입 불가능 시의 조치사항
④ 박기 도중의 기울임, 파손 등에 대한 대책

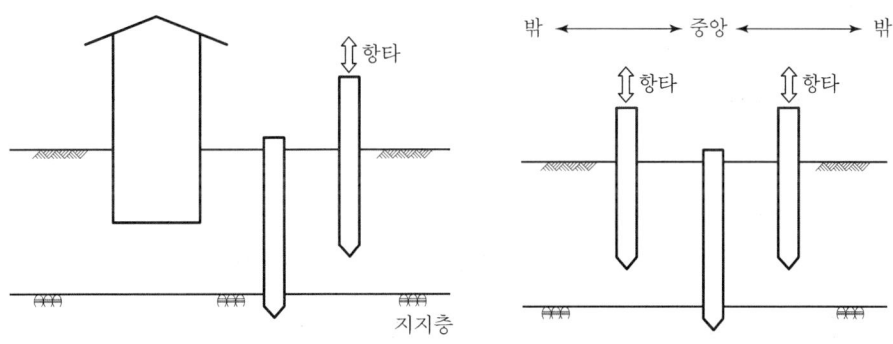

(5) 투입장비 및 기계류
① 항타기, 이동식 크레인, 해머, 케이싱, 오거 등
② 드럼, 스팀, 디젤 해머 등 검토

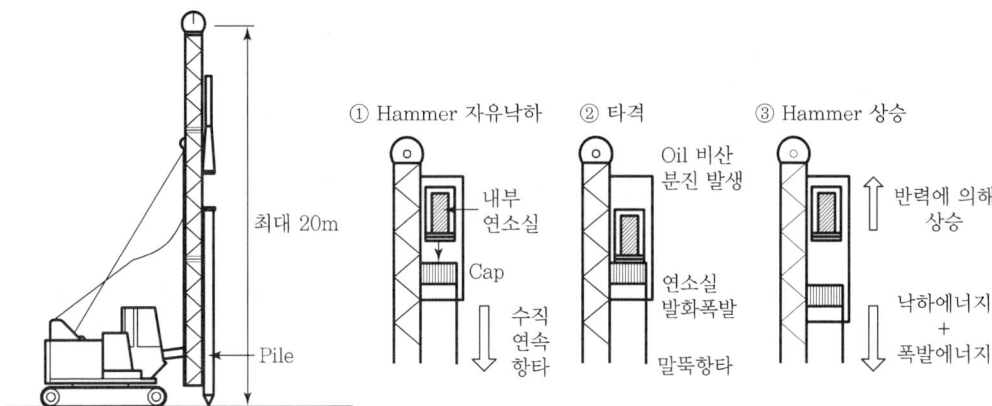

(6) 두부정리 시
   ① 말뚝에 커팅선, 버림 콘크리트 상단면, 지반조성면 등 3개를 GL 라인과 수평으로 표시
   ② 말뚝 두부 절단 및 정리 시 종균열 주의

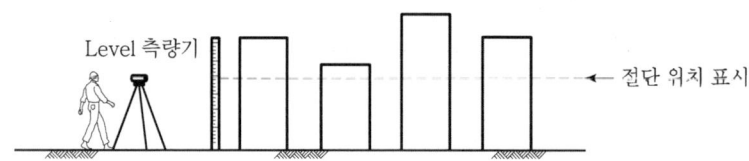

(7) 안전관리 요령
   ① 연약지반의 경우 전도방지대책 강구
   ② 항타기 또는 오거 등의 고압선 및 지상장애물로 인한 장비이동과 활동장애물 제거

4 지하수 용출 시 관리방안

1) 지하수위가 높을 경우
지하수위가 높을 경우 시험터파기하여 BL(기초저면 Level)의 지하수 용출 여부 확인

2) 공벽보호공법 적용 여부 검토
말뚝공사 시 공벽보호공법 적용 여부 검토

3) 말뚝 안착 시 부력 발생 여부 확인
말뚝 안착 시 부력 발생 여부를 확인하여 말뚝선단 천공 여부 결정

4) 선굴착공법일 경우 높은 지하수위로 인한 페이스트 유출 확인
주입 후 유출 가능성 대책 수립(배합비 조정 : 부배합)

5) 지하수 용출 시 대책

구분	문제점	대책
지내력 기초	풍화암의 경우 급격한 풍화교란으로, 내력 상실, 버림 콘크리트 타설 어려움	BL 주변 배수로 형성, 가집수정 설치 후 지하수 펌핑, 부분적 용출 시 쇄석 등으로 치환
말뚝기초	• 항타 장비의 이동 • 작업 안전성 저하	• 복공판 설치 후 항타기 이동 및 작업 • BL 레벨 잡석 치환

6) 지하수위가 높을 경우 추후 지하층 벽체 방수공사공법 변경 검토
락 앵커, 영구배수공법, 강제배수공법 등

7) 지하수로 인해 지반 연약 우려가 있을 경우 배수 및 충분한 지반 건조 후 기초시공

5 스폰지 현상

1) 의의
수분을 많이 함유하고 있는 연약지반에서 pile 시공 시 지반이 물결처럼 꿀렁거리는 현상이다.

2) 원인
① 수분 함유가 많은 연약지반
② 배수가 불량한 연약 점성토지반
③ 지반의 소성지수가 높은 경우

3) 대책
① 치환공법(마사토로 치환)
② 다짐 및 배수

6 결론
① 지정기초인 PHC 파일의 경우 반입이나 저장 시 횡으로 구르지 않도록 안전관리를 철저히 해야 한다.
② 말뚝의 종류별 특성 파악, 지지방식 파악, 기성 콘크리트 말뚝의 배치도 검토, 시공 박기 순서 등을 철저히 하며, 품질관리에 만전을 기하여 한다.

문제 22. 기성 콘크리트 말뚝의 이음방식별 특성 및 본항타 시 고려사항, 항타공사 시 유의사항에 대하여 설명하시오.

1 기성 콘크리트 말뚝의 개요

① 기성 콘크리트 말뚝이란 선단지지말뚝과 마찰말뚝으로 구분되며, 마찰말뚝은 연약한 지층이 깊어 굳은 지층까지 Pile을 도달시킬 수 없을 때 말뚝 전길이의 주면마찰력에 의해 지지하는 말뚝을 말한다.

② 선단지지말뚝이란 말뚝 선단이 풍화암 이상 지층에 근입되어 선단의 지지력에 주로 의존하는 말뚝을 의미한다.

③ 이음방식은 장부식, 충전식, Bolt식, 용접식 등이 있으며, 국내 현장의 경우 용접식으로 주로 시공한다.

2 이음방식별 특성

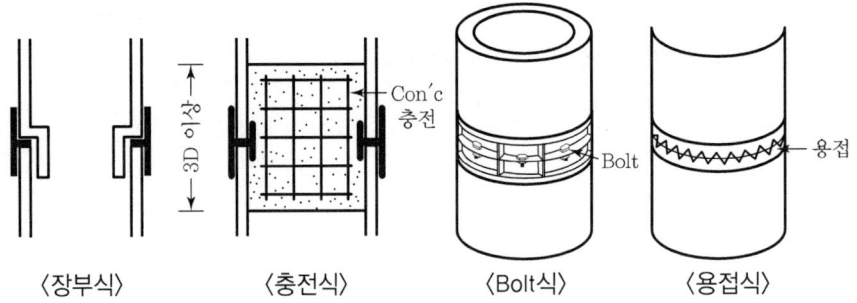

〈장부식〉 〈충전식〉 〈Bolt식〉 〈용접식〉

1) 장부식 이음(Band식 이음)

① 이음부에 Band를 채워서 이음하는 공법
② 구조가 간단하여 단시간 내 시공 가능
③ 타격 시 <형으로 구부러지기 쉬우며, 강성이 약해 연결 부위 파손율이 높음

2) 충전식 이음

① 말뚝이음부의 철근을 따내어 용접한 후 상하부 말뚝을 연결하는 Steel Sleeve를 설치하여 Con'c로 충전하는 방법이며, 일반적으로 많이 쓰이는 공법
② 압축 및 인장에 저항할 수 있으며, 내식성이 우수
③ 이음부 길이는 말뚝직경의 3배(3D) 이상

3) Bolt식 이음
① 말뚝이음 부분을 Bolt로 조여 시공하는 방법으로 시공이 간단
② 이음내력이 우수하지만 가격이 비교적 고가
③ Bolt의 내식성과 타격 시 변형 우려

4) 용접식 이음
① 상하부 말뚝의 철근을 용접한 후 외부에 보강철판을 용접하여 이음하는 방법
② 설계와 시공이 우수한 가장 좋은 방법으로 강성이 우수
③ 용접 부분의 부식 발생 우려

3 본항타 시 고려사항

1) 시항타 결과에 의한 시공방법 검토
① 시항타 결과에 따라 말뚝의 시공방법 사전 검토 필요
② 시항타 시 확인된 시공장비 제원, 관입량 기준 확인 검토 필요

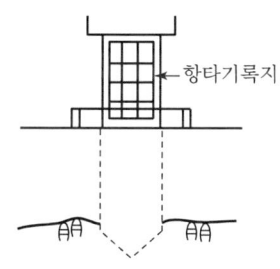
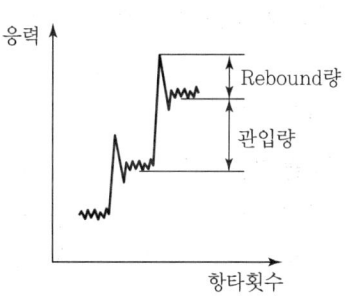

2) 시항타 결과에 의한 말뚝길이 적용
① 시항타 결과에 의한 말뚝의 길이, 두께 등 검토
② 시항타 결과에 의한 말뚝의 수량, 시공방법 검토

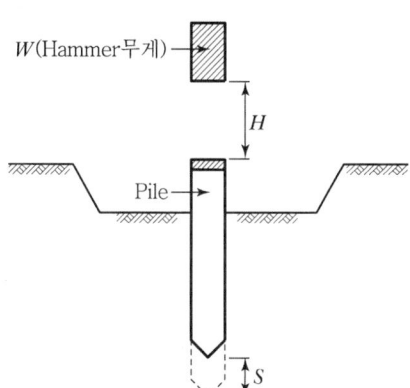

$$R_a = \frac{F}{5S+0.1} = \frac{W \cdot H}{5S+0.1}$$

R_a : 말뚝지지력(t)
F : $W \cdot H$(t·m)
W : Hammer 무게(t)
H : 낙하고(m)
S : 말뚝 최종관입량(m)

3) 말뚝의 길이, 수량, 항타기의 일일 시공능력 파악
① 설계상 말뚝의 길이, 수량, 항타기의 일일 시공능력 파악
② 항타기 추가반입을 검토하여 착공 초기에 공기단축 유도

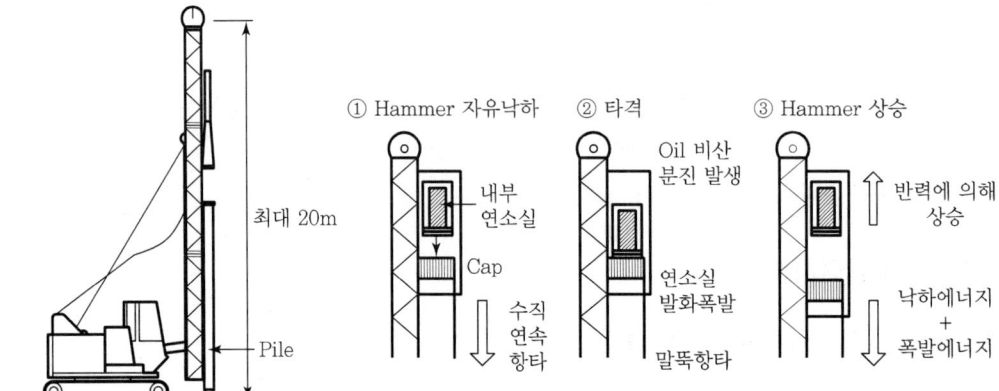

4) 공구별 자재반입 일정 조율
① 공구별 자재반입 일정 조율
② 항타기의 추가반입에 따른 자재반입 사항 확인

5) 타입 불가능 시의 조치사항 사전대책
① 박기 도중의 편심항타로 인한 말뚝 파손대책
② 말뚝의 중파, 횡균열 시 파손대책 수립

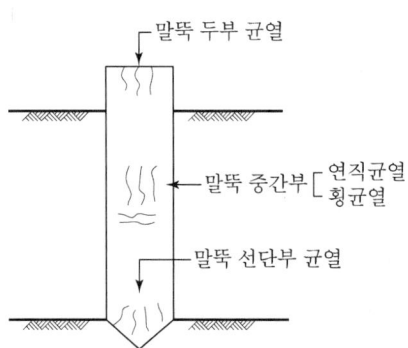

6) 장비의 전도방지대책 강구
① 연약지반의 경우 전도방지대책 강구
② 항타기 또는 오거 등의 고압선 및 지상장애물로 인한 장비이동과 활동장애물 제거

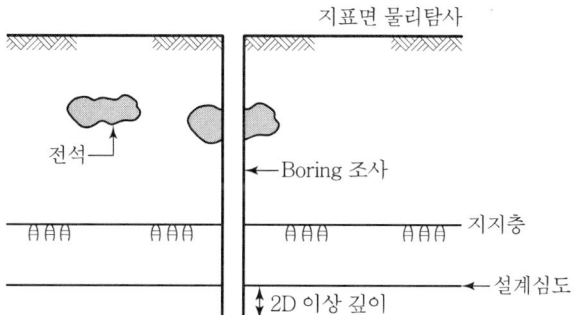

4 항타공사 시 유의사항

1) 말뚝장비의 설치사항

(1) 말뚝 리더기의 수직정밀도 확인
말뚝 리더기의 수직정밀도를 광파기를 통해 L/200 이하인지 여부를 확인

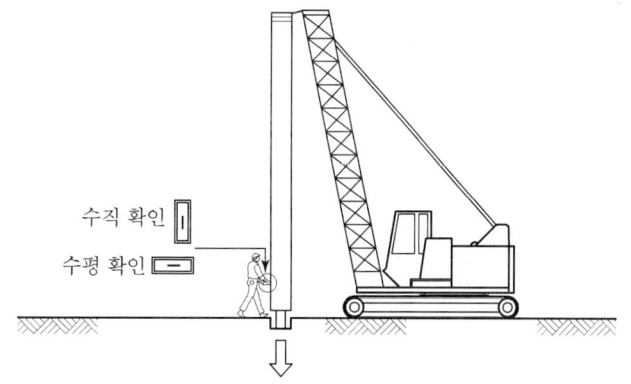

(2) 항타기의 평균 접지압 q = 2.5~5.0tf/m² 실시
양중이나 전도 시는 q의 2~3배로 접지

(3) N치를 기준으로 지반의 지지력 확인

(4) 지반의 고르기 실시
① 지반은 평평하게 유지하도록 하며, 잡석 치환 고려
② 연약지반인 경우 장비전도를 방지하기 위해 순환골재 치환, 철판깔기 등으로 보완

(5) 되메우기 불량 지반에 주의

2) 항타 시 유의사항

(1) 항타장비의 적합성, 크레인의 적용 방안
지반조건, 지반굴착 가능 여부 확인

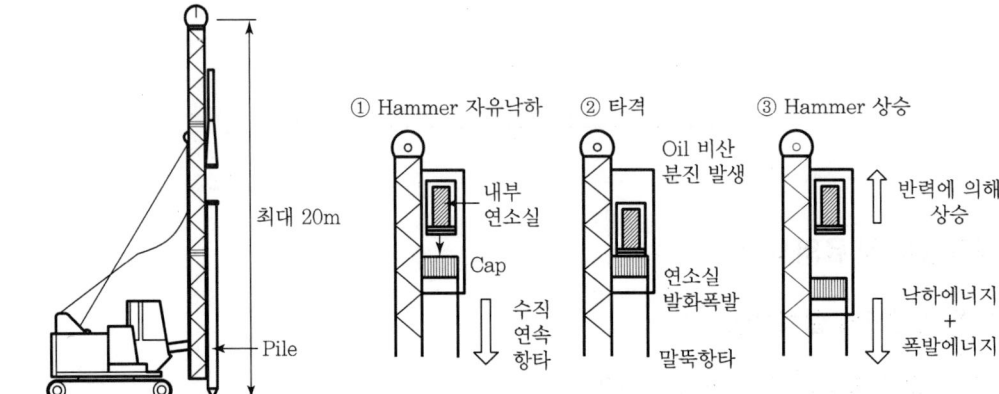

(2) 굴착심도(설계심도)까지 일정속도로 천공
천공 후 공벽 붕괴방지를 위해 일정속도 유지

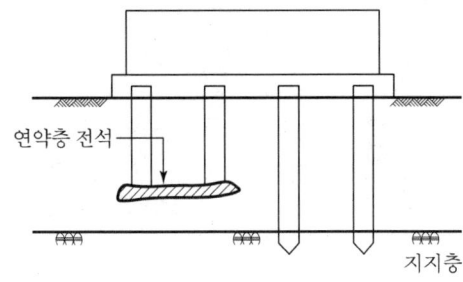

(3) 박기 시작 전 지반정지 Level 확인

(4) 말뚝 위치 확인
① 말뚝 표시를 위해 지반고르기 및 건조상태 유지
② 말뚝 구경 및 길이 방향으로 석회가루로 표시(말뚝 위치 확인 용이)
③ 기준선 설정 및 말뚝 위치 관리
④ 말뚝심 위치 표시 : 상단에 리본 등을 부착한 각재 또는 철심(핀) 사용

(5) 요구 깊이까지 연속 박기

(6) 말뚝의 길이 검토 실시
예정 깊이에 도달되어도 최종관입량 이상일 때는 말뚝이음 실시

(7) 항타 시 인접 말뚝 피해 최소화

인접 건축물이 있는 경우 인접 말뚝의 피해 최소화

① 구조물에서 밖으로

② 중앙에서 가장자리로

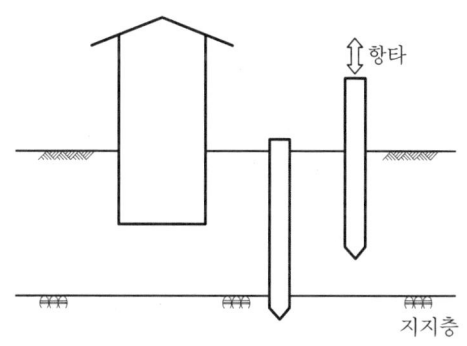
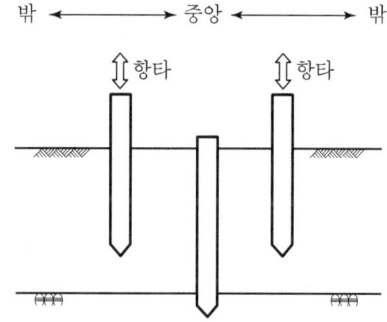

(8) 말뚝박기 순서 준수

중앙에서 외측으로 타격하며 관입시킴

(9) 말뚝박기 간격 준수

말뚝박기 간격은 말뚝지름의 2.5d, 1.25d 준수

(10) 두부정리 시

① 말뚝에 커팅선, 버림 콘크리트 상단면, 지반조성면 등 3개를 GL 라인과 수평으로 표시
② 말뚝 두부 절단 및 정리 시 종균열 주의

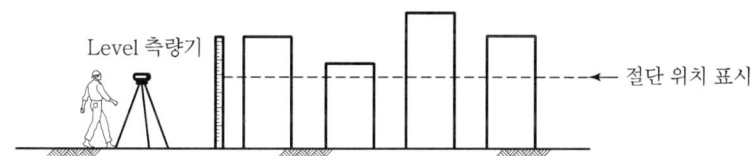

5 말뚝박기공법

소음 진동	타격공법	드롭해머, 디젤해머, 스팀해머를 이용한 타격공법
	진동공법	상하로 작동하는 진동기를 이용하여 박는 공법
무소음 무진동	프리보링(Preboring) 공법	미리 구멍을 뚫고 굴착한 후에 말뚝을 타입하는 공법
	수사(水射)식 공법	말뚝선단에서 고압의 물을 분사하여 타입하는 공법
	압입(壓入)식 공법	Jack으로 말뚝머리에 큰 하중을 가하여 박는 공법
	중굴(中掘) 공법	말뚝의 중공부(中空部)에 오우거를 삽입하여 매설하는 공법

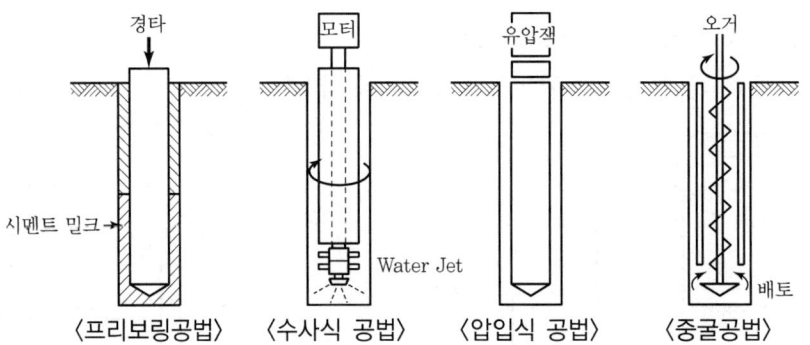

〈프리보링공법〉　〈수사식 공법〉　〈압입식 공법〉　〈중굴공법〉

6 결론

① 기초의 형태는 구조계산서와 지반의 조건, 건축물의 규모·용도 및 현장 여건에 따라 정해지며, 기둥·보 등과 같이 건축물의 주요 구조부 중 하나이다.
② 기초가 안정되지 못하면 건축물 전체가 구조적으로 불안정해지므로 기초시공의 철저한 품질관리가 중요하다.

문제 23. 기성 Con´c Pile 항타 시 발생하는 두부 파손원인과 대책 및 두부 정리 시 유의사항에 대하여 설명하시오.

1 항타 시 발생하는 두부 파손

① 기성 Con´c Pile의 두부는 Cushion재 등으로 보호하지만 Hammer의 타격에너지가 가장 크게 전달되는 부위에서 파손되는 경우가 많다.
② 말뚝의 파손 형태는 휨, 종방향, 횡방향, 이음부 파손, 말뚝두부 파손 등이 있으나 그중에서도 말뚝두부의 파손은 항타 시 파일강도의 부족, 편타, 쿠션재 두께 부족 등의 원인으로 파괴되기 쉽다.

2 말뚝선단부 파손 도해 및 파손방지 목적

1) 말뚝선단부 파손 도해

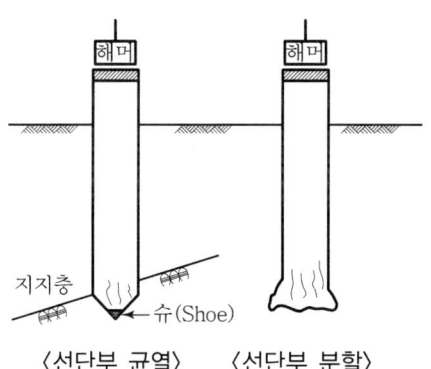

〈선단부 균열〉   〈선단부 분할〉

2) 파손방지 목적

① 말뚝재 파손은 지정기초의 불안정 초래
② 건축물 전체의 구조적 안전성 저해
③ 지정기초의 내구성 저하
④ 말뚝 파손으로 인한 시공성 저하
⑤ 기성 콘크리트 말뚝 자재 재구입으로 경제성 저하

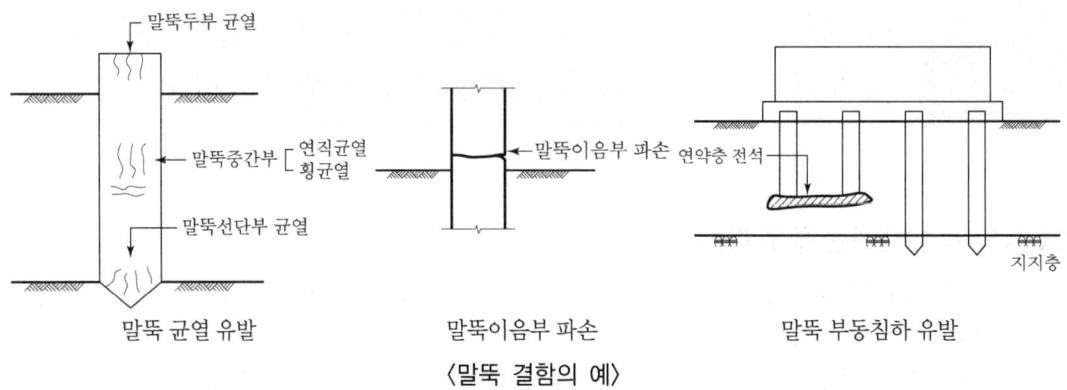

〈말뚝 결함의 예〉

❸ 두부 파손의 원인 및 대책

구분	말뚝두부 파손	전단파괴	말뚝중간부 횡균열
손상 형태			
원인	• Hammer 용량 과다 • 말뚝강도 부족 • Cushion재 두께 부족 • 타격횟수 과다(과잉 항타)	• 편타(편심항타) • 말뚝강도 부족 • 타격횟수 과다 • 지중장애물 존재	• 편타(편심항타) • 말뚝 휨강성 부족 • 관입 과다
대책	• 적정 Hammer 선정 • 강도가 큰 말뚝으로 변경 • Cushion재 두께 증가 • 타격횟수 엄수	• 말뚝과 해머 축선 일치 • 강도가 큰 말뚝으로 변경 • 타격횟수 엄수 • 전석층 천공 후 항타	• 말뚝과 해머 축선 일치 • Cushion재 두께 증가 • 휨강성이 큰 말뚝으로 변경

구분	말뚝중간부 연직균열	말뚝선단부 파손
손상형태	(연약층, 견고한 층, 연약층, 지지층)	〈선단부 균열〉 〈선단부 분할〉
원인	• 재항타 • 편타(편심항타) • 부적절한 말뚝 선정 • 중간에 견고한 층 존재	• 전석층에 의한 파손 • 지지층의 경사 • 해머 용량 과다 • 말뚝선단부 강도 부족
대책	• 말뚝두부 수평 유지 • Cushion재 두께 증가 • 강도가 큰 말뚝으로 변경 • 말뚝박기공법 변경	• 선굴착 후 항타 • 적정 해머 선정 • 말뚝선단부 철판으로 보강

4 두부 정리 시 유의사항

1) 말뚝 두부정리 방법

(1) 말뚝이 길 때

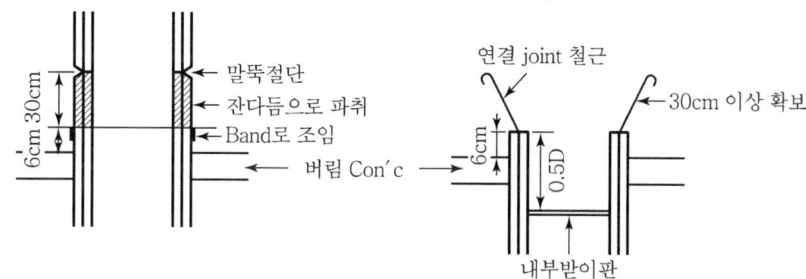

① 버림 Con′c 위 6cm와 연결 joint 철근 길이 30cm 위의 말뚝 절단
② 연결 joint 철근 길이는 30cm 이상 확보
③ 버림 Con′c 위 6cm 부위에 말뚝의 균열방지를 위한 band 조임 후, 잔다듬으로 말뚝 파취
④ 내부 받이판은 말뚝의 직경 0.5D 되는 밑지점에 설치

(2) 말뚝머리가 짧을 때

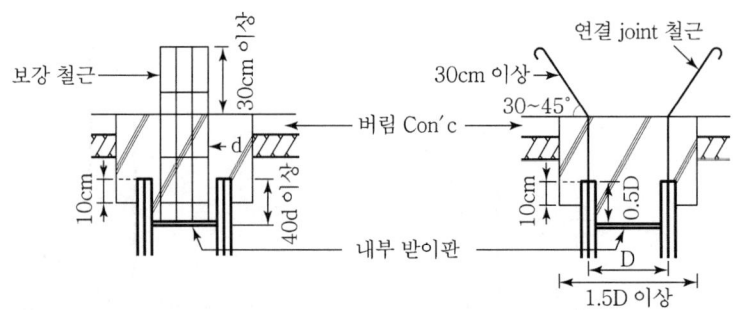

① 말뚝의 직경 0.5D 되는 밑지점에 내부 받이판 설치
② 내부 받이판에서 버림 Con'c 위 30cm 이상 되게 보강철근 설치
③ 말뚝의 PC강선을 철근으로 이음하여 버림 Con'c 위로 30cm 이상 되게 연결 joint 철근 확보
④ 말뚝 상부에서 10cm 아래로, 말뚝 지름의 1.5D 이상 공간을 확보하여 Con'c 타설
⑤ 연결 joint 철근은 버림 Con'c 위에서 30~35° 벌려 기초 속에 매립

2) 말뚝의 커팅선 레벨 측량
말뚝에 커팅선, 버림 콘크리트 상단면, 지반조성면 등 3가지를 GL 라인과 수평으로 표시

3) 강선의 절단 방지 커팅 실시
말뚝 강선은 절단 방지 1cm 이상 깊이로 커팅 실시

4) 강선의 30cm 여장길이 확보, 철심 절단
유압식 파쇄기 또는 원 커팅을 사용해 파쇄 후, 30cm 여장길이를 확보하여 철심 절단, 수직 세움

5) 두부 절단, 정리 시 말뚝의 종균열 주의
말뚝두부 절단 및 정리 시 종균열 주의

6) 소형 다짐기로 바닥다짐
바닥정지 후 소형 다짐기를 이용하여 바닥다짐 실시

5 결론

① 기초말뚝은 상부 구조물의 하중을 받아 이것을 지반에 전달하는 부분이므로 말뚝재의 파손은 건축물 전체가 구조적으로 불안정해지는 결과를 가져오게 된다.
② 두부정리 말뚝을 최소화하여 말뚝 자체 강도의 손실을 최대한 줄이고, 두부 파손 말뚝은 두부 정리 후 보강대책을 철저히 하여야 한다.

문제 24. 공동주택현장의 PHC 파일 시공 시 유의사항과 재하시험 방법에 대하여 설명하시오.

1 PHC 파일의 일반사항

① PHC 말뚝은 비교적 큰 내력을 필요로 하는 경우이지만 지하수위가 낮은 경우에 많이 사용하며, 일반적으로 15m 이내가 가장 경제적이다.
② 시공은 지반조사 → 지반정리 → 말뚝중심 측량(항심보기) → 시항타 말뚝이음 → 동재하시험(지지력 확인, Set Up 확인) → 본항타 말뚝이음 → 본항타 → 정재하시험(설계지지력 확인) → 두부 정리 순으로 진행된다.

2 동재하시험 도해 및 PHC 파일 시공순서

1) 동재하시험 도해

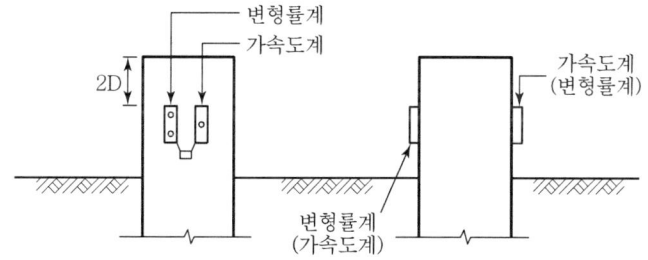

① Gauge 부착용 구멍 천공
② 고강도 Bolt로 말뚝에 Gauge 부착

2) PHC 파일 시공순서

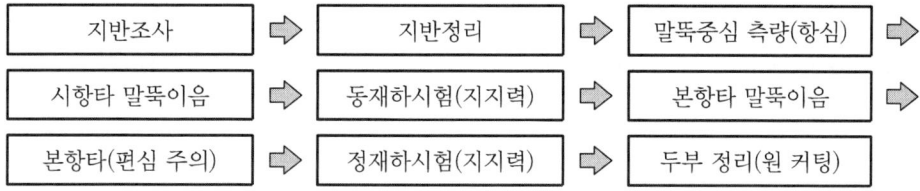

❸ 시공 시 유의사항

1) 지반조사로 지반 상태 파악
① 지표면 물리탐사로 개략적 조사　② 후속 시추조사로 지반 확인

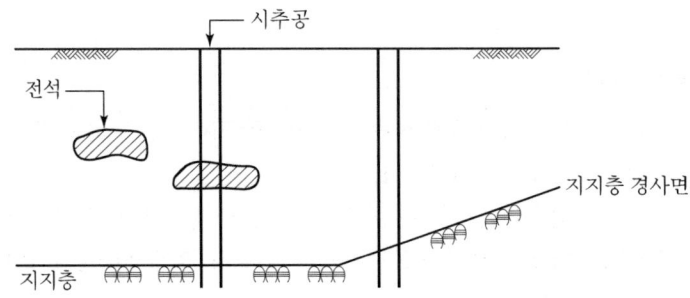

2) 장비 전도방지를 위한 지반정지
① 지반에 파인 곳이 있거나 평탄성이 불량할 경우 300mm 이상 성토하여 지표면의 평탄성을 유지
② 시공장비의 전도방지

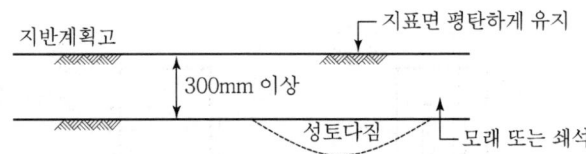

3) 말뚝중심 측량(항심보기)
① X-Y 방향 확인(광파기 또는 GPS 사용) : 말뚝 위치에 대한 허용오차는 10mm 이하
② 말뚝 세우기 시 말뚝중심과의 일치 여부 항상 체크

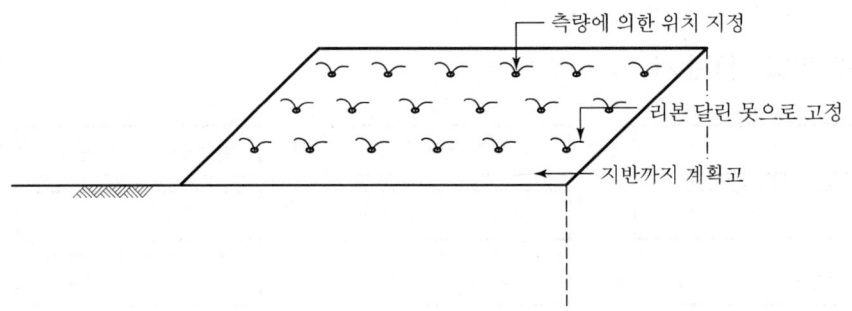

4) 말뚝 반입 및 저장
① 제작 후 14일 이내 운반 금지
② 납품서 확인 : 말뚝의 종류, 길이, 파일 본수 등
③ 반입 파일의 품질 확인 : 물뿌림을 통한 표면 균열 여부 확인

④ 운반, 하역 시 충격으로 인한 손상, 균열 발생에 유의
⑤ 2단 이하로 저장 : 종류별로 분류하여 저장
⑥ 횡으로 구르지 않도록 쐐기 설치

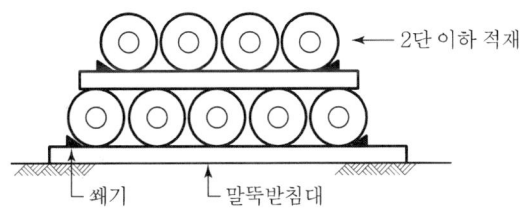

5) 말뚝이음
① 이음 개소 최소화, 구조적 단면 여유, 부식 영향 없을 것
② 이음부 강도는 설계응력 이상
③ 타격 시 이음 부분의 변형이 없을 것
④ 해머와 말뚝의 축선 일치(수직도 유지), 위치 단순화

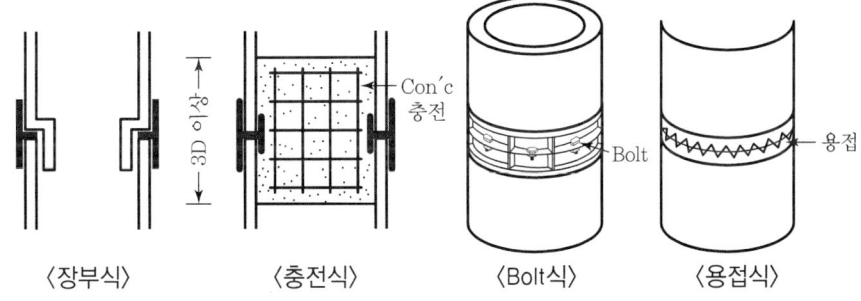

〈장부식〉　〈충전식〉　〈Bolt식〉　〈용접식〉

6) 시항타
① 항타장비의 적합성, 지반조건, 지반굴착 가능 여부 확인
② 시항타는 동일한 말뚝으로, 본항타 말뚝 길이보다 2~3m 긴 것 사용
③ 구조물당 3본 이상, 간격은 15m 이내 실시

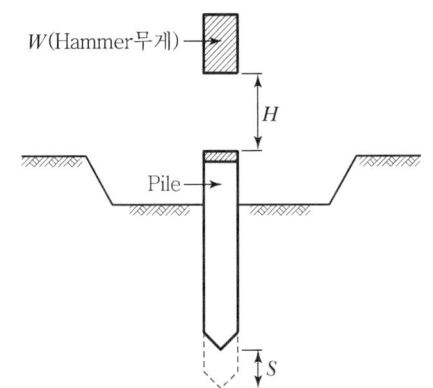

$$R_a = \frac{F}{5S+0.1} = \frac{W \cdot H}{5S+0.1}$$

R_a : 말뚝지지력(t)
F : $W \cdot H$(t·m)
W : Hammer 무게(t)
H : 낙하고(m)
S : 말뚝 최종관입량(m)

7) 동재하시험
   ① 변형률계와 가속도계를 정확히 부착
   ② 말뚝지지력 판단 시 감독관 입회
   ③ 자료의 Database 실시
   ④ 정도 확인 철저

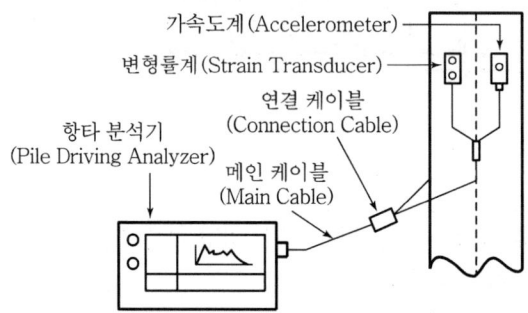

8) 본항타
   ① 지반조건에 맞는 항타장비의 적합성, 크레인 사용
   ② 굴착심도(설계심도)까지 일정 속도로 천공
   ③ 요구깊이까지 연속적으로 박기
   ④ 인접 건축물이 있는 경우 인접 말뚝의 피해 최소화
   ⑤ 박기 순서 준수 : 중앙에서 외측으로 타격하며 관입시킴
   ⑥ 말뚝박기 간격은 말뚝 지름의 2.5d, 1.25d 준수

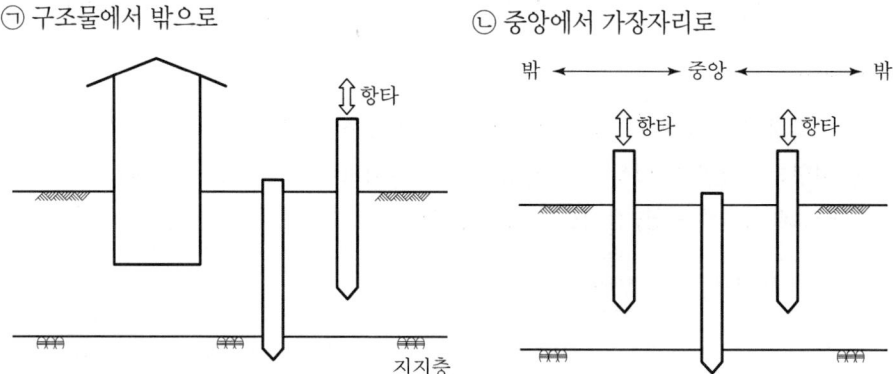

9) 두부 정리 시
   ① 말뚝에 커팅선, 버림 콘크리트 상단면, 지반조성면 등 3가지를 GL 라인과 수평으로 표시
   ② 말뚝두부 절단 및 정리 시 종균열 주의

4 재하시험 방법(동재하, 정재하)

1) 동재하시험

(1) 동재하시험의 정의
파일 동재하시험은 국내에 최근 도입된 시험방법으로 항타 시 말뚝 몸체에 발생하는 응력과 속도를 분석·측정하여 말뚝의 지지력을 결정하는 방법이다.

(2) 시험순서

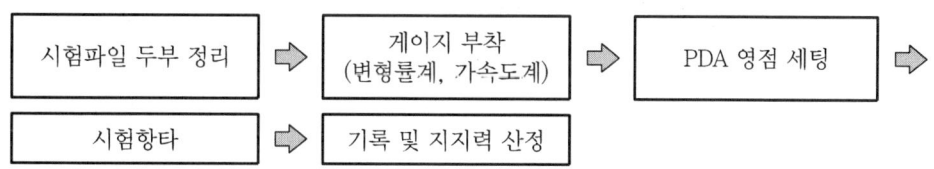

(3) 시험 시 유의사항
① 변형률계와 가속도계를 정확히 부착
② 말뚝지지력 판단 시 감독관 입회
③ 자료의 Database 실시
④ 정도 확인 철저

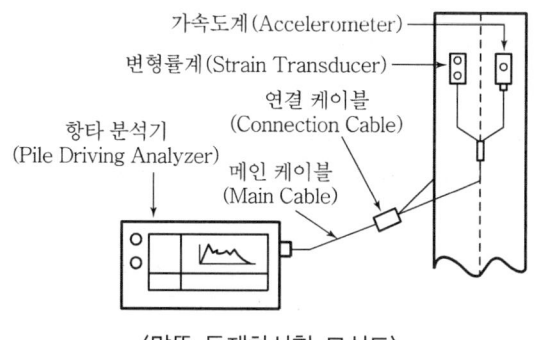

〈말뚝 동재하시험 모식도〉

2) 정재하시험

(1) 정재하시험의 정의
① 기초말뚝의 거동을 파악하기 위한 가장 확실한 방법으로 이미 시공된 말뚝에 실제 하중으로 재하시험하는 것을 정재하시험이라 한다.
② 시험방법은 압축재하시험, 인발시험, 수평재하시험 등이 있다.

(2) 정재하시험 관계도

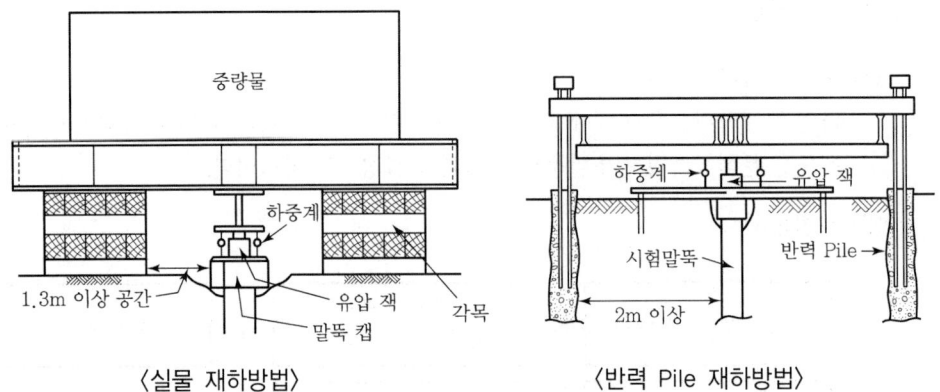

〈실물 재하방법〉　　　　　　〈반력 Pile 재하방법〉

(3) 시험방법

① 등속도관입시험
- 말뚝이 등속도로 관입되도록 지속적으로 하중을 증가시키는 방법이다.
- 말뚝의 극한하중 결정에 주로 사용된다.

② 하중지속시험
- 말뚝에 하중을 가하여 1시간 정도 말뚝침하를 시킨 후, 동일한 하중을 한 단계씩 지속적으로 높여가는 방법이다.
- 건설현장에서 지지력 확인 시험으로 적당한 방법이다.

③ 인발시험
- 타입된 말뚝을 유압 잭을 이용하여 인발하는 시험이다.
- 시험방법은 압축재하시험과 비슷한 방법으로 시행한다.

④ 수평재하시험
- 타입된 말뚝이 수평하중에 저항하는 정도를 측정하는 시험이다.
- 무리말뚝에서의 수평재하시험 시 말뚝간격은 지름의 10배 이상이 되어야 한다.

5 결론

① 기초 Pile의 지지력 판단은 지질의 형태, 말뚝 형식, 시공성, 경제성 등에 비추어 적당한 것을 선택하여 적용하는 것이 타당하다.
② 지지력 산정 공식은 실험실에서는 시험식 위주이므로 현장적용 시 전문성 결여와 현장에서는 경험치 위주의 불확실한 방법으로 인하여 미흡한 결과를 가져오므로 현장에서 적용 가능한 실용성 있는 판단 방법의 연구 및 개발이 필요하다.

문제 25. 현장타설말뚝 시공 시 수직정밀도 확보방안과 공벽붕괴 방지대책에 대하여 설명하시오.

1 현장타설말뚝의 개요

① 현장타설 Con'c 말뚝이란 현장에서 소정의 위치에 구멍을 뚫고, Con'c 또는 철근 Con'c를 충전해서 만드는 말뚝을 말하며, 관입공법, 굴착공법, Prepacked Con'c Pile이 있다.
② 수직정밀도 확보방안으로는 3개소 이상 설치하여 Transit 등으로 장비수직도를 확인하고, 수평정밀도는 참조말뚝 또는 원형틀로 평면상 위치 확인으로 한다.

2 현장타설말뚝의 종류, 도해 및 특징

1) 현장타설말뚝의 종류

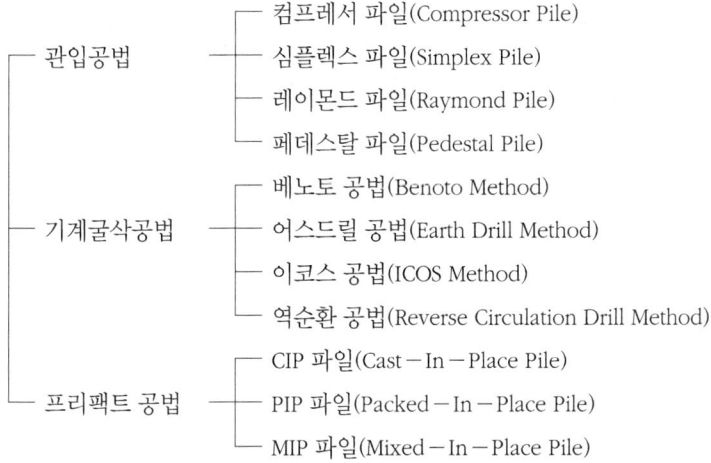

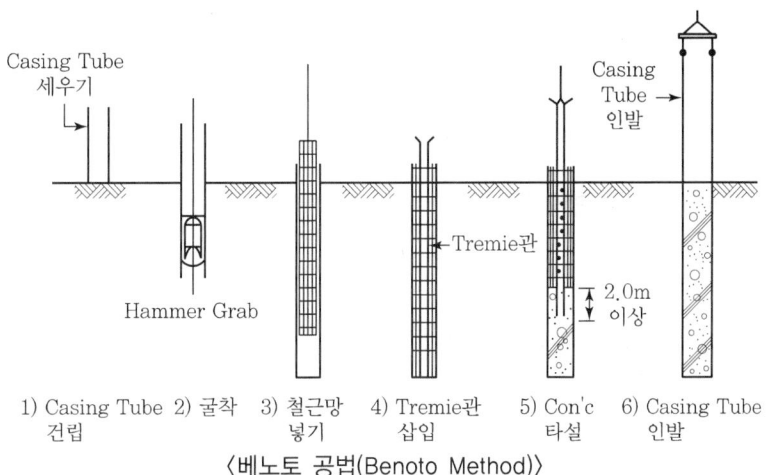

〈베노토 공법(Benoto Method)〉

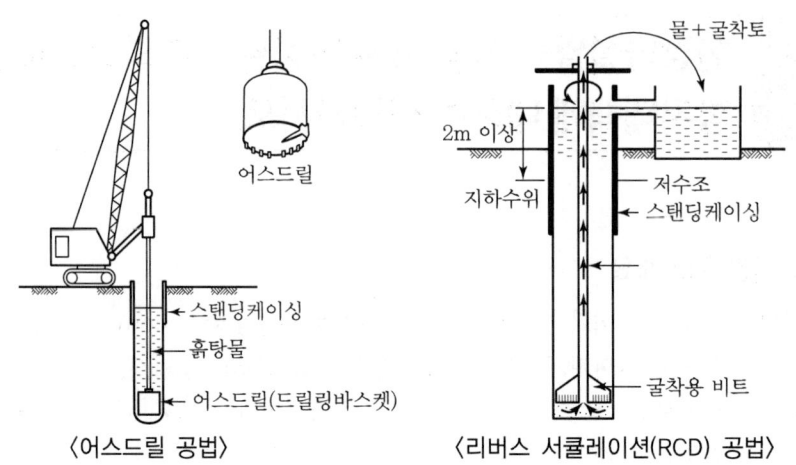

2) 현장타설말뚝의 도해

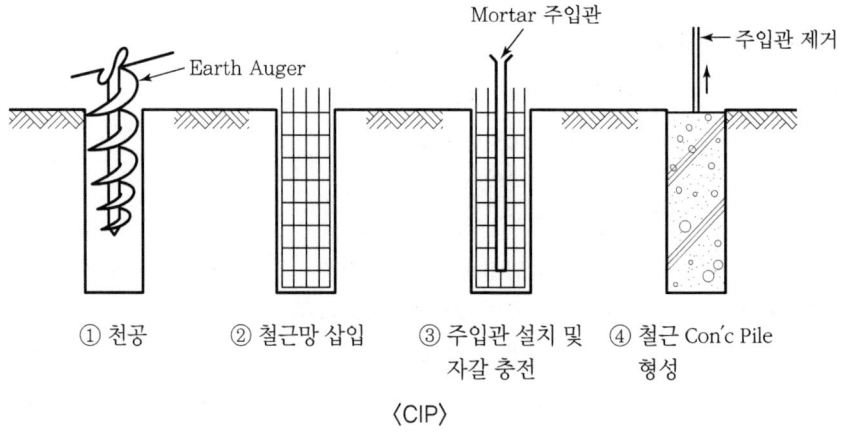

〈CIP〉

3) 현장타설말뚝의 특징

장점	단점
• 무진동 · 무소음공법 • 대구경말뚝 시공 가능 • 지반조건에 관계없이 시공 가능	• 공사비 고가 • 기초공사기간 증가 • 환경공해관리 필요

❸ 수직 · 수평정밀도 확보방안

1) 수직정밀도

(1) Transit 등으로 장비수직도 확인

① 오차한계 1/300
② 3개소 이상 설치하여 수직도 확보

(2) 굴착 초기 5~6m 근입 시 결정 수직도 확인
① 공사 시 지속적인 관리 실시
② Transit 등으로 수직도 확인

(3) 항타기, 오거가 기울지 않도록 지반을 평평히 유지
① 사전다짐 철저
② 기계설치계획 수립
③ 지반개량, 버림 콘크리트 선타설

(4) Koden Test 실시
공 내 수직도 확보

2) 수평정밀도

(1) 수평정밀도는 참조말뚝 또는 원형틀로 평면상 위치 확인
① 오차한계 10cm
② 기준이 되는 참조말뚝 설치
③ 굴착 위치에 원형틀 설치

(2) 공동부 메우기 및 되메움부 다짐
① 공동부 메움 철저로 장비 유동 방지
② 되메움부 다짐 철저로 장비진동으로 인한 침하 방지

(3) 지반개량 및 버림 콘크리트 선타설
① 연약지반 시 지반개량 철저
② 버림 콘크리트 선타설 후 실시

4 공벽붕괴 방지대책

1) 붕괴 가능 지층의 경우 Casing 사용

2) 지하수위 조절
① 공벽수위를 지하수위보다 높게 하여 선단지반의 교란을 방지
② 지하수위 저감대책 강구

3) 배수공법 실시
① 배수공법으로 피압수의 압력 저하
② 지반에 맞는 공법 선정

4) 적정 정수압 유지
① 정수압은 0.02MPa 이상 유지
② 공사 시 지속적 계측 필요

5) 안정액 이용
① 안정액의 액압으로 공벽붕괴 방지
② 환경위해 여부 확인

6) 콘크리트 품질관리 철저
① 콘크리트는 유동화제를 첨가하고, 시방서의 배합을 준수
② 콘크리트를 채운 후 약간 상승시켜 콘크리트 타설
③ Tremie관을 콘크리트에 1.5~2m 관입·타설하여 콘크리트의 품질관리 필요

7) 슬라임 관리 철저
Concrete 타설 직전의 Slime 양은 10cm 이하로 유지

5 공법붕괴 시 현장 조치사항
① 흡입장비로 매몰된 붕괴토 제거
② 강관을 추가적으로 항타 근입후 현장타설 콘크리트 pile의 지지력 분석
③ 현장 콘크리트 pile의 길이 연장 검토

6 결론
① 인접 건물의 피해 방지와 환경공해 발생을 방지하기 위하여 현장타설 Con'c Pile의 시행이 확대되고 있다.
② Slime 관리 및 처리와 콘크리트의 품질관리를 철저히 하고 굴착기계의 소형화로 시공성을 향상시켜야 한다.

문제 26. 구조물의 부동침하 원인 및 방지대책을 나열하고, 언더피닝(Under Pinning) 공법에 대하여 설명하시오.

1 부동침하의 개념

① 건축물을 축조하면 지반침하는 필연적으로 발생하는데, 기초지반의 침하가 불균등하게 발생하는 지반침하를 기초의 부동침하라고 한다.
② 부동침하는 상부구조에 일종의 강제 변형을 주는 것으로 인장응력과 압축응력이 생기고, 균열은 인장응력에 직각방향으로 침하가 적은 부분에서 침하가 많은 부분에 빗방향으로 생기는 것이 보통이다.

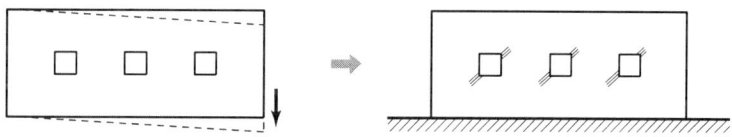

2 기초침하 형태별 특성 및 압밀침하

1) 형태별 특성

기초침하 형태	균등침하	부동침하	
		전도침하	부등침하
도해			
지반조건 하중조건	• 균일한 사질토지반 • 넓은 면적의 낮은 건물	• 불균일한 지반 • 좁은 면적의 초고층 건물 • 송전탑 및 굴뚝 등	• 점토 기초지반 • 구조물 하중의 영향 범위 내 점토층 존재

2) 압밀침하

압밀침하가 부동침하 발생을 유발

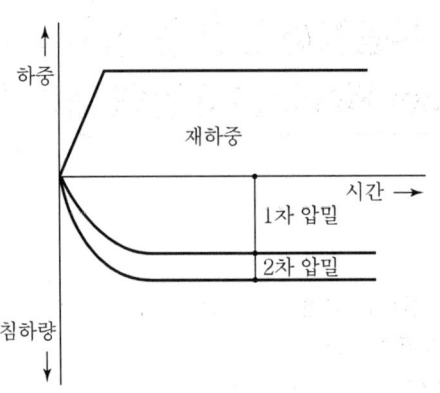

❸ 부동침하의 원인 및 대책

1) 원인

(1) 연약지반
연약지반의 분포가 깊거나 분포층의 깊이가 다른 경우

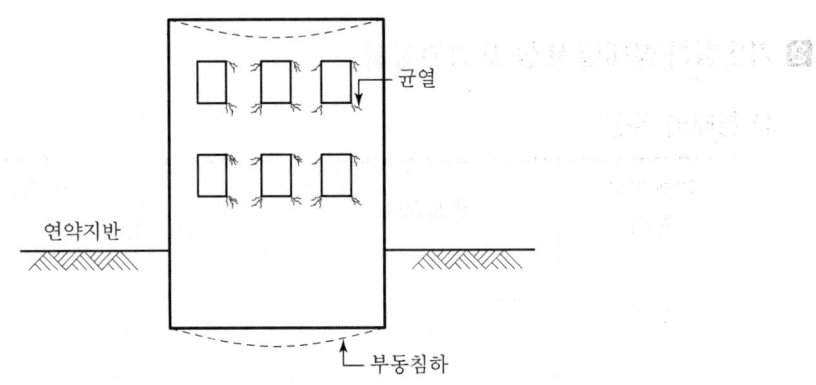

(2) 연약지반 두께 차이
사질토 지반, 점성토 지반 등의 지층 두께가 서로 상이할 경우

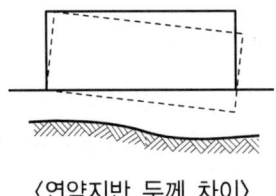

〈연약지반 두께 차이〉

(3) 이질 지반
건축물을 공사하는 지반이 점성토, 사질토 등 서로 이질 지반일 경우

(4) 지하공동구 또는 지하매설물 존재

① 지하공동구 존재

② 지하매설물 존재

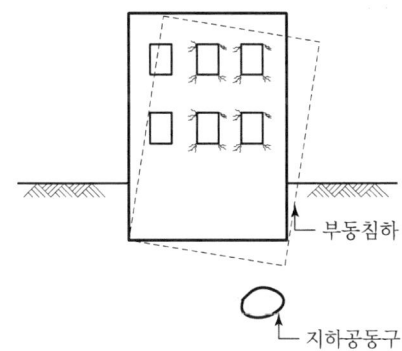
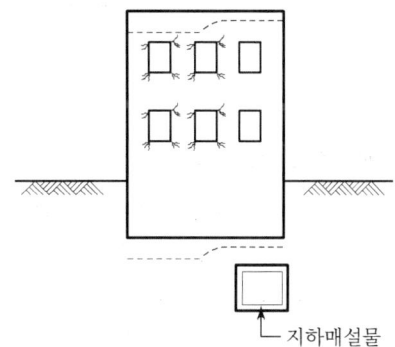

(5) 건축물의 기초가 서로 상이할 경우

① Pile + Mat 콘크리트
② 긴 말뚝 + 짧은 말뚝

㉠ Pile + 콘크리트

㉡ 긴 말뚝 + 짧은 말뚝

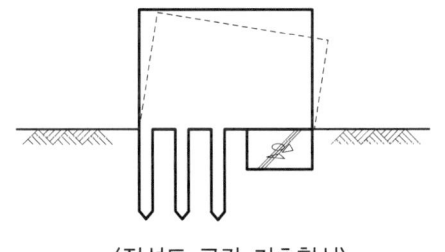
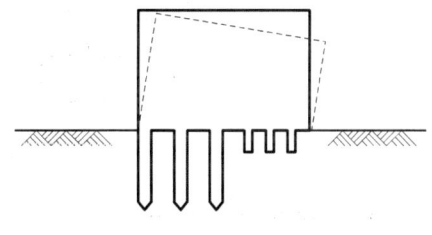

〈절성토 구간 기초형식〉 〈연약층 두께가 다른 경우 기초형식〉

(6) 기초의 길이가 현저히 차이나는 경우

긴 말뚝과 짧은 말뚝의 길이가 현저하게 차이나는 경우

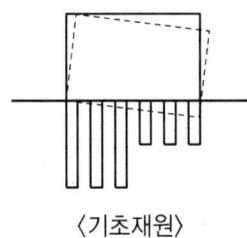

〈기초재원〉

(7) 경사지반 또는 인근 터파기

대지의 모습이 경사지반이고, 공사현장 주변에서 터파기할 때

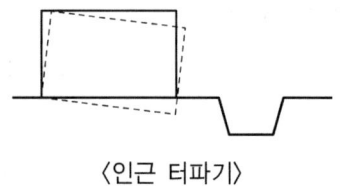

〈인근 터파기〉

(8) 편심하중 작용
① 건축물 자체의 편심하중 발생 시
② 폭이 좁고 높은 건축물이나 일부 증축할 경우

㉠ 건축물 자체 편심하중　　　㉡ 증축

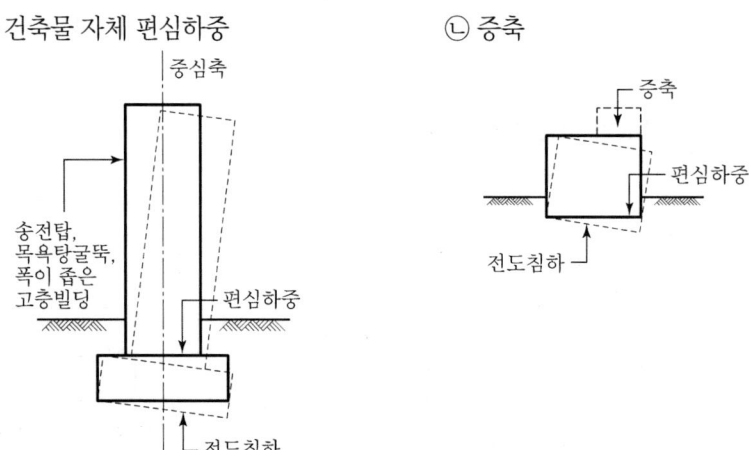

(9) 지하수위 변동 시
터파기로 인해 지중 자유수, 피압수 등의 영향으로 지하수위 변동의 경우

2) 대책

(1) 연약지반 개량
① 사전성토하여 지반을 침하시켜 전단강도를 증가시키는 공법
② 지반강도 증가 후 성토 부분을 제거

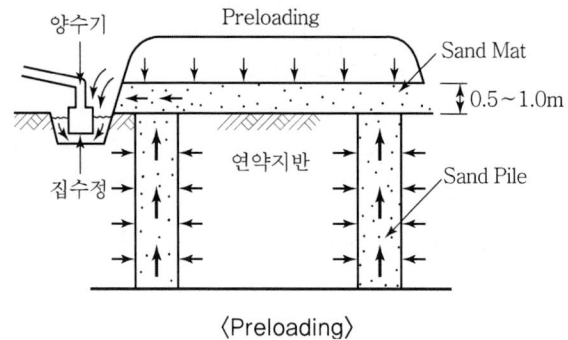

〈Preloading〉

(2) 건물의 경량화
   ① 건물의 경량화로 침하 감소
   ② 건물의 경량화 방안(건식화, PC화)

(3) 단일기초 설치
   복합기초에서 단일기초로 변경

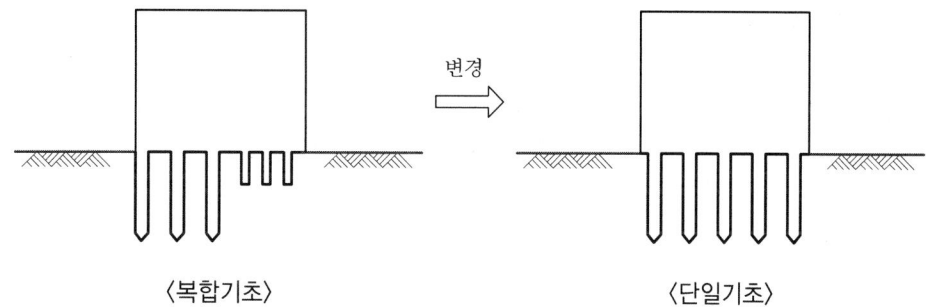

〈복합기초〉   〈단일기초〉

(4) 건물하중 균등배분
   ① 접지압은 건물하중으로 기초 바로 밑의 지반에 발생하는 압력
   ② 균등한 접지압분포일 때 균등침하 발생

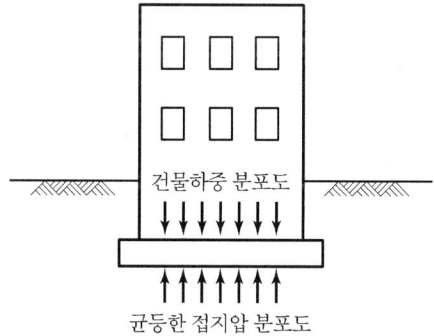

(5) 지반상태가 복잡할 때는 침하량으로 규정
   ① 지반상태가 균일한 경우 : 말뚝재하시험으로 지지력, 침하량 측정
   ② 지반상태가 복잡한 경우 또는 편심하중 작용 시 : 말뚝재하시험으로 지지력, 침하량 측정

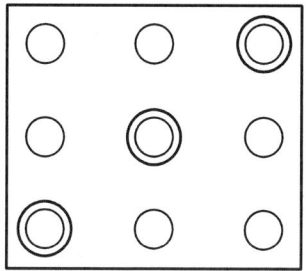

(6) 경질지반(연암, 경암)의 선단지지력 증대
가급적 선단지지력이 증대되도록 파일의 근입장을 깊게 작업

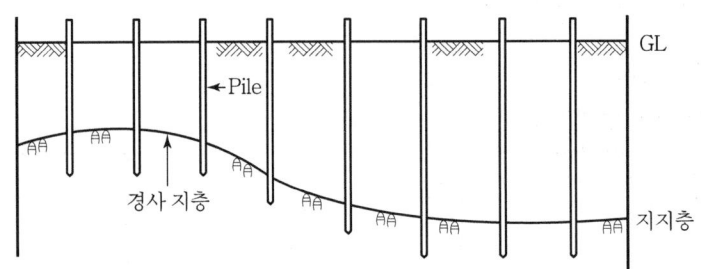

※ 지지층에 Auger로 천공 후 Pile을 항타로 관입

(7) 동일지반일 경우 동일기초 적용

(8) 건축물의 구조적 안전율을 조정하여 건물 경량화

(9) 마찰말뚝 지정기초 이용
선단지지력 확보가 불가능할 경우 마찰말뚝 이용

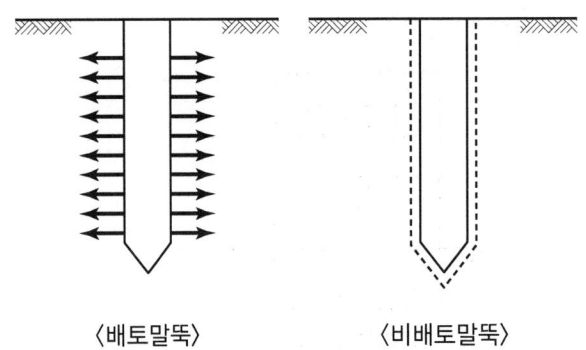

〈배토말뚝〉   〈비배토말뚝〉

(10) 건축물의 균등한 하중분포
건축물이 안착되도록 균등한 하중분포 설계 필요

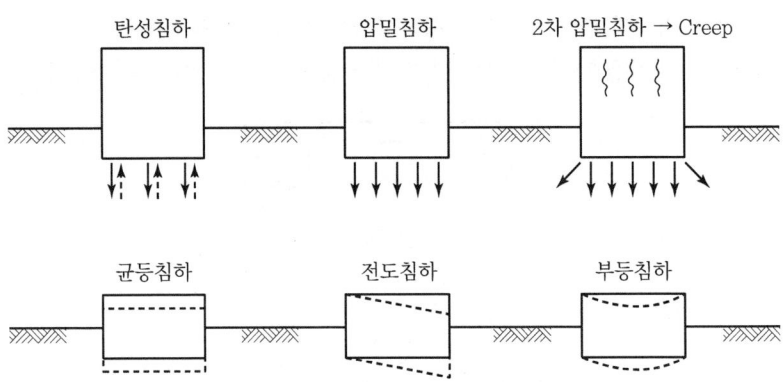

(11) 상부 구조물의 강성 증대
① 상부 구조물의 기둥, 보 등을 이용하여 단면증대공법 실시
② 기둥, 작은보, 큰보 등을 이용하여 강재보강공법 실시

(12) Under Pinning 공법 실시
바로받이, 보받이, 바닥판받이 등의 언더피닝 공법 실시

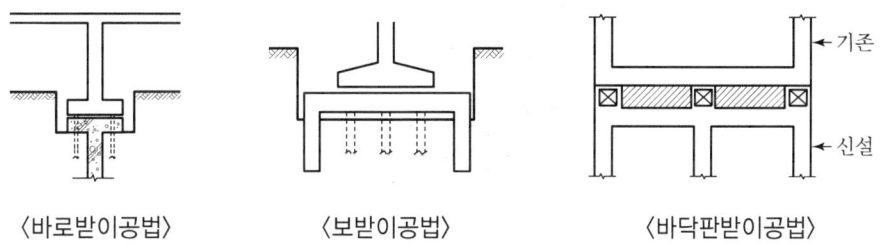

〈바로받이공법〉 〈보받이공법〉 〈바닥판받이공법〉

4 언더피닝 공법

1) 지주에 의한 가받이

구분	경사지주법	수직지주법	트러스 지주법
도해	(받이대, 지주, 쐐기)	(지주)	(받침, 트러스)
순서	① 지중보 밑을 파서 연결 ② 경사지주를 연결하여 지중보를 받침	① 지중보 밑을 파서 연결 ② 수직지주를 연결하여 지중보를 받침	① 지중보 밑을 파서 연결 ② 트러스 지주를 연결하여 지중보를 받침

2) 신설기초를 이용한 가받이

구분	내압판받이	밑받이보방식	붙임보방식
도해	(Saddle 쌓기, 가받이, 신설기초(내압판), 순차로 기초를 신설해 나감)	(기초, 밑받침보)	(수평보, Bracket)
순서	① 지중보 아래로 연결 ② 가받이 후 내압판 설치 ③ 내압판 주변으로 순차적 기초 연결	① 지중보 아래로 연결 ② 밑받침보 연결 ③ 밑받침보를 주변 수평지반에 지지	① 지중보 위로 수평보 설치 ② 붙임보가 주변 지반을 지지하도록 터파기

3) 본받이

(1) 바로받이공법
① 적용 대상 : 철골조나 자중이 비교적 가벼운 건물에 적용
② 효과 : 기존 기초 하부를 바로 받칠 수 있도록 신설기초 설치

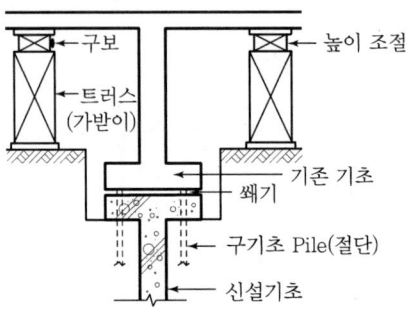

(2) 보받이공법
① 적용 대상 : 기초 하부를 보받이하는 신설보 설치에 적용
② 효과 : 기존 기초를 보강

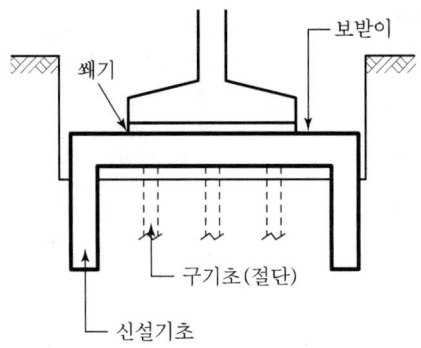

(3) 바닥판받이공법
① 적용 대상 : 건축물이 침하하여 복원하는 경우에 적용
② 효과 : 가받이인 콘크리트 쐐기로 기존 구조물 제거 후 바닥판 전체를 신설구조물로 받치는 공법

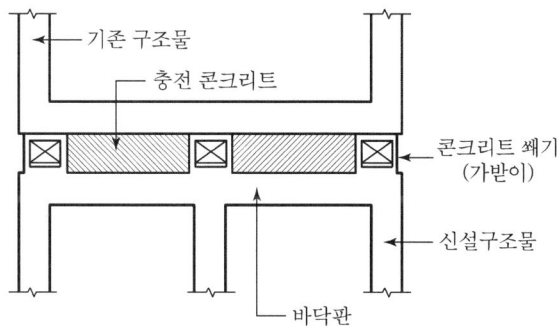

4) 지반고결공법

(1) 약액주입공법

① 고압으로 약액을 주입하면서 서서히 인발함
② 약액의 종류로는 물유리, 시멘트 페이스트 등이 있음

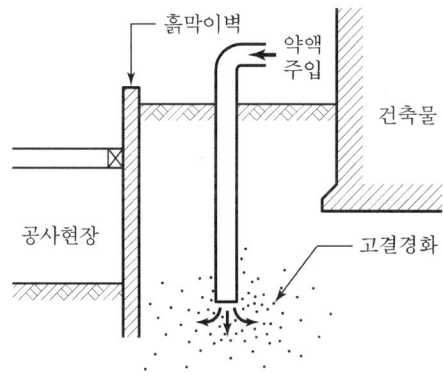

(2) Compaction Grouting System

① Mortar를 초고압(20MPa 이상)으로 지반에 주입하는 공법
② 1차 주입 후 Mortar가 양생하면 재천공하여 주입을 반복

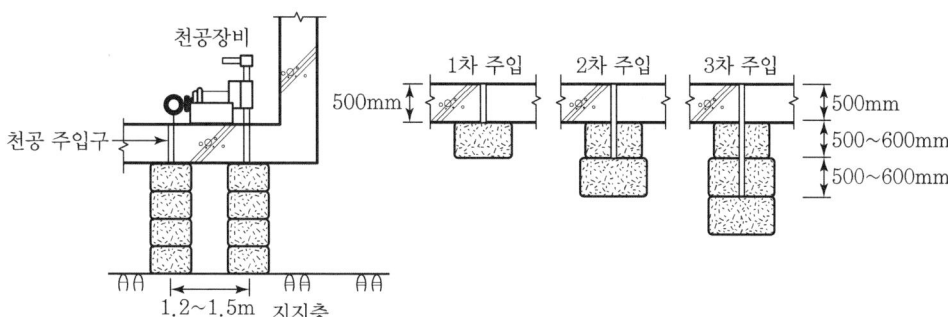

5) 흙막이 주변

   (1) **이중널말뚝공법**
   ① 인접 건물과의 거리가 여유 있을 때 이중널말뚝공법 적용
   ② 지하수위를 안정되게 유지하여 침하 방지

   (2) **차단벽공법**
   ① 상수면 위에서 공사가 가능한 경우 적용
   ② 건물 하부 흙의 이동을 막음

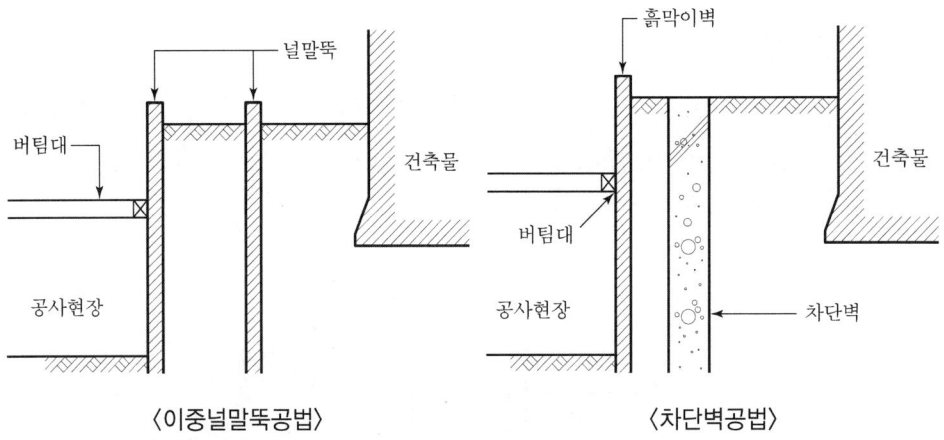

〈이중널말뚝공법〉   〈차단벽공법〉

5 결론

① Under Pinning공사에서는 대상 건축물에 관한 사전조사 및 하중받이 변경에 관한 충분한 검토가 중요하다.
② 변위의 측정을 위해서는 계측기기를 통한 정보화 시공이 필요하다.

CHAPTER 05
철근 및 거푸집 공사

문제 27. 철근 콘크리트 공사에서 철근 배근 오류로 인하여 콘크리트의 피복두께 유지가 잘못된 경우, 구조물에 미치는 영향에 대하여 설명하시오.

1 피복두께의 개념

① 철근 조립에서 최외각 위치의 철근 외면에서부터 콘크리트 표면까지의 최단거리를 철근피복두께라 한다.
② 피복두께 과다는 구조적 문제 발생 또는 경제적으로 불리하므로 적정 피복두께를 유지하는 것이 중요하며, 또한 콘크리트 표면에 유효한 마감으로 구조체의 내구연한을 증대시켜야 한다.

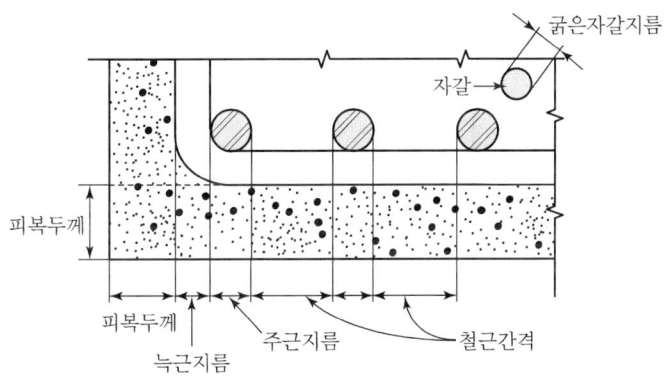

2 피복두께 기준 및 피복두께의 역할

1) 피복두께 기준

부위 및 철근 크기			최소 피복두께
수중에서 치는 콘크리트			100
흙에 접하여 콘크리트를 친 후 영구히 흙에 묻혀 있는 콘크리트			75
흙에 접하거나 옥외 공기에 직접 노출되는 콘크리트	D19 이상의 철근		50
	D16 이하의 철근, 지름 16mm 이하의 철선		40
옥외 공기나 흙에 직접 접하지 않는 콘크리트	슬래브, 벽체, 장선	D35 초과하는 철근	40
		D35 이하인 철근	20
	보, 기둥		40

2) 피복두께의 역할

① 공기 중의 이산화탄소와 수분이 철근을 녹슬게 하는 것을 방지
② 콘크리트의 탄산화 시간 지연 효과
③ 콘크리트의 내구성 확보
④ 350℃ 이상 화재 시 내화성 확보로 강도저하 방지
⑤ 피복두께가 15mm 이상으로 철근과의 부착성 향상
⑥ 구조내력 증가로 콘크리트의 균열 발생 저감
⑦ 철근부식을 방지할 부동태막 형성
⑧ 콘크리트의 유동성 확보

❸ 구조물에 미치는 영향

1) 과다 피복두께 시 영향

(1) 과다 피복두께는 구조적으로 불리

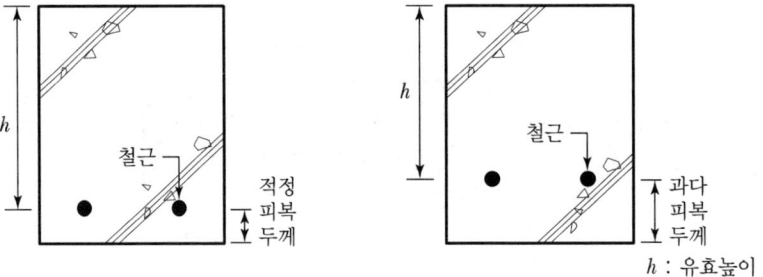

※ 같은 단면에서 유효높이(h)가 낮을수록 응력에 대한 저항도가 적음

(2) 자중 증대로 피로파괴 촉진

① 자중이 증대되면 피로하중의 증대로 구조체의 내구성에 악영향을 미침
② 고정하중 증가로 건축물의 내구성이 저하됨

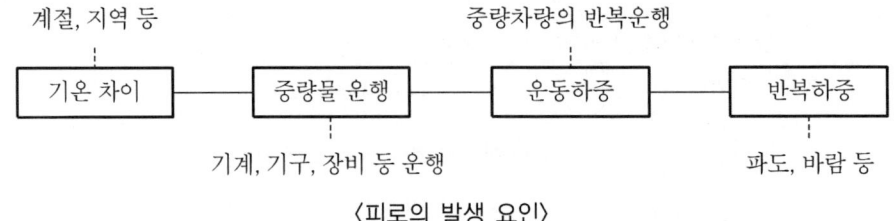

〈피로의 발생 요인〉

(3) 비경제적

① 콘크리트의 가격이 다른 재료에 비해 고가임
② 시공비용, 양생비용, 유지관리비용 등을 계산하면 상당히 비경제적인 구조체가 됨

(4) 온도균열 발생

온도변화에 따른 콘크리트의 건조수축균열을 최소화하기 위해 과다 피복 방지

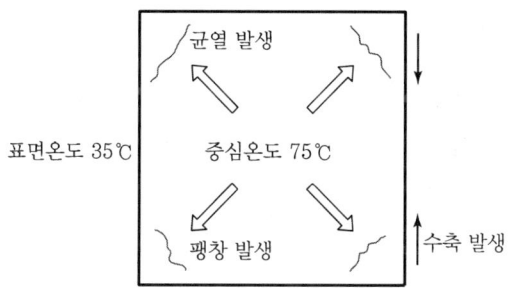

※ 거푸집의 조기 탈형으로 내·외부 온도차가 20℃ 이상일 경우 온도충격 발생 우려

(5) 콘크리트의 단면 증대

① 단면 증대로 인한 자중 증대로 비경제적
② 표면적 증대로 표면 열화현상 촉진

(6) 철근의 순간격이 좁아져 재료분리 발생

철근의 순간격이 좁아지면 골재가 통과하지 못해서 발생

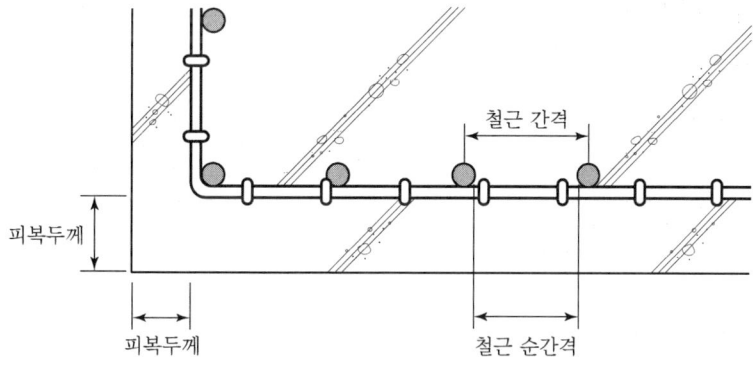

2) 과소 피복두께 시 영향

(1) 과소 피복으로 인한 콘크리트 중성화 촉진

탄산가스·산성비 등의 영향으로 Con'c가 수산화칼슘(강알칼리) 상태에서 탄산칼슘(약알칼리) 상태로 변화하는 현상

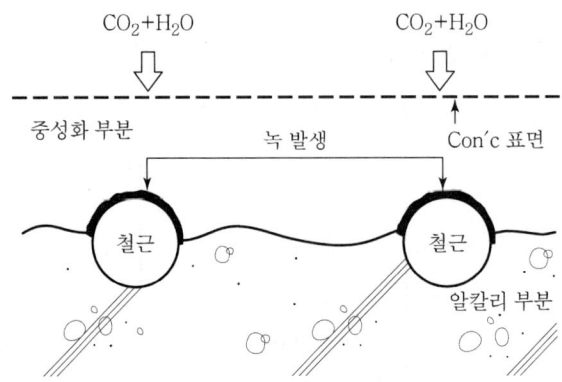

(2) 침투수로 인한 전기적 부식 촉진
① 습윤상태의 철근 콘크리트 구조물에 전기 중 직류에 의한 콘크리트 속의 철근이 부식되는 현상 발생
② 콘크리트 속의 철근이 부식되면 팽창으로 인하여 콘크리트 균열이 발생하며, 나아가 열화가 촉진됨

(3) 과소 피복으로 인한 동결융해
미경화 Con'c의 온도가 0℃ 이하일 때 Con'c 중의 물이 얼어 있다가 외기온도가 따뜻해지면 얼었던 물이 녹는 현상 발생

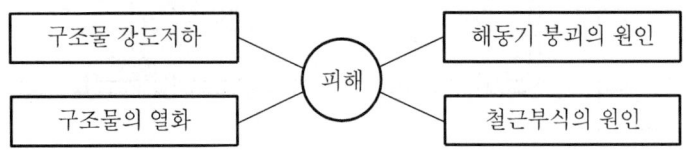

(4) 동결융해의 반복으로 콘크리트 표면층 박리
① 콘크리트 표면의 모르타르가 점진적으로 손실되는 콘크리트 표면결함
② 동결융해의 반복으로 팽창압에 따라 인장응력이 콘크리트의 인장강도를 초과할 경우 표면층 박리가 발생

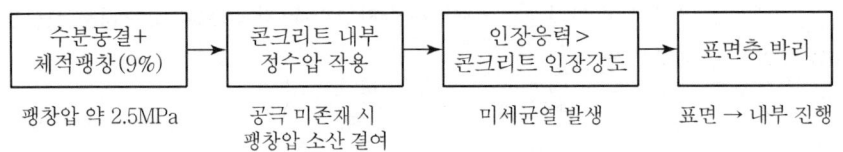

(5) 탄산화 수축균열 촉진
공기 중 탄산가스(CO_2)에 의한 시멘트 수화물의 탄산화 작용으로, 콘크리트 등 시멘트 수화물이 수축하는 성질

4 구조물 영향 최소화 방안 연구

1) 과다 피복두께 시

(1) Spacer의 적정 시공

부위	스페이서 수량 또는 배치
슬래브	상부근, 하부근 각각 1.3개/m² 정도
보	간격 : 1.5m 정도, 단부는 1.5m 이내
기둥	• 상단 : 보 밑에서 0.5m 정도 • 중단 : 주각과 상단의 중간 • 기둥폭 방향은 1.0m 이상일 때 3개
벽체	• 상단 : 보 밑에서 0.5m 정도, 단부는 1.5m 이내 • 중단 : 상단에서 1.5m 간격 정도

(2) 철근 결속은 교차부마다 100% 결속

① #18~20 철선으로 철근을 결속
② 철근 결속은 교차부마다 100% 결속하는 것이 원칙

(3) 철근 결속 시 결속선의 상부 돌출에 유의

(4) 강성이 약한 철근은 교체

철근 배근 후 기능공들의 과다한 출입으로 강성이 약한 Slab의 D10 철근이 휘어져서 피복두께 유지 곤란

(5) 콘크리트 타설 직전 굽은 철근 교체

콘크리트 검측 시 휘거나 굽은 철근은 바로 교체

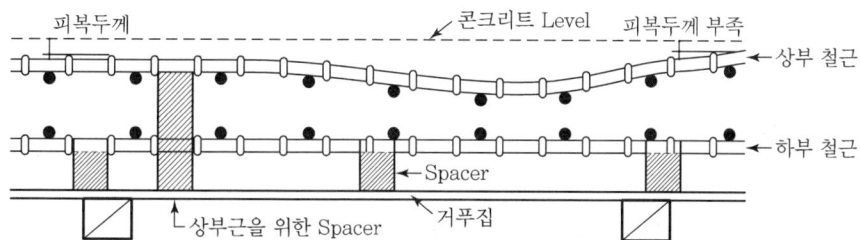

(6) 콘크리트 타설 직전에 피복 Level 확보

① 철근 스페이서를 통하여 피복 Level 확보
② 슬래브, 보, 기둥, 벽체 등의 적정 스페이서 설치

(7) 콘크리트 타설 시 타설장비에 의한 철근의 휨 방지

콘크리트 타설 시 장비의 무게를 감안한 분배기 설치

(8) 철근의 Pre-fab 공법 실시

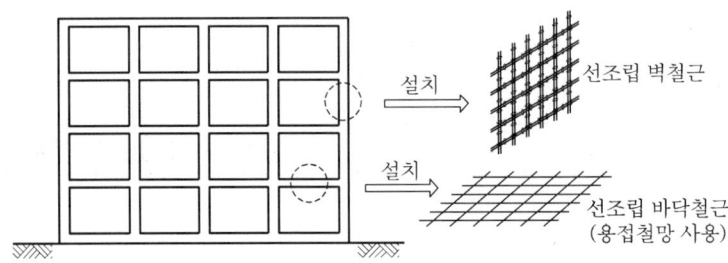

(9) 로봇을 개발하여 철근 배근 시 성력화

AI, VR을 이용하여 로봇을 개발해서 노동비 절감 추구

(10) 대구경 철근 사용으로 중성화 예방

2) 과소 피복두께 시

(1) 과소 피복 방지를 위한 스페이서 설치

(2) 콘크리트의 플라스틱 균열을 방지

콘크리트 플라스틱 균열을 방지하여 전기적 부식 방지

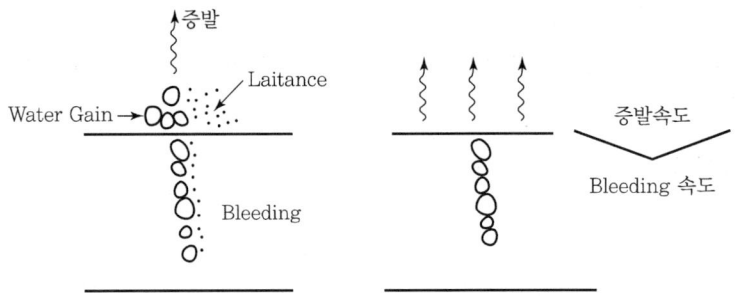

(3) 콘크리트의 양생 철저

습윤상태의 철근 콘크리트 구조물이 생기지 않도록 양생관리 철저

(4) 적정 피복 유지로 철근 부동태막 방지

습윤 상태의 철근 부동태막이 발생하지 않도록 건조시킴

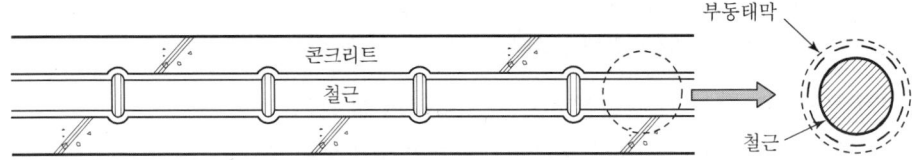

(5) 동절기 타설을 배제하여 동결융해 방지

12월 20일~2월 20일까지는 동절기이므로 타설을 중지함

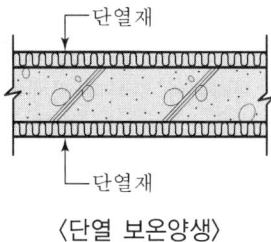

〈단열 보온양생〉

(6) 거푸집의 재설치

콘크리트 타설 전 거푸집 간격을 조절하여 과다 피복 방지

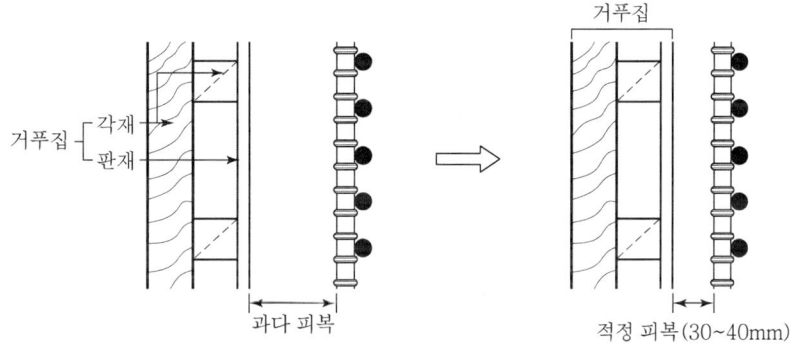

(7) 타설되는 부위의 멍에, 장선, 동바리의 정밀 시공

(8) 콘크리트 타설 시 배부른 곳은 Chipping으로 면처리

콘크리트 타설 시 거푸집의 밀림현상으로 일부 배부른 곳은 Chipping으로 면처리함

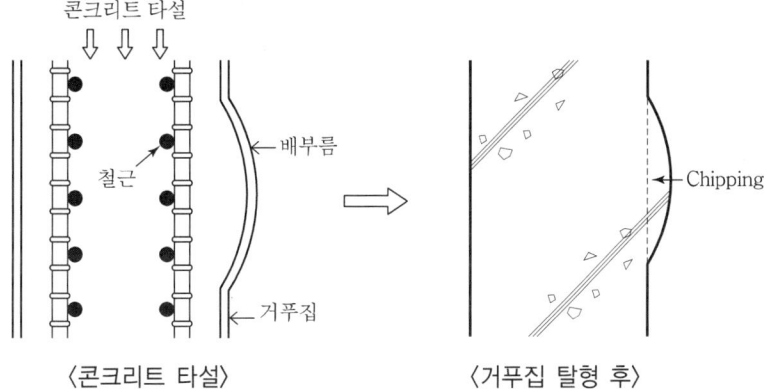

〈콘크리트 타설〉　　〈거푸집 탈형 후〉

5 결론

① 철근의 피복두께는 구조체의 내구성과 직결되므로 콘크리트 타설 전 철근 배근에 대한 철저한 검사가 필요하다.

② 철근의 피복두께 유지를 위해서는 외곽철근의 직선 배근이 중요하며, Spacer의 간격 유지 및 콘크리트 타설 시 철근의 이동이 발생하지 않도록 관리해야 한다.

문제 28. 철근 콘크리트 공사에서 철근의 이음공법 종류별 시공 시 주의사항과 철근의 부착강도에 영향을 주는 요인을 기술하시오.

1 철근이음의 일반사항
① 철근 콘크리트조는 철근과 콘크리트의 부착으로 일체화되어 외력에 저항하는 합리적인 복합구조이다.
② 철근의 이음은 한 곳에 편중되지 않도록 하여야 하며, 사전에 구조도 등의 검토를 통하여 현장여건에 적합한 이음공법을 채택하는 것이 무엇보다 중요하다.

2 이형철근의 형상 및 분류

1) 이형철근의 형상

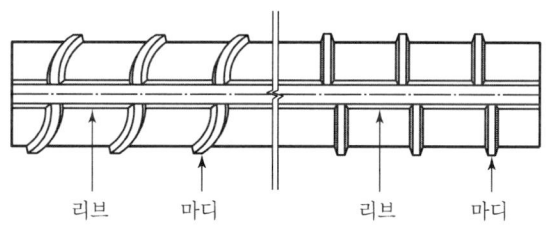

2) 강도에 따른 이형철근의 분류

구분	기호	항복강도(MPa)
일반철근	SD300	300
	SD350	350
고강도철근	SD400	400
	SD500	500

① 항복강도가 400MPa인 고강도철근은 SD400으로 표기한다.
② SD400으로서 25mm의 고강도철근은 HD25로 표기한다.
③ 항복강도를 400MPa로 표기할 경우 SD400으로 표기한다.

3 철근의 이음공법별 시공방법 및 시공 시 주의사항

1) 겹침이음

(1) 이음방법

철근이음할 1개소에 두 군데 이상 결속선으로 결속하는 이음

(2) 시공 시 주의사항[품질확보방안]

① 0.5ℓ 또는 1.5ℓ 이상 빗나가게 이음
② 이음부는 한 곳에 집중하지 않고 분산 이음하는 것이 원칙

2) 용접이음

(1) 이음방법

금속의 야금적 성질 이용 / Arc 용접, Flush Butt 용접 / 직경이 큰 철근의 이음에 유효

(2) 시공 시 주의사항[품질관리방안]

① 개선 각도 유지 및 작업공종의 최소화 노력
② 비파괴검사를 통하여 이음부 상태 확인

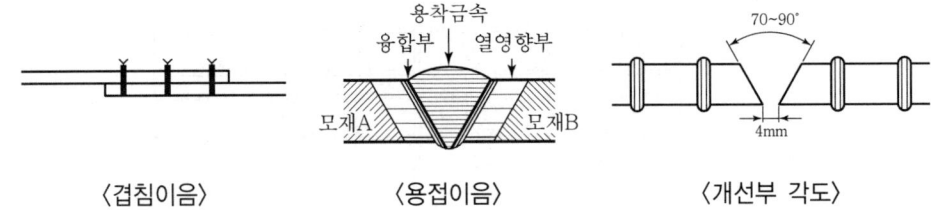

〈겹침이음〉　〈용접이음〉　〈개선부 각도〉

3) 가스(Gas) 압접

(1) 압접 기준

① 압접 돌출부의 직경은 철근직경의 1.4배 이상
② 압접 돌출부의 길이는 철근직경의 1.2배 이상
③ 철근 중심축의 편심량은 철근직경의 1/5 이하

(2) 시공 시 주의사항[품질관리방안]

① 철근 지름의 차이가 6mm 이하인 경우 시공 및 압접부의 구부림 가공 금지
② 이음 부위의 간격은 400mm 이상으로 할 것

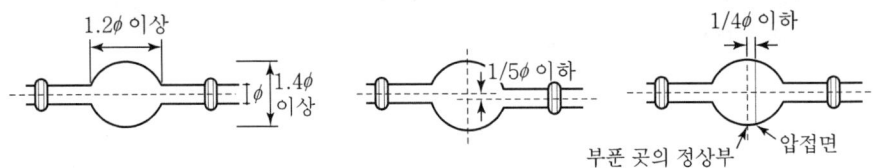

(3) Gas 압접부 검사방법

외관검사	전개소	1.2d 이상 1.4d 이상 1/5d 이하
인장시험	1검사 lot당 3개소	설계기준값의 125%
비파괴검사(초음파)	1검사 lot당 20개소	균열, 공극 미검출

4) Sleeve Joint(슬리브 압착)

(1) 이음방법
접합할 부재를 Sleeve 속에 넣고 유압잭으로 압착 / 인장·압축에 대한 내력 확보

(2) 시공 시 주의사항[품질관리방안]
① 장비가 대형이므로 현장시공 시 유의 / Sleeve의 품질 확보
② 3개소를 1조로 검사하며 1개 불량 시 재검사 / 시험은 인장강도시험 실시

5) 슬리브(Sleeve) 충전공법

(1) 이음방법
철근을 Coupler에 끼운 후 양단부에 있는 Nut를 조여 인장이음

(2) 시공 시 주의사항[품질관리방안]
① 나선이 Coupler에 잘 물리도록 유의
② 조임은 유압 Torque Wrench를 사용
③ 규정 Torque치가 나올 때까지 조임
④ 시공 후 조임 확인 Test 실시

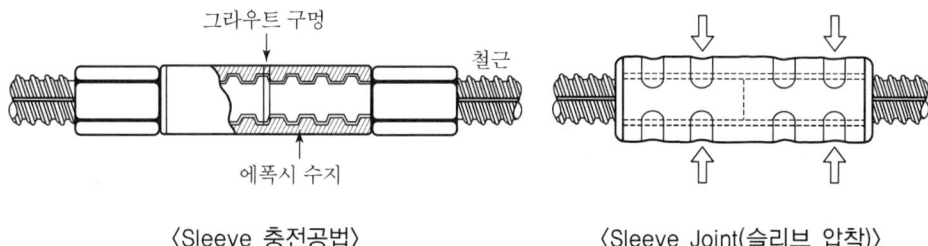

〈Sleeve 충전공법〉 〈Sleeve Joint(슬리브 압착)〉

6) 나사이음

(1) 이음방법
철근에 수나사를 만들고 Coupler 양단을 Nut로 조여서 이음

(2) 시공 시 주의사항[품질관리방안]
① 나선이 Coupler에 잘 물리도록 유의하고, 조임은 유압 Torque Wrench를 사용
② 규정 Torque치가 나올 때까지 조임 / 시공 후 조임 확인 Test 실시

7) Cad Welding

(1) 이음방법
① 이음한 철근은 Sleeve에 끼움
② Sleeve 구멍으로 화약과 합금을 섞은 혼합물을 넣어 순간 폭발 이용
③ 합금이 녹은 공간을 충전하여 이음

(2) 시공 시 주의사항[품질관리방안]
① 화약을 사용하므로 화재 발생에 유의 / D35 이상의 철근이음에 유효
② 단면이 큰 구조체에는 불리 / 철근의 규격이 다를 경우는 곤란

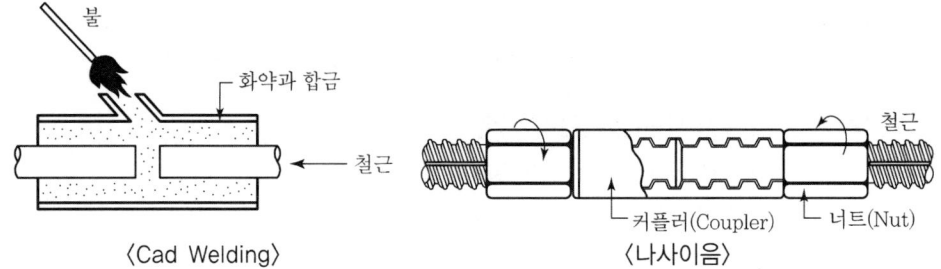

〈Cad Welding〉　　〈나사이음〉

8) G-loc Splice

(1) 이음방법
깔때기 모양의 G-loc Sleeve를 끼우고 G-loc Wedge를 망치로 쳐서 이음

(2) 시공 시 주의사항[품질관리방안]
① 수직철근 전용으로 사용
② 철근 단부의 연마작업 선행
③ 응력 전달이 확실하지 않으므로 큰 응력이 작용하는 곳은 곤란

4 부착강도에 영향을 주는 요인

1) 피복두께가 두꺼울수록 부착강도 증가
① 콘크리트의 피복두께가 부착강도에 미치는 영향이 큼
② 피복두께가 두꺼울수록 부착강도 증가

2) 철근 표면 상태의 녹이 있을 경우 부착강도 증가
① 철근에 녹이 있을 경우 부착강도 증가
② 이형철근이 원형철근보다 부착강도는 2배 정도 증가

3) 철근에 면하는 면적이 많을수록 부착강도 증가
① 콘크리트가 철근에 면하는 면적이 많을수록 부착강도 증가
② 철근의 직경이 굵은 것보다 가는 철근을 여러 개 사용하는 것이 유리

4) 콘크리트의 강도가 높을수록 부착강도 증가

5) 물결합재비가 낮을수록 부착강도 증가
혼화제를 섞은 물결합재비가 낮을수록 부착강도 증가

6) 콘크리트 속의 공극이 적을수록 부착강도 증가
공극이 적을수록 수밀성이 좋아지며 부착성도 좋아짐

7) 공기 및 잉여수 제거로 부착강도 증가
① 손다짐보다 진동다짐이 유리
② 다짐으로 콘크리트 속의 공기 및 잉여수 제거로 부착강도 증가

5 결론
① 철근이음에서의 품질확보를 위해서는 사전에 이음공법을 결정하고, 구조적으로 안전하고 내구성 있는 배근이 되도록 시공하는 것이 중요하다.
② 철근공사의 문제점 개선을 위해서는 현장에서의 가공 및 이음보다는 공장제작을 통해 현장에서는 조립만 하는 Pre-fab화가 정착되어야 한다.

문제 29. 거푸집공사에서 시스템 동바리(System Support)의 적용범위, 특성 및 조립 시 유의사항에 대하여 설명하시오.

1 시스템 동바리의 개요

① 시스템 동바리(System Support)란 수직하중을 지지하는 수직재와 수평하중을 지지하는 수평재와 가새 및 상부 U Head(Screw Jack)와 하부 Jack Base로 이루어진 동바리이다.
② 적용범위로는 높이 4m 이상인 동바리 설치 시, 슬래브가 두꺼운 경우, 일반 강관 동바리의 설치가 어려운 부분, 동바리 설치 후 작업공간 부족 시 등이다.

2 시스템 동바리 도해 및 적용범위

1) 시스템 동바리 도해

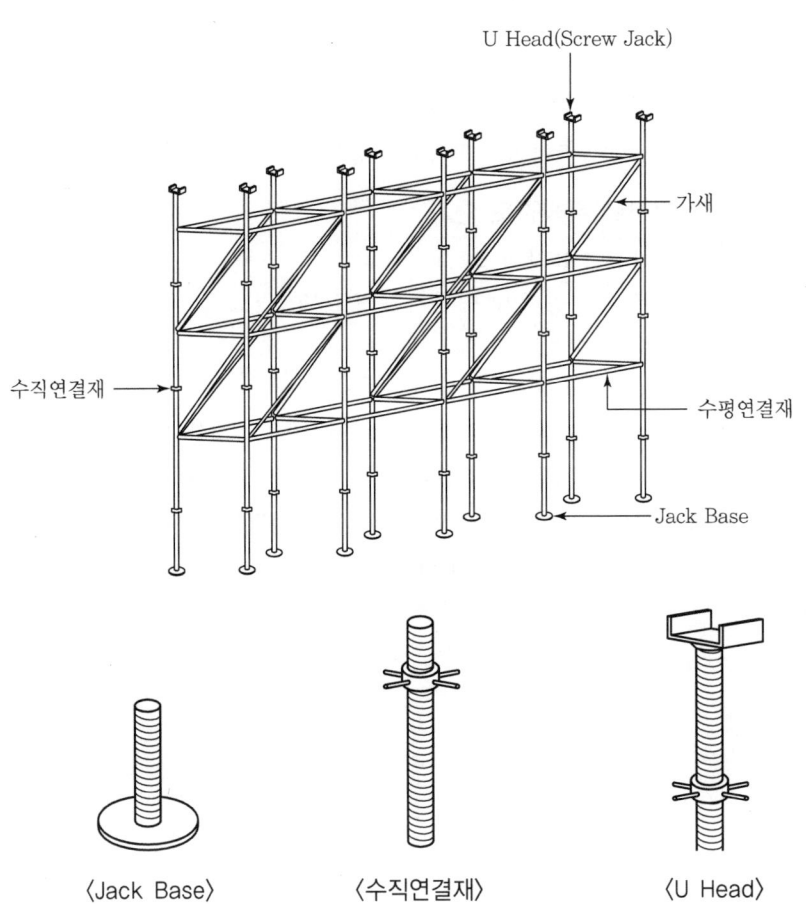

2) 적용범위

① 높이 4m 이상인 동바리 설치 시
② 슬래브가 두꺼운 경우
③ 일반 강관 동바리의 설치가 어려운 부분
④ 동바리 설치 후 작업공간 부족 시
⑤ 동바리 시공기간 과다 시
⑥ 동바리 시공 및 해체 시 인력과다 예상 시나 안전성에 문제가 있을 때

3 시스템 동바리의 특징

1) 장점

① 상하부 Screw Jack과 거푸집 연결이 확실
② 부재의 단순화로 시공 용이
③ 동바리(수직재) 간격을 정확히 하여 자재의 과다 투입 방지
④ 대형구조물의 동바리로 사용 시 수평재 간격을 조정함으로써 수직재의 허용내력 증가
⑤ 비계용 부품을 동바리에 연결 사용함으로써 작업의 안전성 증대
⑥ 설치·해체 시 별도의 도구 불필요

2) 단점

① 거푸집 설치 시 장선, 멍에와 동바리의 고정이 불편
② 정확하게 수직으로 설치하지 못할 경우 좌굴의 위험 발생
③ 설계상 동바리 설치 간격을 현장여건상 정확히 준수하기 어려움
④ 설치·해체의 작업이 복잡
⑤ 설치비용이 기존 Pipe Support보다 고가

4 시스템 동바리 조립 시 유의사항

1) 사전 안전하중 결정

조립재 전체의 강도에 대하여 안전하중을 먼저 결정해야 함

2) 지정된 부품 사용 및 기초지지력 확보

① 시스템 동바리는 지정된 부품을 사용해야 함
② 기초는 충분한 지지력을 확보한 후 조립해야 함

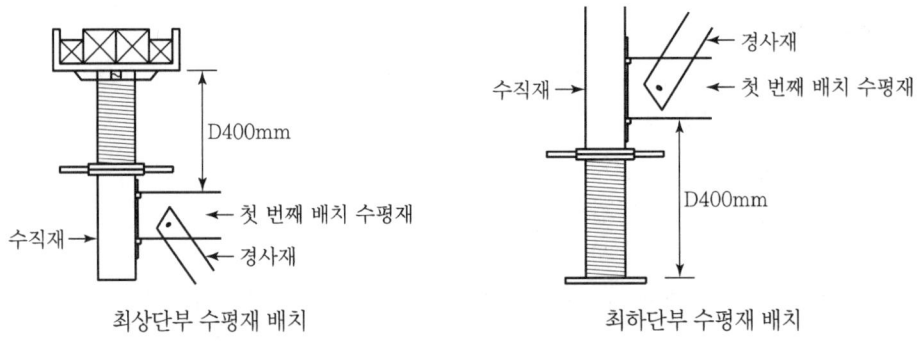

〈수직재 최상단 및 최하단 수평재 배치 상세도〉

3) 부속물 체결 상태 확인

시스템 동바리의 상부에 보 또는 멍에를 올릴 때에는 당해 상단에 강재의 단판을 부착하여 보 또는 멍에에 고정

4) 변위 발생 시 보강 실시

① 높이 4m 초과 시 4m 이내마다 수평연결재를 직각방향으로 설치
② 연결 부분의 변위 발생 방지를 위한 수평연결재의 끝부분을 구조체에 긴결

5) 설치기준 준수

① 높이는 단변길이의 3배를 초과 금지
② 초과 시에는 주변 구조물에 지지하는 등 붕괴 방지조치 실시

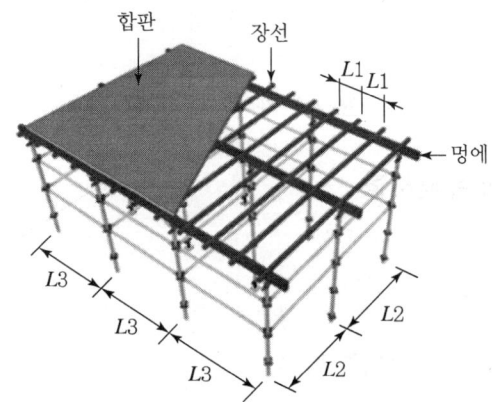

6) 시공기준에 따른 조립 실시

① 편경사 6% 이내에 조립
② 수직재에 편심에 의한 구조적 힘의 손실 발생 방지
③ U Head에 얹히는 장선, 멍에재는 중심선 설치 후 못 등으로 고정

5 결론

① 동바리공사의 성력화와 품질확보를 위해 공장에서 생산된 부재를 현장에서 가구식으로 조립하는 시스템 동바리가 널리 쓰이고 있는 추세이다.
② 시스템 동바리의 사용 확대에 따라 철저한 품질 및 공사관리를 통해 안전사고를 예방하고 공사품질의 향상을 도모해야 한다.

문제 30. 거푸집공사 중 Gang Form, Auto Climbing System Form, Sliding Form 공법을 비교 설명하시오.

1 대형 System 거푸집의 일반사항

① Gang Form이란 주로 외벽에 사용되는 거푸집으로서 대형 Panel 및 멍에·장선 등을 일체화시켜 해체하지 않고 반복 사용하도록 한 대형 Panel Form이다.
② Auto Climbing System Form(ACSF)이란 벽체용 거푸집으로서 갱폼에 거푸집 설치를 위한 비계틀과 기존 타설된 콘크리트 마감작업용 비계 및 인양용 유압잭을 일체화시켜 조립·제작한 거푸집이다.
③ Sliding Form이란 대형 전용 거푸집공법 중 연속화공법으로서 거푸집을 상부로 수직 이동하면서 Con'c 타설과 마감이 동시에 가능한 공법이다.

2 ACSF 거푸집의 도해 및 적용 필요성

1) ACSF 거푸집의 도해

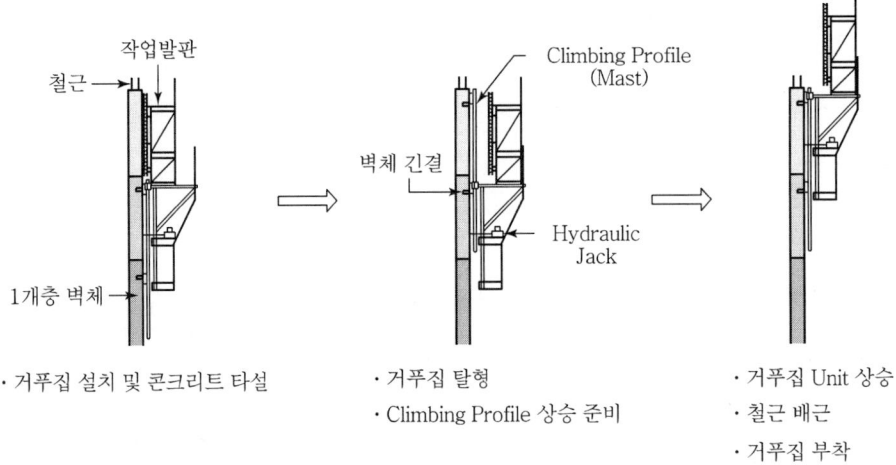

· 거푸집 설치 및 콘크리트 타설
· 거푸집 탈형
· Climbing Profile 상승 준비
· 거푸집 Unit 상승
· 철근 배근
· 거푸집 부착

2) 대형 거푸집 적용 필요성

① 자동화 또는 반복 사용으로 인건비 절감
② 반복 사용으로 인한 공기단축 가능
③ 내·외부 동시마감 가능
④ 철재 폼으로 인해 정밀시공 가능
⑤ 거푸집의 전용횟수 증가로 원가절감
⑥ 거푸집의 설치 및 해체 시 용이

❸ Gang Form, Auto Climbing System Form, Sliding Form 공법의 비교

구분	Gang Form	ACSF	Sliding Form
공정 Cycle(1개층)	5일	3~4일	2일
T/C 지원	필요	불필요	불필요
인양 시 전후작업	많음	적음	없음
바람 영향	많음	없음	없음
인양 시 안전성	높음	양호	양호
Form 변형	심함	거의 없음	전혀 없음
선정 기준	25층 이하 건물	35층 이상, 초고층	50층 이상
구매 형태	구매	임대	구매

1) 갱폼(Gang Form)

(1) 정의

갱폼이란 주로 외벽에 사용되는 거푸집으로서 대형 Panel 및 멍에·장선 등을 일체화시켜 해체하지 않고 반복 사용하도록 한 대형 Panel Form이다.

(2) 특성

① 철재 폼으로 멍에, 장선 등의 일체화로 시공능률 향상
② Con'c 면의 평활도가 높아 마감공사 시 노동력 절감 및 공기단축
③ 제작장소 및 해체 후 보관장소 필요

(3) 시공 시 주의사항

① 양중장비를 고려한 Panel 제작
② 낙하 및 추락 방지를 위한 안전시설 점검
③ 양중, 이동 시 변형되지 않도록 강성 확보

2) Auto Climbing System Form

(1) 정의

Auto Climbing System Form은 1개층의 높이로 제작된 System Form을 Tower Crane 없이 자체 유압기와 인양 레일을 이용하여 상승시키는 벽체 시스템 거푸집 공법이다.

(2) 특성

① 양중장비 필요 없이 스스로 상승하므로 Self Climbing Form이라고도 함
② 벽체의 변형(두께, 평면 등)에 대처 가능
③ Embedded Plate 설치가 필요
④ 초고층 건축의 Core 선행(RC 구조) 부분에 많이 적용

(3) 시공 시 주의사항

① 벽체강도 10MPa 이상
② 1, 2층은 일반 거푸집 필요
③ 벽체 최소 두께 250mm 이상 필요
④ 허용풍속 35m/s 이하

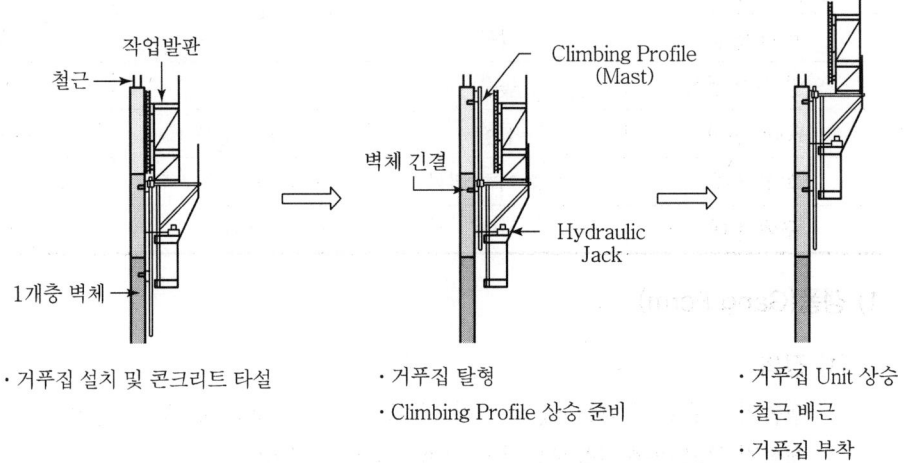

3) Sliding Form

(1) 정의

① 일정한 평면을 가진 구조물에 적용되며, 연속하여 Con'c를 타설하므로 Joint가 발생하지 않는 수직활동 거푸집공법이다.
② 단면의 변화가 없는 구조물에 적용되며, 주야 연속작업을 위한 인원·장비·자재(콘크리트)에 대한 세심한 계획이 필요하다.

(2) 특성

① 단면의 변화가 없는 구조물에 적용
② 거푸집의 높이는 1~1.2m 정도
③ Con'c 연속타설로 Joint 발생 감소

(3) 시공 시 주의사항

① 거푸집 제작 시 내·외벽 마감작업 발판 설치
② Con'c의 연속공급 및 문제발생 시 대처방안 모색
③ Jack의 여유용량 및 Rod에 가해지는 하중계산 필요
④ 야간작업 및 고소작업이므로 안전 대비 철저

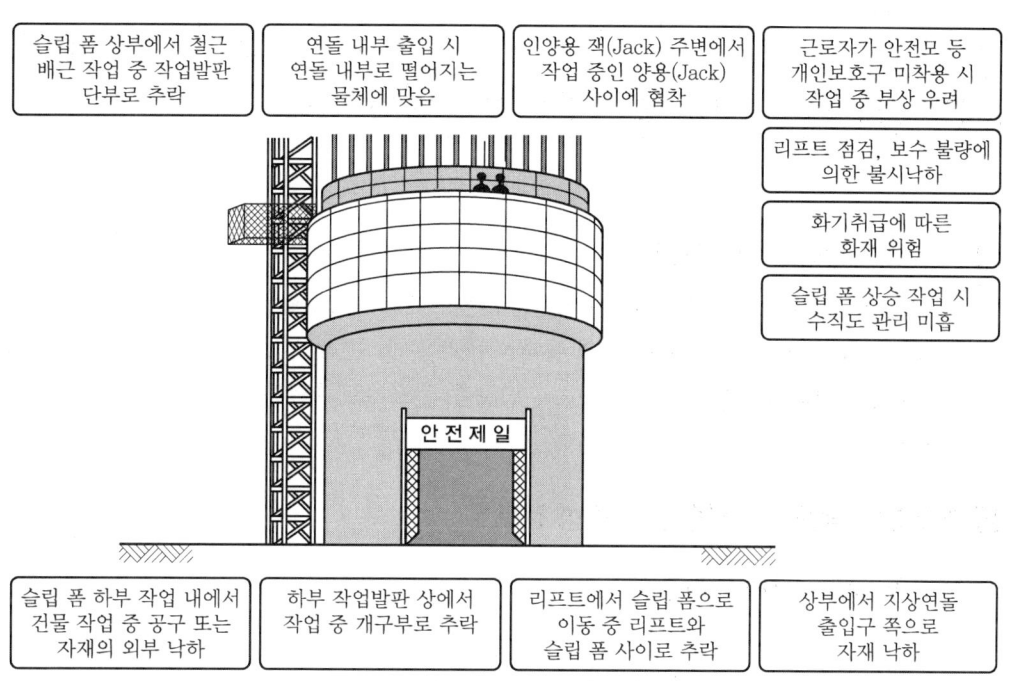

〈슬립 폼(슬라이딩 폼) 인양〉

4 거푸집 존치기간

1) 콘크리트의 압축강도를 시험할 경우

부재		콘크리트 압축강도(f_{cu})
기초, 보, 기둥, 벽 등의 측면		5MPa 이상
슬래브 및 보의 밑면, 아치 내면	단층구조인 경우	설계기준압축강도의 2/3배 이상 또한 최소 14MPa 이상
	다층구조인 경우	설계기준압축강도 이상

2) 콘크리트 압축강도를 시험하지 않을 경우

시멘트의 종류 평균기온	조강포틀랜드시멘트	보통포틀랜드시멘트 혼합시멘트 1종	혼합시멘트 2종
20℃ 이상	2일	4일	5일
10℃ 이상 20℃ 미만	3일	6일	8일

5 결론

거푸집은 충분한 강성·전용횟수(내구성)·안전성·수밀성 및 시공이 용이하여야 하며 반복사용 횟수, 즉 경제성도 함께 고려되어야 한다.

문제 31. 거푸집에 작용하는 각종 하중으로 인한 사고유형을 기술하고, 사고 방지방안을 설명하시오.

1 거푸집 안전성의 일반사항
① 콘크리트 타설 시 거푸집공사의 안전성을 확보하지 못하여 대형 참사가 발생하는 경우가 있으므로 거푸집에 작용하는 하중에 대한 충분한 내력을 갖추도록 구조적 검토가 우선되어야 한다.
② 거푸집공사의 하중분포는 수직하중, 수평하중, 콘크리트 측압편심하중, 수평분력 등으로 구분된다.

2 거푸집에 작용하는 하중 및 안전성 검토

1) 거푸집에 작용하는 하중

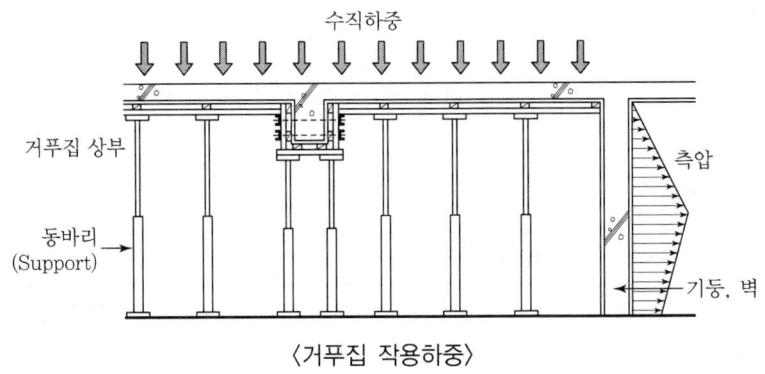

〈거푸집 작용하중〉

2) 거푸집의 안전성 검토

구분	하중 분류	하중 작용 부분
수직하중	고정하중	Slab, 보 등의 수평부재
	작업하중	
수평하중	풍압	외부 거푸집(도심지역, 고층 시공 시)
	유수압	유속이 빠른 수중거푸집
	작업하중	거푸집 경사면, 동바리 측면
콘크리트 측압		벽, 기둥 등 수직부재
기타 하중	편심하중	비대칭 부위
	수평분력	계단 등 경사거푸집

3) 거푸집 설계 시 고려하중

보 밑, 슬래브 밑면	생 콘크리트 중량($23kN/m^3$) + 작업하중 + 충격하중
벽, 기둥, 보 옆	생 콘크리트 중량($23kN/m^3$) + 측압

3 각종 하중으로 인한 사고유형

1) 거푸집이 터져서 콘크리트 누출
① 진동기 사용의 한 곳 집중으로 거푸집 연결철물의 탈락
② 거푸집 틈의 발생 및 콘크리트 누출

2) 수직부재의 측압 발생
수직부재에 발생하는 측압으로 인해 처리 곤란

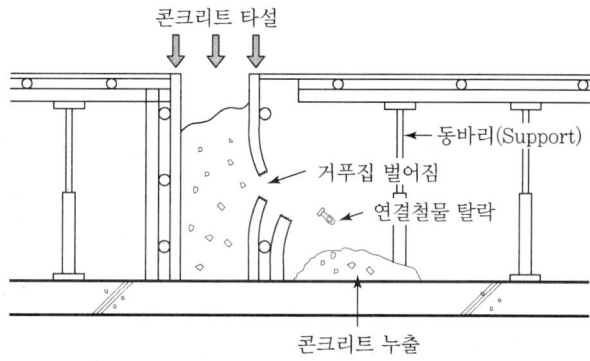

3) 거푸집널의 반복 사용으로 거푸집 파손
거푸집널의 반복 사용으로 인한 내력 손실

4) 반복 사용에 따른 콘크리트 누출 및 단면 변형 발생
콘크리트 누출 및 단면 변형 발생

5) 생 콘크리트 하중으로 인한 동바리의 변형
① 동바리가 콘크리트 하중을 견디지 못하여 휘거나 탈락되는 경우 감시
② 대형사고로 연결되므로 콘크리트 타설 중 계속 확인

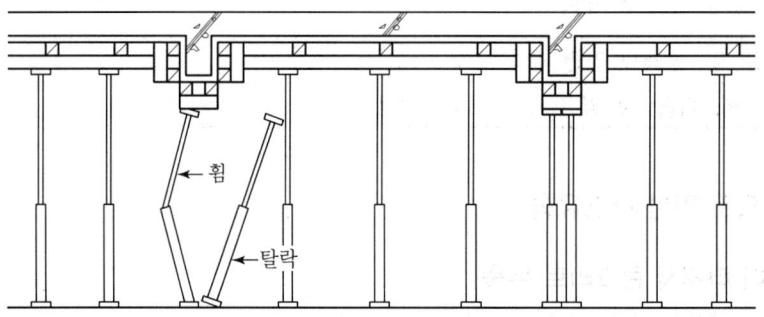

6) 수평부재 침하
보, Slab 등의 수평부재 침하 우려

7) 거푸집 붕괴
① 동바리가 콘크리트 하중을 견디지 못하여 휨 발생
② 동바리의 좌굴현상으로 거푸집 붕괴

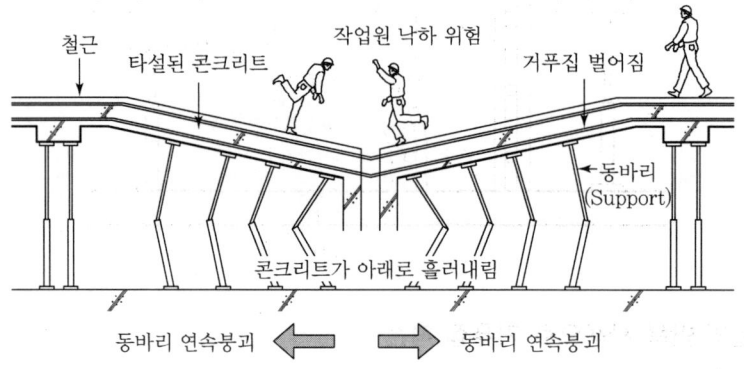

4 사고 방지방안

1) 구조계산을 통한 사전조사 철저
① 동바리의 좌굴방지를 위해 구조계산 전문업체에 의뢰하는 것이 좋다.
② 연직하중에 발생되는 생 콘크리트의 하중 사전검토가 필요하다.

2) 구조계산을 통한 수직하중 검토

슬래브 두께(mm)	150	180	200	250	300
콘크리트 중량	360kg	430kg	480kg	600kg	720kg
거푸집 중량	45kg			50kg	
작업하중	250kg				
하중 합계	655kg	725kg	775kg	900kg	1,020kg

3) 진동다짐 시 측압 사전검토

거푸집의 수직부재(거푸집널 등)에 유동성을 가진 콘크리트의 수평방향 압력을 측압이라 한다.

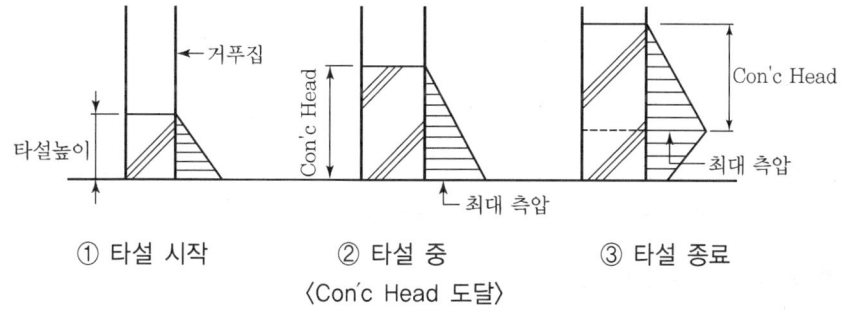

4) Form의 표면 평활도 조정

Form의 표면이 평활할수록 측압의 강도는 커진다.

5) 콘크리트의 Slump치 조정

콘크리트의 Slump치가 클수록 측압의 강도는 커진다.

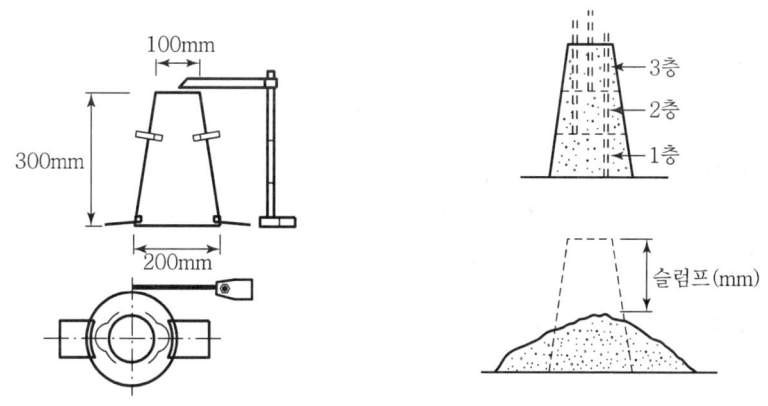

6) 콘크리트의 부배합을 적정배합으로 조정

콘크리트의 부배합은 시멘트량이 많아서 측압을 부추긴다.

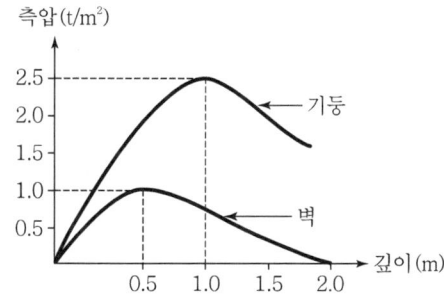

7) 측압은 비중과 높이가 변수로 작용
   ① 실무적 계산 시 측압은 수압, 토압과 동일한 높이의 변수로 취급한다.
   ② 따라서 벽체 두께와 측압은 상관관계가 없다.

타설속도	10m/h 이하		10m/h 초과~20m/h 이하	
타설높이	1.5m 이하	1.5m 초과~4.0m 이하	2.0m 이하	2.0m 초과~4.0m 이하
공식	$W_o H$	$1.5 W_o + 0.6 W_o \times (H-1.5)$	$W_o H$	$2 W_o + 0.8 W_o \times (H-2)$

8) 거푸집 자재의 내구연한 강도 검토
   거푸집에 작용하는 각종 하중에 대한 거푸집 자재의 강도를 충분히 검토한다.

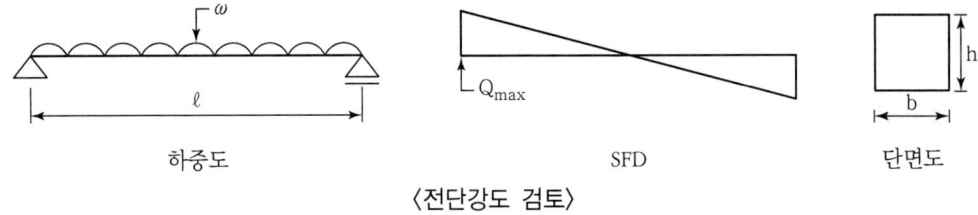

〈전단강도 검토〉

9) 거푸집 자재의 구조검토 실시
   거푸집널 검토, 장선 검토, 멍에 검토, 동바리 강도 등을 충분히 검토한다.

10) 수직부재에 대한 타설강도 조절
    ① 기둥과 벽 등 수직부재는 한 번에 타설하지 말고 2~3회에 나누어 타설한다.
    ② 편심하중이 발생하지 않도록 계획 시 주의해야 한다.

11) Cold Joint가 발생하지 않는 범위 내에서 타설속도 조절
    Cold Joint가 발생하지 않는 범위 내에서 타설속도를 조절한다.

    Construction Joint   25℃ 초과 2H   Cold Joint
    (시공이음) 필연적   25℃ 미만 2.5H   일체화가 저하되어 생기는 Joint

12) 거푸집 존치기간 준수

부재		콘크리트 압축강도 f_{cu}
기초, 보, 기둥, 벽 등의 측면		5MPa 이상
슬래브 및 보 밑면	단층구조	설계기준압축강도의 2/3배 이상 또한 최소 14MPa 이상
	다층구조	설계기준압축강도 이상

13) 동바리의 수직도와 수평연결재 설치

동바리는 수직하중에 대한 저항성은 뛰어나지만 경사하중에 대한 저항성은 매우 약하므로 철저한 수직도 관리가 필요하다.

14) 시스템 동바리 적용

시스템 동바리는 수직하중에 대한 저항성과 경사하중에 대한 저항성이 우수하다.

5 결론

① 거푸집공사 시공계획 시 구조검토와 함께 안정성 검토가 이루어져야 각종 사고를 미연에 방지할 수 있다.
② 거푸집 붕괴사고는 사회적으로 큰 파장을 불러올 수 있으므로 콘크리트 타설 전반에 걸쳐 하부 거푸집에 대한 면밀한 검토가 필요하다.

CHAPTER 06

콘크리트 공사

문제 32. 철근 콘크리트 공사에서 콘크리트 혼화재료의 종류와 특성 및 용도에 대하여 설명하시오.

1 혼화재료의 일반사항
① 혼화재료란 Con'c의 구성 재료인 시멘트, 물, 골재 등에 첨가하여 콘크리트에 특별한 품질을 부여하고, 성질을 개선하기 위한 재료를 말한다.
② 혼화재료는 혼화제와 혼화재로 구분할 수 있으며, 그 사용량이 시멘트 중량의 5% 미만으로 소량만 사용되는 것을 혼화제, 시멘트 중량의 5% 이상 사용되는 것을 혼화재로 분류하고 있다.

2 콘크리트 혼화재료의 메커니즘, 종류 및 특성

1) 개요

혼화제 (混和劑)	정의	콘크리트의 성질을 개선하기 위해 비교적 소량 사용(시멘트 중량의 5% 미만)하는 것으로 배합설계 시 혼화제의 부피는 무시한다.
	종류	• 표면활성제(AE제, 감수제, AE감수제) • 고성능 감수제 • 유동화제 • 응결경화촉진제 • 응결지연제 • 방수제 • 방청제 • 방동제
혼화재 (混和材)	정의	콘크리트의 물성을 개선하기 위하여 비교적 다량 사용(시멘트 중량의 5% 이상)하는 것으로 배합설계 시 혼화재의 부피를 계산에 포함한다.
	종류	• 고로슬래그 • 플라이 애시 • 실리카 퓸 • 착색재 • 팽창재

2) 종류 및 특성

(1) 혼화제(시멘트 중량 5% 미만)
① AE제 : 굳지 않은 Con'c의 시공성 향상 / 동결융해 저항성 증대 / AE제 첨가로 공기량 3~4% 증가 시 시공연도 향상
② 감수제 : 단위수량을 감소시켜 내동해성을 증대시키기 위해 사용 / 감수제 사용 시 Bleeding 현상 및 Laitance가 적어짐
③ 고성능감수제 : 압축강도 50MPa 이상의 고강도 콘크리트 제조에 사용

(2) 혼화재(시멘트 중량 5% 이상)
① 고로 슬래그 : Mass Con'c 타설 시 잠재수경성 반응으로 수화열 저감
② 플라이 애시(Fly Ash) : 초기 강도 증진은 늦으나 장기 강도는 높음
③ Silica Fume : 시멘트와 물의 결합재 역할을 충실히 이행
④ 팽창재 : 콘크리트가 팽창하는 성질을 통해 균열 발생 억제 효과

3 혼화재료 중 혼화제

1) 표면활성제

(1) AE제(Air Entraining Agent)
① 굳지 않은 Con'c의 시공성 향상 / 동결융해 저항성 증대
② AE제 첨가로 공기량 3~4% 증가 시 시공연도 향상

(2) 감수제
① 감수효과는 4~6%로 비교적 적음
② Bleeding 현상 및 Laitance가 적어짐

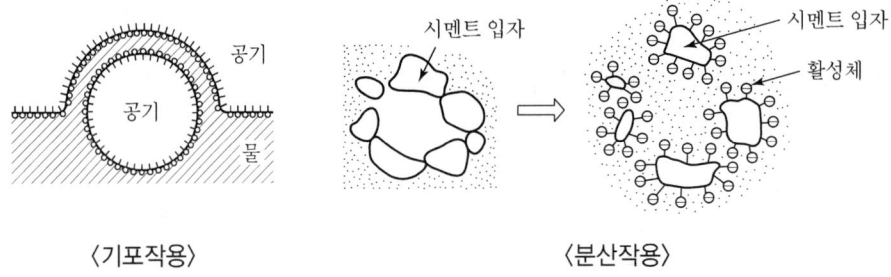

〈기포작용〉　　　　　　　　　〈분산작용〉

(3) AE 감수제
① 미세기포 연행하여 작업성 향상
② 분산효과로 인한 단위수량 감소
③ AE 감수제로 10~15%의 감수효과

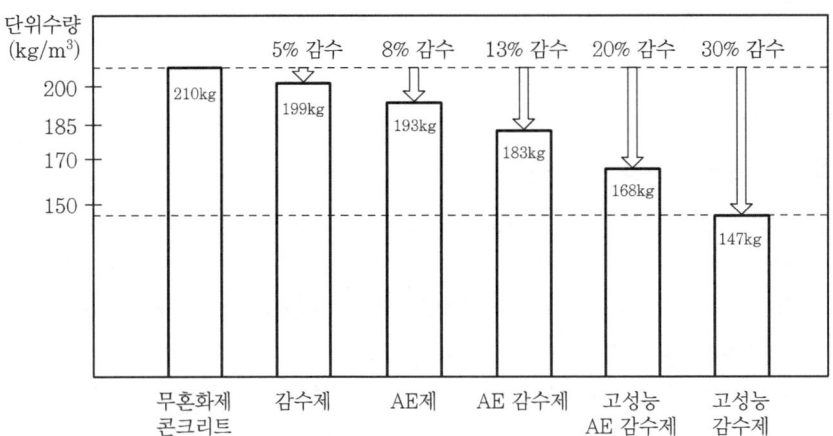

(4) 고성능 AE 감수제
① AE 감수제에 비해 감수효과가 좋음 / Slump 손실이 적음
② 감수효과는 20% 내외
③ 압축강도 50MPa 이상의 고강도 콘크리트 제조

2) 응결경화조절제

(1) 응결경화촉진제
① 염화칼슘의 적당량을 콘크리트에 혼입해야 함
② 적당량을 가하면 팽창 · 수축이 증대함

(2) 응결지연제
① 시멘트와 물의 반응을 차단 / 시멘트 수화물 생성을 억제함
② 콘크리트의 굳는 속도 지연성능이 좋음

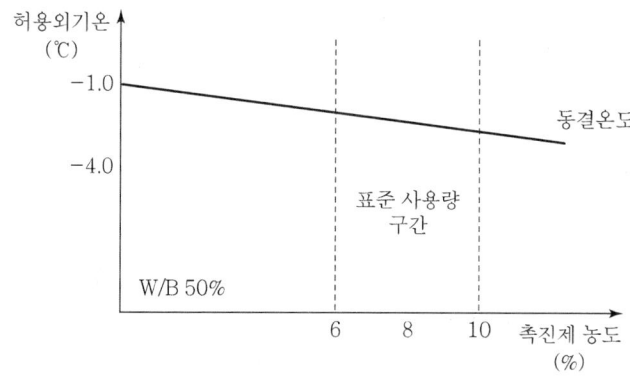

〈내한 촉진제 초기 동해 방지 개념〉

3) 방수제(Water Proofing Agent)
미세한 물질을 혼입하여 공극을 충전하거나 발수성 물질을 도포함으로써 흡수성을 차단하는 성능을 가진 혼화제임

4) 방동제
① 콘크리트의 동결을 방지하기 위한 염화칼슘 등
② 식염 등의 다량 사용 시 강도저하 및 급결작용이 발생함

5) 방청제(Corrosion Inhibiting Agent)
① 염분에 의한 철근의 부식을 억제할 목적임
② 철근의 부식은 일종의 전기화학반응임

6) 발포제(Gas Foaming Agent)
시멘트에 혼입 또는 발생된 가스를 이용하여 기포를 형성함

7) 수중불분리성 혼화제
① 수중의 콘크리트가 시멘트와 골재가 분리되는 것을 방지함
② Bleeding 현상을 억제 / 강도 및 내구성 증대

8) 유동화제(Super Plasticizer)

① Slump가 120mm에서 210mm까지 상승
② 감수율은 20~30% 정도 / 사용시간은 첨가 후 1시간까지 가능

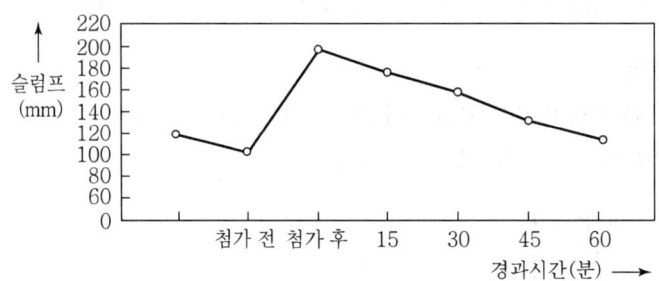

4 혼화재료 중 혼화재

1) 고로 Slag

① 고온 슬래그를 물, 공기 등으로 급랭 / 콘크리트의 수밀성 향상
② 잠재수경성 반응으로 수화발열량이 낮음
③ Mass Con'c 온도충격, 온도구배, 온도균열 저감

2) Fly Ash

① 화력발전소의 석탄재 및 특정 입도범위의 입상 잔사
② 초기 강도는 늦지만 콘크리트의 수밀성 향상
③ Mass Con'c 온도충격, 온도균열 저감

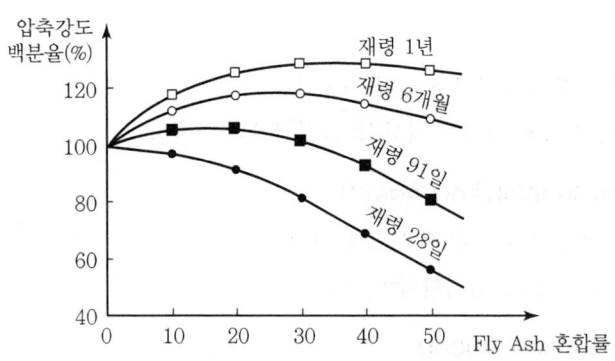

〈Fly Ash 혼합률에 따른 콘크리트 압축강도〉

시멘트 페이스트	고성능감수제를 사용한 시멘트 페이스트	시멘트 페이스트 + 실리카 퓸 + 고성능감수제

〈Silica Fume 효과〉

3) Silica Fume
   ① 고강도 및 투수성이 적은 콘크리트 제조 가능
   ② 고성능감수제의 사용으로 단위수량 감소 효과

4) Pozzolan
   ① 시공연도 향상(적절한 입형과 입도분포 필요)
   ② 수화열 감소(Mass Con'c에 적용) / 수밀성 향상(공극 감소)
   ③ 알칼리 골재반응 억제효과

5) 팽창재
   ① 콘크리트가 팽창하는 성질을 가지게 하는 혼화재
   ② 균열 발생 억제효과로 균열보수공사나 Grouting 재료로 쓰임

5 결론

① 혼화재료는 콘크리트의 시공연도 개선, 초기 강도 증진 등 콘크리트의 성질과 품질을 우수하게 하는 재료이므로 적절히 사용하여 강도, 내구성, 수밀성 등을 확보해야 한다.
② 향후 시방서의 기준 정립, 제조회사의 연구비 투자 확대 및 기술개발 노력이 필요하다.

문제 33. 현장타설 콘크리트의 품질관리방안을 단계별(타설 전, 타설 중, 타설 후)로 구분하여 설명하시오.

1 콘크리트 품질관리방안의 개요

① 콘크리트의 품질관리에서 가장 중요하게 고려되어야 할 사항은 구조체의 강도, 내구성, 수밀성 등을 향상시키면서 경제적인 시공을 하는 것이다.

② 타설 전에는 재료, 배합, 철근 조립, 거푸집 점검 / 타설 중에는 현장품질 검사, 타설 전 준비사항 확인 / 타설 후에는 양생과 거푸집 해체가 중요하다.

2 타설 시 다짐봉 도해 및 시공성 영향 요인

1) 콘크리트 타설 도해

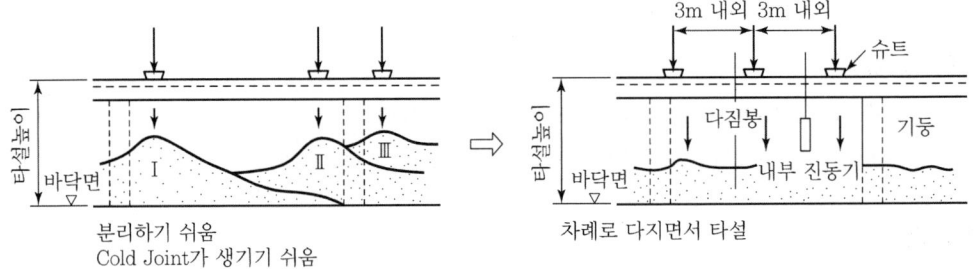

2) 시공성 영향 요인

요인	요인별 특성
시멘트의 성질	시멘트의 종류, 분말도, 풍화의 정도에 의한 영향을 받음
골재의 입형	입자가 둥근 강자갈은 시공연도가 좋아지고, 평평한 입형의 골재는 불리함
혼화재료	AE제 · AE 감수제 · 감수제 등은 단위수량을 감소시키고, 시공연도를 향상시킴
물결합재비	물결합재비가 높으면 시공연도는 좋으나 강도가 저하함
공기량	공기량 1% 증가 시 Slump는 20mm 정도 커지게 됨
온도	콘크리트의 온도가 높을수록 시공연도는 저하함

❸ 타설 전 품질관리방안에 대한 고찰

1) 재료

(1) 청정수 : 오직 청정수만 사용 가능(해수, 산, 기름 안 됨)

(2) 강도가 큰 적정분말도의 Cement
① 강도가 큰 적정분말도(2,800~3,200cm^2/g) 상태 유지
② 응결시간 조절(초결 1시간 이상, 종결 10시간 이내)

(3) 입형 선형이 좋은 골재 사용
① 물리적 안정, 화학적 안정, 유해물질 미함유, 치밀하고 단단할 것
② 입형이 둥글 것, 입도가 적절할 것, 시멘트 페이스트와 부착력 좋을 것

구분	입형이 좋은 골재(강자갈)	입형이 나쁜 골재(쇄석)
회전저항	입형이 좋으면 회전저항이 감소	입형이 좋으면 회전저항이 증가
도해		

2) 혼화재료

① 혼화재료 : 품질 개선이나 소요성질을 개선할 목적의 부가재료
② 혼화재 : 시멘트 중량에 대하여 5% 이상(고로 슬래그, 플라이 애시, 실리카 퓸 등)
③ 혼화제 : 시멘트 중량에 대하여 1% 전후(AE제, 감수제, 지연제, 촉진제)

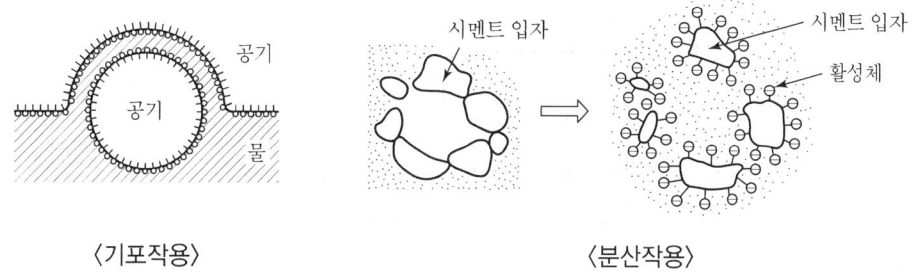

〈기포작용〉　　　　〈분산작용〉

3) 배합설계 절차

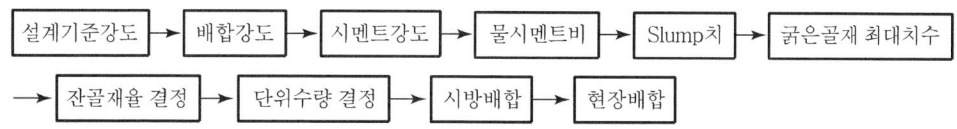

4) 철근과 거푸집 상태

(1) 철근 조립의 정밀도 확보
철근의 이음, 간격, 정착길이 및 피복두께 등 시공의 정밀도 확보

(2) 부재의 긴결 등 거푸집 조립
① 재료의 강성, 장선, 멍에 및 동바리 간격 준수
② 수직부재의 긴결 등 시공의 정밀도 및 접합의 강성 유지

(3) 타설 60분 이내 레미콘 공장 선정
운반에서 타설까지 60분 이내가 되도록 레미콘 공장 선정이 중요함

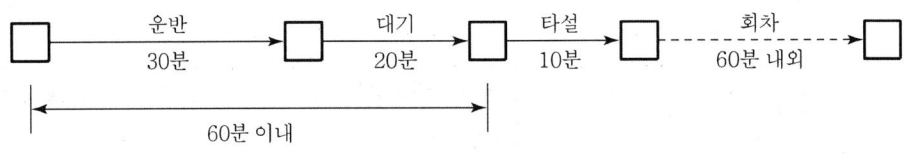

〈운반과정 Flow Chart〉

5) 타설 전 계획

(1) 타설 이음부 등 설계도서 검토
타설 이음부 확인 / 수직·수평부재의 콘크리트 강도 차이 확인

(2) 타설장비, 배관 등의 타설방법 검토
① 레미콘 공장과의 거리 및 운반시간 고려
② 타설장비 및 배관계획

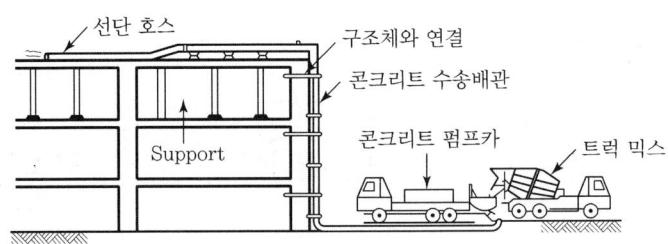

(3) 타설반경 등의 콘크리트의 타설 순서 검토
① 구조상의 이음개소, 시공상의 이음개소 확인
② Cold Joint 대비 타설반경과 타설 순서 검토

(4) 시공이음 처리 검토

Contraction Joint 개소 확인, Expansion Joint 개소 확인

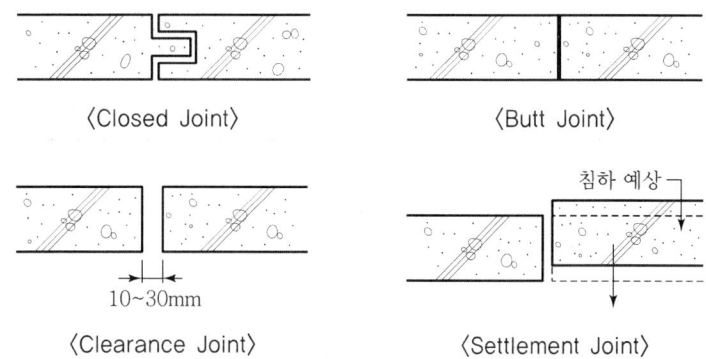

4 타설 중 품질관리방안에 대한 고찰

1) 현장도착 시험 실시

(1) Slump Test : 콘크리트의 시공연도를 측정하기 위한 시험

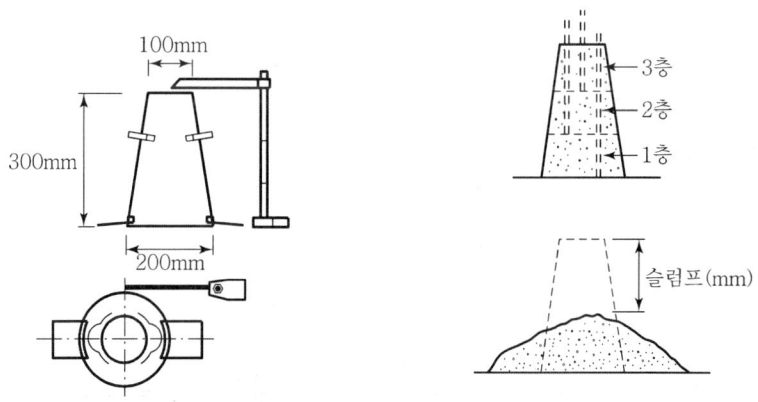

(2) 공시체 제작 및 압축강도 시험, 현장봉함양생 등

① $120m^3$마다 1회 시험

② 1회 시험 시 공시체 3조(9개) 제작

③ 표준보양 후 1일, 3일, 7일, 28일 압축강도 시험 실시

(3) 염화물 테스트

구분	염화물 이온
모래	건조중량의 0.02% 이하
콘크리트	0.3kg/m³ 이하
배합수	0.04kg/m³ 이하

(4) 공기량 Test

콘크리트 속의 공기량은 4~6% 정도로 관리

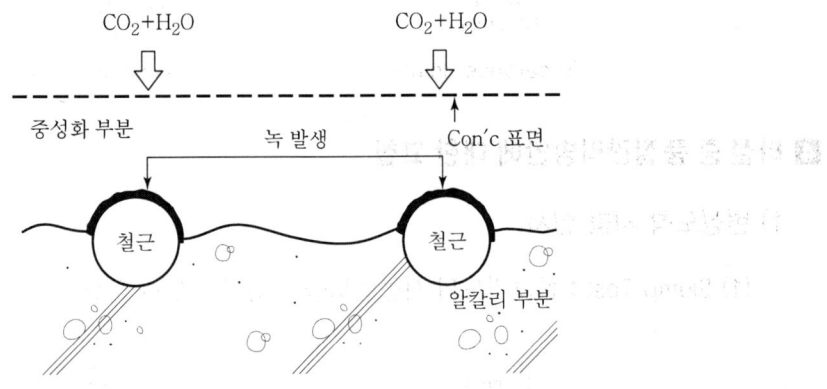

〈염화물로 인한 철근 부식〉

2) 콘크리트 타설 시

① 시공 이음이 적은 순서대로 타설
② 처짐 및 변위가 큰 부위부터 타설

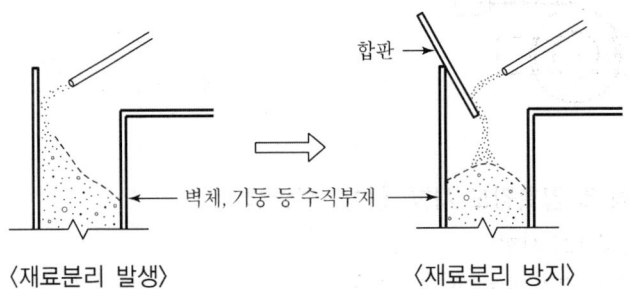

3) 콘크리트 표면마무리

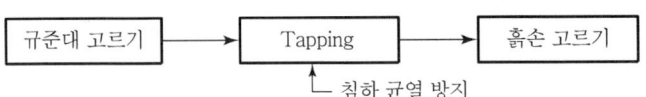

4) 콘크리트 이음 관리

이어치기 [25℃ 초과 2시간 이내 / 25℃ 이하 2.5시간 이내] 초과 시 Cold Joint

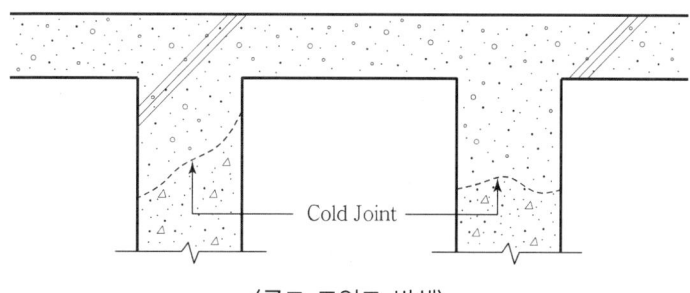

〈콜드 조인트 발생〉

5 타설 후 품질관리방안에 대한 고찰

1) 양생관리방안

(1) 강도 유지
Concrete 경화 중 충격, 진동, 온·습도 변화, 일조, 풍우 등으로부터 보호하고, 일정 기간 동안 상온(5~20℃)하에서 습윤상태를 유지하여 강도, 내구성, 수밀성 등을 확보한다.

(2) 습윤양생
① 습윤상태가 길면 강도, 내구성이 증가한다.
② 초기 24시간 동안 습윤상태 유지를 철저히 한다.

(3) Mass 콘크리트 타설 시 온도제어 방안

구분	내용
4℃ 이하인 경우	수화반응을 저해하고 강도발현이 지연
0℃ 이하인 경우	초기 동해 유의(5MPa 강도발현) → 보온, 가열
25℃ 이하인 경우	급격한 수분 증발(건조수축) → 거푸집 해체 시까지 양생
부재가 클 경우	내·외부 온도차에 의한 온도균열 → Pipe Cooling

2) 기타 관리방안

(1) 진동, 충격 작업하중으로부터 보호
24시간 내에 진동, 충격, 마모 및 중량물 하중 가중 금지

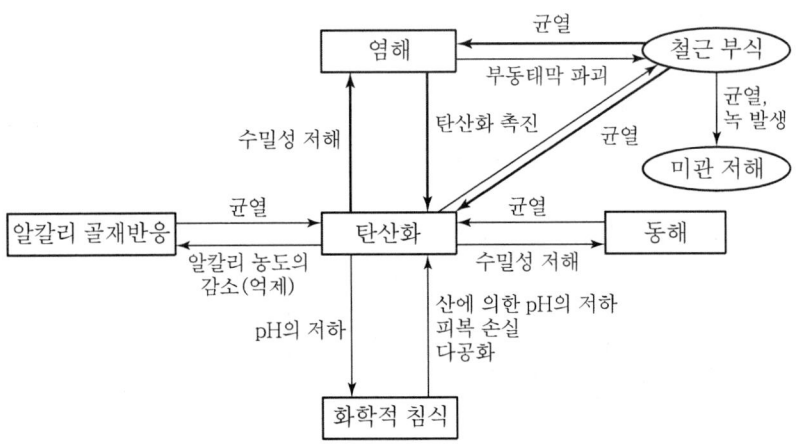

(2) 거푸집 존치기간 유지

부재	콘크리트 압축강도
기초, 보 옆, 기둥, 벽 등의 측면	5MPa 이상
Slab 및 보의 밑면, 아치 내면	설계기준강도 2/3 이상 또한 14MPa 이상

(3) 동바리 최대한 오래 존치할 것
① 동바리는 설계기준강도 100% 발현 전까지는 해체하지 말 것
② 상부의 수직하중 과다 시 동바리 좌굴 발생 → 붕괴 가능

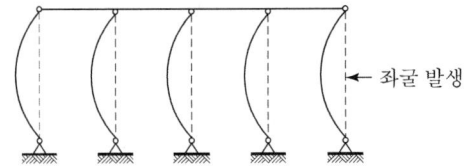

(4) 타설 시 결함부 보수
① 결함이 큰 경우는 Grouting 실시
② 결함이 작은 경우는 무수축 Mortar로 충진

6 결론

① 콘크리트 타설 중에는 Slump Test, 압축강도 시험, 염화물 테스트 및 공기량 측정을 통하여 품질 관리를 하며 또한 거푸집 및 동바리의 안전성 유무를 지속적으로 확인하여야 한다.
② 콘크리트 타설 후에는 양생관리가 가장 중요하며, 초기 양생기간 중에는 콘크리트에 유해한 하중이나 충격 등이 가해지지 않도록 유의해야 한다.

문제 34. 콘크리트 타설 중 압송배관의 막힘현상 징후와 조치사항, 막힘현상 발생원인과 대책에 대하여 설명하시오.

1 콘크리트 폐색현상의 일반사항

① 콘크리트 타설 시 콘크리트 중의 수분이나 페이스트가 탈수·분리되어 압송부하가 증가하면서 압송배관 내의 콘크리트 막힘현상을 폐색현상이라 한다.
② 막힘현상의 징후로 압송압력의 급상승, 배관진동이 심해지면 조치사항으로는 역타설 운전 시도(2~3회 반복 시도), 폐색된 배관을 신속히 분리하며 배관 내 콘크리트는 신속히 폐기한다.

2 CPB 도해 및 압송배관의 막힘현상 징후와 조치사항

1) CPB의 도해

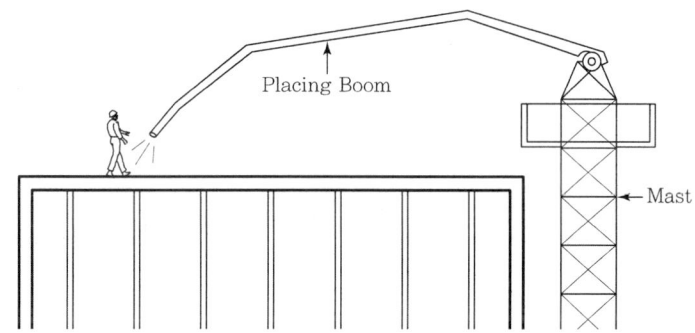

2) 압송배관의 막힘현상 징후와 조치사항

막힘현상의 징후	막힘 발생 시 조치
• 압송관의 진동 과다 • 압송압력의 급상승	• 콘크리트의 압송 중단 • 2~3회 정도 역타설 운전 시도 • 압송배관 내 폐색 콘크리트는 즉시 폐기 • 콘크리트의 상태 관찰 • 압송재개 및 이상 유무 확인

3 막힘현상 발생원인과 대책 연구

구분	원인	대책
배관 내 이물질	콘크리트의 사용 재료에 이물질 발생	펌프카 호퍼 위 거름망 설치
배관의 형상변화	벤트관, 내림배관, 선단 호스의 불량	펌핑 가능한 배합 선정, 중단 없는 압송
블리딩 많은 콘크리트	비빔시간 과다, 잔골재율 과소 상태일 때	비빔시간 준수, 배합 변경
압송 시점에서 막힘	① 모르타르 배합 잘못 ② 배관 청소 불량 ③ 배관 내 얼음 발생 ④ 잔골재율 준수 미흡	① 모르타르 배합 변경 ② 압송배관 교체 ③ 배관 내 얼음 제거 ④ 레미콘 배합 변경
반복적 막힘	① 블리딩이 많은 콘크리트 ② 잔골재율 미준수 ③ 슬럼프가 너무 낮음 ④ 장시간 펌핑 중단 시	① 레미콘 배합 변경 ② 장시간 대기 콘크리트 폐기

4 폐색현상 방지 레미콘 품질관리방안

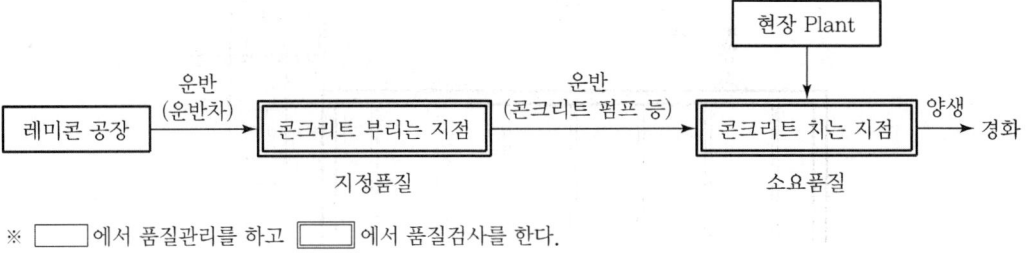

※ ☐에서 품질관리를 하고 ☐에서 품질검사를 한다.

① 건설사 요구사항 중 콘크리트 지정품질이 되도록 콘크리트를 제조했는지 확인
② 방바닥 미장 등 모르타르의 경우 현장 Plant에서 타설 직전 품질관리 실시
③ 레미콘을 받는 지점에서 지정된 품질을 유지하며 품질검사 확인 실시

5 결론

① Pump 압송관 타설의 가장 큰 문제점은 압송관 막힘현상이므로 타설작업 동안 막힘현상 방지를 위해서 노력하여야 한다.
② 압송관 타설의 경우 Slump 저하 방지를 위해 압송관에 미리 물축임하는 것이 중요하며, 나아가 콘크리트의 품질변화 없이 타설할 수 있는 방법이 개발되어야 한다.

문제 35
콘크리트 구조물의 28일 압축강도가 설계기준강도에 미달될 경우, 현장의 처리절차와 구조물 조치방안에 대하여 설명하시오.

1 압축강도의 일반사항
① 콘크리트의 압축강도는 구조물의 구조적 성능과 직결되고, 구조체의 내구성을 좌우하며, 압축강도시험은 타설일마다, 공구마다, 타설량 120m³마다 시험을 실시한다.
② 28일 강도는 콘크리트 배출량의 1/4, 2/4, 3/4 배출 시점에서 채취하고 28일 강도를 추정할 7일 강도 공시체는 1개조 3개씩 제작한다.

2 압축강도시험 도해 및 공시체 시료 채취방법, 합격 판정기준

1) 압축강도시험의 도해

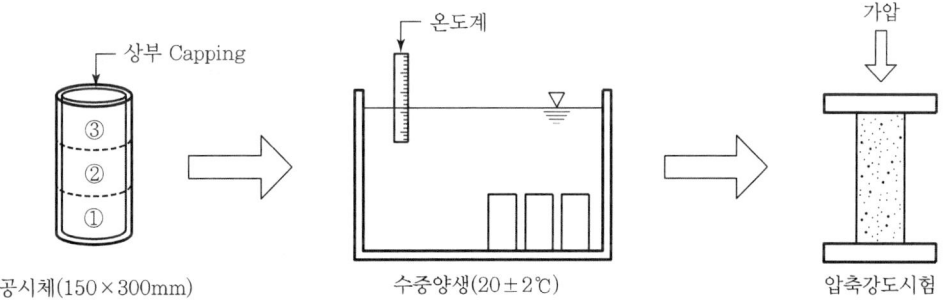

① Concrete 타설량 120m³당 1회 시험
② Concrete 타설량 120m³ 이하 시 1회 시험

2) 공시체 시료 채취방법

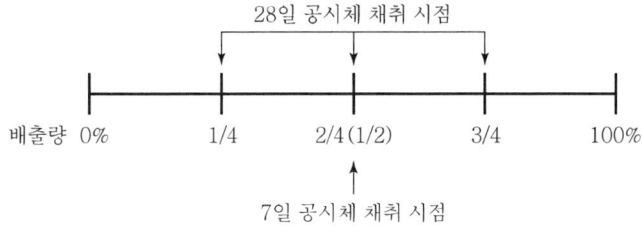

3) 압축강도 합격 판정기준

(1) 판정기준

① 28일 강도용 공시체는 1개조 3개의 평균값이 설계기준강도의 85% 이상이어야 하며, 3개조 9개의 평균값은 설계기준강도의 100% 이상이어야 한다.

② 7일 강도용 공시체는 1개조 3개의 평균값이 환산설계기준강도의 100% 이상이어야 하고, 공시체 각각의 강도는 환산설계기준강도의 75% 이상이어야 한다.

[7일 압축강도에 의한 28일 압축강도 추정식]

콘크리트 타설후 4주간 예상 평균기온	보통 포틀랜드 시멘트 (MPa)	조강 포틀랜드 시멘트 (MPa)
15℃ 이상	$f_{28} = 1.35f_7 + 3$	$f_{28} = f_7 + 8$
10~15℃	$f_{28} = 1.35f_7 + 1$	$f_{28} = f_7 + 6.5$
5~10℃	$f_{28} = 1.35f_7 - 1$	$f_{28} = f_7 + 5$
2~5℃	$f_{28} = 1.35f_7 - 2$	$f_{28} = f_7 + 4$
0~2℃	$f_{28} = 1.35f_7 - 3.5$	$f_{28} = f_7 + 2$

f_{28} : 28일 압축강도, f_7 : 7일 압축강도

③ 거푸집 존치기간 판단용 공시체는 1개조 3개의 평균값이 적정강도 이상이고 공시체 각각의 강도는 적정강도의 75% 이상이어야 한다.

(2) 불합격 시의 조치

① 3개의 시험 core를 채취하여 강도시험 실시

② 3개의 시험 core의 강도가 설계기준강도의 85%를 초과하고 공시체 각각의 강도가 75%를 초과하면 합격

③ 3개의 시험 core가 강도부족 시 재시험을 하며 결과에 따라 필요한 조치방안 수립

3 설계기준강도에 미달될 경우 현장의 처리절차

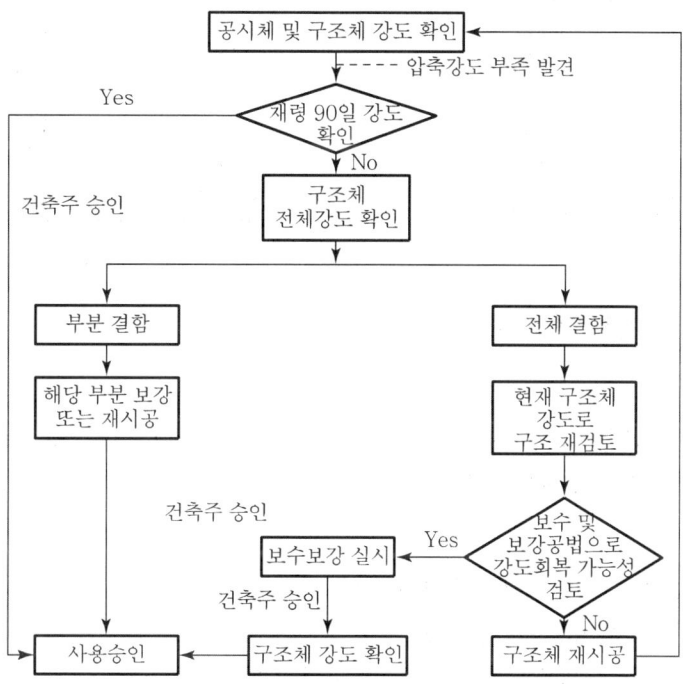

4 압축강도 미달 시 구조물 조치방안

1) 단면증대공법(기둥 및 벽 보강)

(1) 정의

기존의 부재에 콘크리트를 덧붙여 단면을 증가시켜 내력 증강을 도모하는 경우와 콘크리트 덧붙임에 의해 구조물 자체를 개조하여 구조물의 기능성 향상을 도모하는 경우가 있다.

(2) 특성

① 기존 콘크리트 면에 철근 콘크리트를 타설하여 단면증대
② 고정하중의 증가

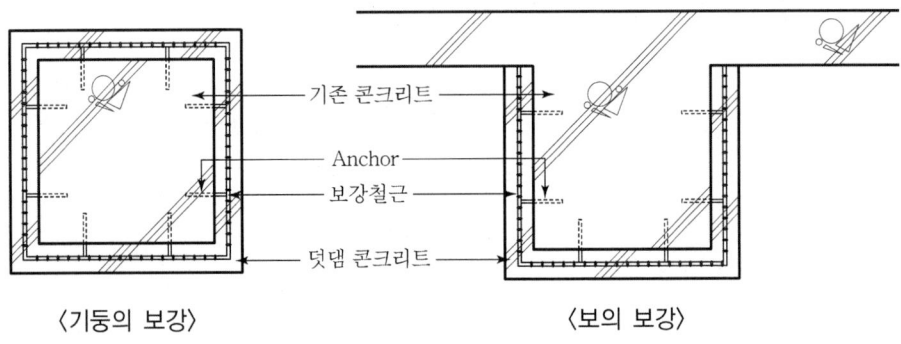

〈기둥의 보강〉 〈보의 보강〉

2) 강판보강공법(기둥 및 보 보강)

(1) 정의

강판보강공법은 기존의 콘크리트에 강판을 부착하고 그 사이에 Epoxy Grouting으로 일체화 시켜 구조물을 보강하는 공법이다.

(2) 특성

① 보나 기둥의 내력 증대를 위해 시공함
② 시공이 간편하고 효과가 좋음
③ 강판과 콘크리트 사이의 Grouting을 철저히 해야 함

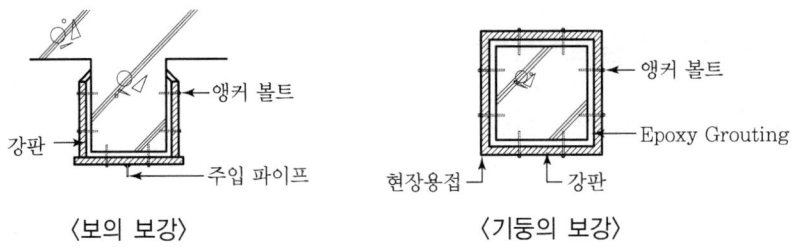

〈보의 보강〉 〈기둥의 보강〉

3) 탄소섬유 Sheet 공법

(1) 정의

① 탄소섬유 Sheet 보강법이란 강화섬유 Sheet인 탄소섬유 Sheet를 접착제로 콘크리트 표면에 접착시켜 구조물의 내구성을 향상시키는 보강법이다.
② 보나 Slab 및 기둥 등에 시공이 편리하고 복잡한 형상의 구조물에도 적용이 가능하다.

(2) 특징

장점	단점
• 높은 강도(인장강도, 압축강도) 유지 • 경량으로 취급 용이 • 복잡한 구조물 형상에도 적용 가능	• 접착제의 내화성능 부족 • 가격이 고가 • 에폭시 접착제의 접착력이 매우 중요한데 확인 곤란

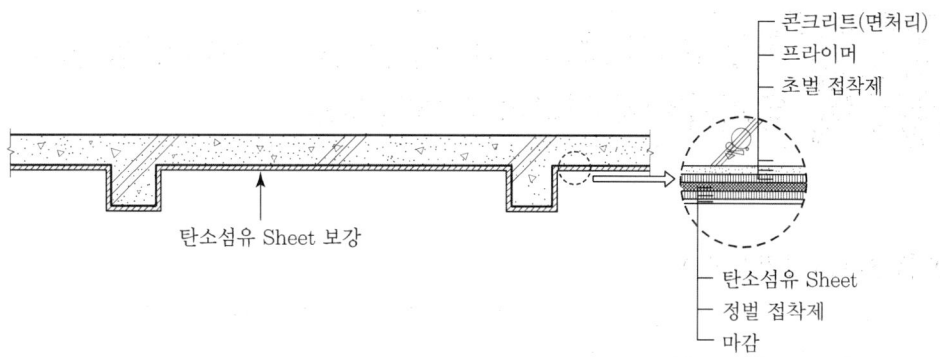

5 결론

① 콘크리트에 발생하는 결함은 여러 가지 요인이 복합적으로 작용하여 발생하며, 그 특성상 완전히 없앨 수는 없으므로 이를 줄이기 위한 품질관리가 선행되어야 한다.

② 구조체의 결함 발생은 구조물의 내구성과 안전성 및 사용성에 지장을 초래하므로 결함 발생 즉시 적절한 보수 및 보강공법을 통해 강도 회복과 미관 회복이 필요하다.

문제 36. 철근 콘크리트 공사에서 줄눈(Joint)의 종류 및 시공 시 유의사항에 대하여 기술하시오.

1 줄눈(Joint)의 일반사항
① 콘크리트 구조체가 온도변화나 건조수축 등에 의하여 균열 발생이 예상될 경우 방지 또는 유도 제어할 목적으로 Joint를 설치한다.
② Joint는 설계 시부터 고려되어야 하며, 균열의 예상 크기, 온도응력 발생 정도, 구조물의 조건, 환경여건 등을 감안하여 적절한 공법을 선정해야 한다.

2 Joint(이음, 줄눈)의 종류

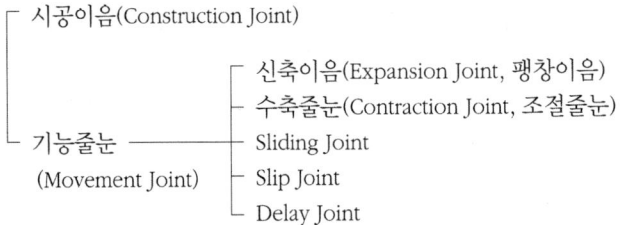

3 줄눈(Joint)의 종류 및 시공 시 유의사항

1) 시공이음(Construction Joint)

(1) 정의

콘크리트 작업관계로 경화된 콘크리트에 새로운 콘크리트를 이어붓기함으로써 발생되는 Joint를 말한다.

(2) 설치 위치
① 구조물 강도상 영향이 적은 곳
② 전단력이 적은 곳(1/4 지점)
③ 이음길이와 면적이 최소화되는 곳

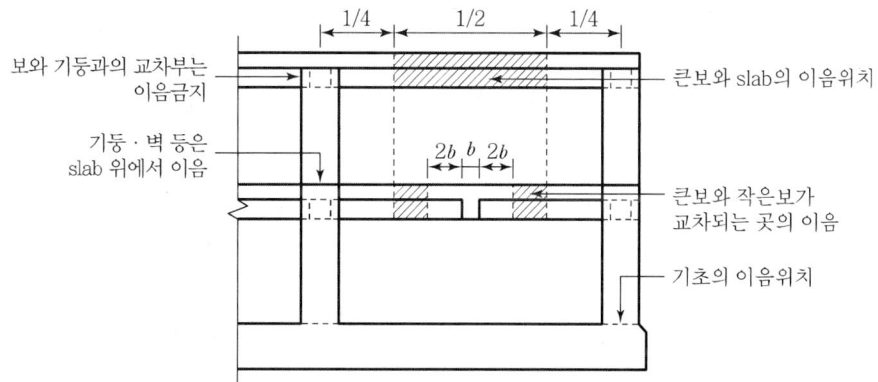

(3) 시공 시 유의사항

① 시공 시 Water Stop(지수판)을 사용하여 누수를 방지할 것
② 수화열, 온도변화, 건조수축 등에 유의하여 시공할 것
③ 전단력이 큰 곳은 가급적 시공을 피하거나 유의하여 시공할 것

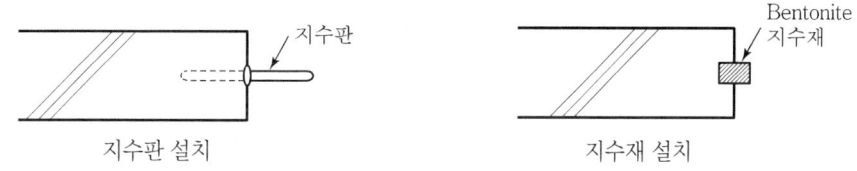

〈콘크리트 타설 전 이음부에 지수판 또는 지수재 설치〉

2) 신축이음(Expansion Joint)

(1) 정의

건축구조물의 온도변화에 따른 팽창 · 수축 혹은 부동침하 · 진동 등에 의해 균열 발생이 예상되는 위치에 설치하는 균열 방지를 위한 Joint이다.

(2) 설치 위치

① 건물의 기초가 상이한 부분
② 기존 건물의 증축 부위
③ 구조상 중량 배분이 다른 부분

(3) 시공 시 유의사항

① 온도변화가 큰 지역은 60m 이내, 작은 지역은 90m 이내마다 설치 고려
② 구조체의 형식, 기초의 연결형식, 횡방향 변위 등에 대한 고려
③ 온도변화 및 온도조절방식 고려

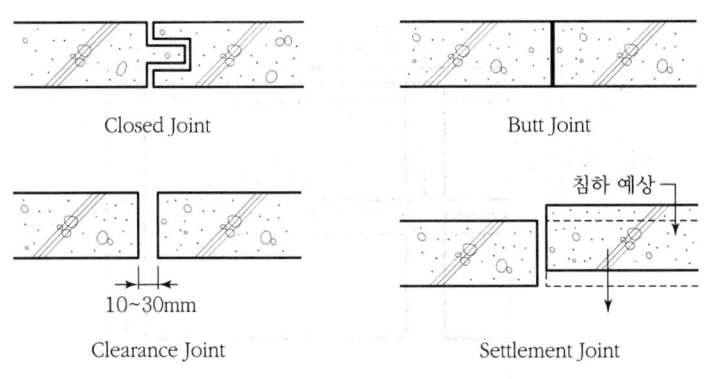

⟨Expansion Joint⟩

3) 수축줄눈(조절줄눈 : Control Joint, Dummy Joint)

(1) 정의

수축줄눈(Contraction Joint)이란 건조수축으로 인한 균열을 전체 벽면 중의 일정한 곳에서만 일어나도록 단면의 결손 부위로 유도하여 건축물의 외관 손상을 최소화하며, 이를 조절줄눈 또는 맹줄눈(旨줄눈, Dummy Joint)이라고도 한다.

(2) 설치 위치

① 외벽의 개구부 주위 ② 건축물의 코너 부위
③ 창·문틀 주위 ④ 배수구 및 기타 구멍 주위

(3) 시공 시 유의사항

① 깊이는 벽두께의 1/5 이상으로 해야 함
② 외벽의 색깔과 비슷한 코킹재를 사용해야 함
③ 코킹은 중간에 끊어지지 않게 연속적으로 시공해야 함

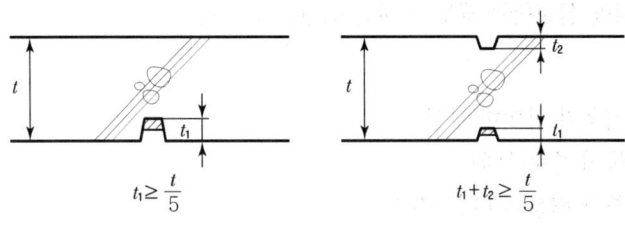

⟨Control Joint⟩

4) Slip Joint

(1) 정의

조적조와 Con'c 구조체는 온·습도 혹은 환경의 차이로 인하여 각각의 변위가 생기는데, 이때 Slip Joint를 설치하게 된다.

(2) 특징

① 이질재(조적조와 RC조)가 맞닿는 면에 설치
② 온도변화에 따른 팽창·수축 균열방지
③ 부재의 뒤틀림 등에 의한 균열방지

(3) 시공 시 유의사항

① Slab 온도변화에 따른 수축·팽창 시 균열 흡수
② 줄눈 설치 부위의 수평 유지
③ 시공 부위의 청소 철저

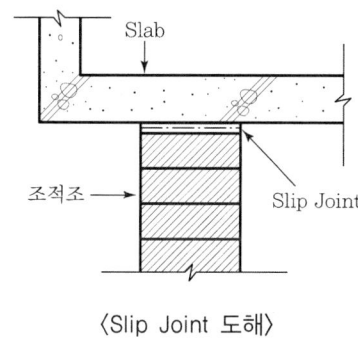

〈Slip Joint 도해〉   〈Delay Joint 슬래브 도해〉

5) Delay Joint

(1) 정의

장스팬의 구조물 시공 시 수축대(Shrinkage Strips, 폭 1m 정도 남겨 놓음)만 설치하고, 콘크리트 타설 후 초기 수축(보통 4주 후)을 기다렸다가 해당 부분을 콘크리트 타설하여 일체화함

(2) 특징

① 100m가 넘는 구조물에 유리함
② 구조체의 일부는 후공사가 됨
③ Joint가 1개소 증가함
④ 거푸집 존치기간이 길어짐

(3) 시공 시 유의사항

① Delay Joint 부분은 4주 후에 타설해야 함
② Delay Joint의 폭을 Slab는 1m 정도, 벽 및 보는 200mm 정도로 함
③ 온도응력이 문제가 될 경우는 완전히 분리하여 시공할 것
④ 폭이 넓은 경우는 무수축 Con'c를 사용함

4 Cold Jont 영향과 방지대책

영향	누수의 원인이 되어 철근의 녹 발생으로 콘크리트의 내구성을 저하시킨다.
방지대책	이어치기 시간 준수, 사전에 충분한 공정계획, 응결지연제 사용

5 결론

① 콘크리트 구조체가 온도변화나 건조수축 등에 의하여 균열 발생이 예상될 경우 방지 또는 유도를 제어할 목적으로 Joint를 설치한다.

② Joint는 설계 시부터 고려되어야 하며, 균열의 예상 크기, 온도응력 발생 정도, 구조물의 조건, 환경여건 등을 감안하여 적절한 공법을 선정해야 한다.

문제 37. 철근 콘크리트 구조의 내구성에 영향을 미치는 요인과 내구성 저하 방지대책에 대하여 설명하시오.

1 콘크리트 내구성의 일반사항
① 콘크리트 구조물의 성능저하 및 외력에 대해 저항하며, 요구되는 기능적·역학적 성능을 보유하는 능력이 구조물의 내구성이다.
② 콘크리트의 내구성을 저하시키는 주요 요인으로는 염해, 탄산화, 알칼리 골재반응, 동결융해 등과 시공 시 품질관리 부족 등이 있다.

2 염해의 메커니즘(원리)
Con'c 중에 염화물(CaCl)이나 염화물 이온(Cl^-)의 침입으로 철근을 부식시켜 구조체에 손상을 입히는 현상이다.

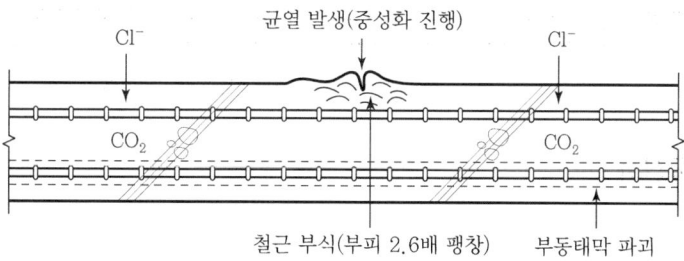

3 내구성 저하 원인 및 대책

1) 전기적 부식

(1) 정의

습윤상태의 철근 콘크리트 구조물에 전기 중 직류에 의해 콘크리트 속의 철근이 부식되는 현상을 말한다.

(2) 원인 및 대책

원인	대책
• 철근과 콘크리트의 부착강도 저하 • 철근 부식 발생 • 콘크리트의 열화 촉진	• 철근 콘크리트 구조체의 건조상태 유지 • 구조체 외부에 방수 시공 • Epoxy Coating 등 철근의 내식 처리

2) 염해

(1) 정의

Con´c 중에 염화물(CaCl)이나 염화물 이온(Cl^-)의 침입으로 철근을 부식시켜 구조체에 손상을 입히는 현상이다.

(2) 원인 및 대책

원인	대책
• 염화물 이온(Cl^-)의 영향 • 철근 피복두께의 부족 • 해사 사용(염분 규제치 이상)	• 콘크리트에 염분·기름·산·알칼리 등의 불순물이 없을 것 • 철근의 피복두께를 충분히 확보 • 염해에 강한 Cement 및 혼화제(AE제, AE 감수제)

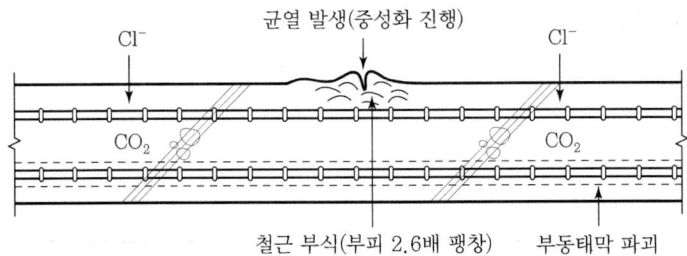

3) 콘크리트 중성화

(1) 정의

탄산가스·산성비 등의 영향으로 Con´c가 수산화칼슘(강알칼리) 상태에서 탄산칼슘(약알칼리) 상태로 변화하는 현상을 말한다.

(2) 원인 및 대책

원인	대책
• 탄산가스의 농도가 클 경우 • 물결합재비가 클 경우 • 산성비의 영향 또는 단기재령일 때	• 혼화제(AE제, AE 감수제 등) 사용 • 피복두께를 두껍게 할 것 • 부재단면을 크게 할 것

① 화학식

$Ca(OH)_2 + CO_2 \rightarrow CaCO_3 + H_2O$

② 관련 도해

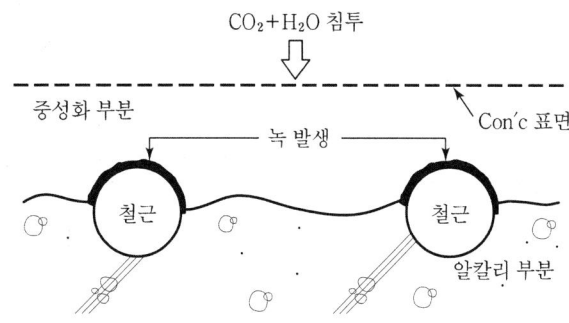

4) 알칼리 골재반응(AAR ; Alkali Aggregate Reaction)

(1) 정의

시멘트 중의 수산화 알칼리와 골재 중의 알칼리 반응성 물질(Silica · 황산염 등)과의 사이에서 일어나는 화학반응을 말한다.

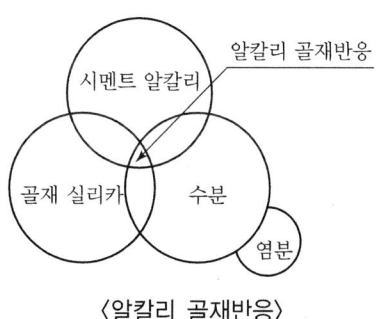

〈알칼리 골재반응〉

(2) 원인 및 대책

원인	대책
• 알칼리 반응성 물질(Silica, 황산염 등)의 양이 많은 경우 • 시멘트 중의 수산화 알칼리 용액의 양이 많은 경우	• 알칼리 골재반응에 무해한 골재 사용 • 저알칼리형의 Cement 사용 • 포졸란, 플라이 애시 등 사용

5) 동결융해

(1) 정의

미경화 Con'c의 온도가 0℃ 이하일 때 Con'c 중의 물이 얼어 있다가 외기온도가 따뜻해지면 얼었던 물이 녹는 현상을 말한다.

(2) 원인 및 대책

원인	대책
• 콘크리트 중의 자유수가 있을 때 • 흡수율이 큰 골재 사용(연석 등)의 경우 • 혼화제를 사용하지 않은 경우	• Con´c 내부에 연행공기(4~6%) 시공 • AE제, AE 감수제 사용 (동결융해 300회 반복에 90% 이상 강도 유지) • 물끊기, 물흐름 구배 등 시공

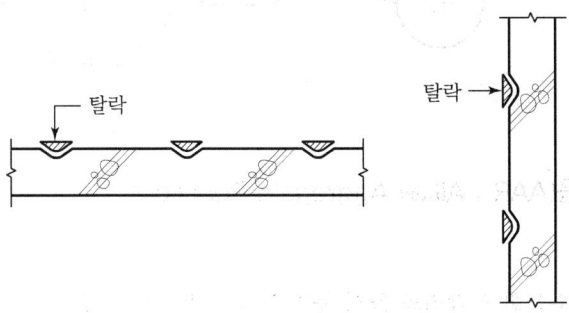

〈Pop Out 현상 발생도〉

6) 온도변화

(1) 정의

Con´c가 급격히 건조하게 되면 Con´c 표면과 Con´c 내부의 건조수축 차이에 의해 Con´c 표면에 인장응력이 발생하는 현상을 말한다.

(2) 원인 및 대책

원인	대책
• Con´c 온도와 외기온의 차가 클수록 발생함 • 단면치수가 클수록(Mass Con´c) 발생함 • 수화발열량이 클수록 발생함	• 중용열 Cement 사용으로 수화열 저감 • Fly Ash 등의 혼화재 사용 • Pre Cooling, Pipe Cooling 적용

7) 건조수축(Drying Shrinkage)

(1) 정의

콘크리트 경화 후 콘크리트 속의 잉여수가 증발하면서 콘크리트의 체적이 감소하는 현상을 말한다.

(2) 원인 및 대책

원인	대책
• 분말도가 높은 Cement 사용 시 • 불량한 입도의 골재, 흡수율이 큰 골재 사용 시 • 경화촉진제의 혼화제 사용 시	• 중용열 Portland Cement 사용 • 수축줄눈(Contraction Joint) 설치 • 굵은골재 최대 치수가 큰 것 사용

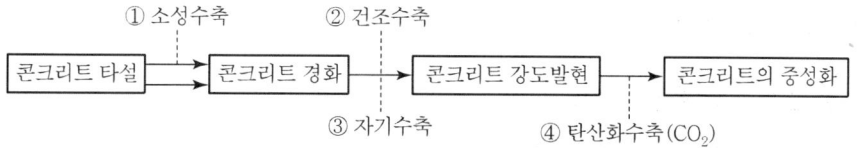

8) 소성수축균열

(1) 정의

미경화 콘크리트가 건조한 바람이나 고온저습한 외기에 노출되었을 경우 급격한 증발건조에 의해 콘크리트의 체적이 감소하는 현상을 말한다.

(2) 원인 및 대책

원인	대책
• 물의 증발속도가 $1kg/m^2/h$ 이상일 때 • Bleeding이 적은 된비빔의 Con'c일 때 • 건조한 바람이 심하게 불 경우	• 골재는 충분한 습윤 후에 사용 • Plastic Sheet로 보호 • 습윤 손실방지용 PE 필름+부직포+물축임 필요

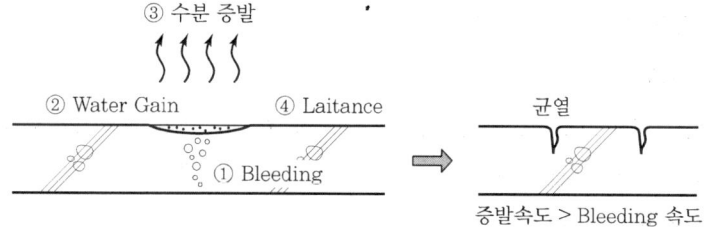

〈소성수축균열 Mechanism〉

9) 탄산화수축

(1) 정의

탄산화수축이란 공기 중 탄산가스(CO_2)에 의한 시멘트 수화물의 탄산화작용으로 콘크리트 등 시멘트 수화물이 수축하는 성질을 말한다.

(2) 원인 및 대책

원인	대책
• 분말도가 높은 시멘트 사용 시 • 불량한 입도의 골재 사용 시 • 경화촉진제, 염화칼슘제 등의 사용 시	• 중용열 Portland Cement 사용 • 조절줄눈(Control Joint) 설치 • 흡수율이 작은 골재 사용

4 내구성 시험의 종류

1) 철근 부식도(철근 부식)
① 전위차 측정법(Current Method)
    인공적인 전위차를 가하여 부식전류의 값을 정량적으로 측정
② 자연전위 측정법(Half-cell Potential Method)
    콘크리트에서 철근의 부식 여부 파악을 위해 사용, 사용성 우수

2) 염분침투 저항성(염해)
① 전기전도도에 의한 시험(염소이온 투과시험)
    염소이온의 투과량을 전압의 크기로 측정
② 장기침지에 의한 시험
    둑(dam)이 있는 특수한 시험체를 구성, 내부에 3% 염화나트륨 용액을 투입하여 90일간 침지 후 염분침투의 깊이를 측정

3) 탄산화(중성화)
페놀프탈레인 0.1% 용액을 이용하여 콘크리트의 탄산화 깊이를 측정

4) 동결융해(동해)
① 콘크리트 시편에 간극수의 빙점 이하 및 이상 온도를 주기적으로 가하여 시험
② 손상정도는 초음파 속도법이나 공명진동수 측정법으로 측정

5) 내황산염(화학적 침식)
5% 황산나트륨용액에 양생한 시편을 침지하여 시공경과에 따른 길이변화, 중량저하를 측정

6) 알칼리 골재반응
① 골재의 알칼리 잠재반응 시험(화학적 시험법)
② 시멘트와 골재의 배합에 따른 알칼리 잠재반응 시험(모르타르봉 시험방법)

5 결론
중성화를 방지하기 위해서는 고품질 Concrete 생산에 대한 기술투자 확대 및 고성능혼화제 개발과 양질의 재료를 선정하는 것이 중요하다.

문제 38
일정상 공정이 지연되어 부득이 일평균 기온이 25℃ 또는 최고 온도가 30℃를 초과하는 하절기 콘크리트 공사에서 발생하는 문제점과 조치방안에 대하여 설명하시오.

1 서중 콘크리트의 개요
① 하루 평균 기온이 25℃가 넘을 경우 또는 1일 최고 기온이 30℃가 넘을 경우에 타설되는 콘크리트를 서중 콘크리트라 한다.
② 서중 Con´c란 하루 평균 기온이 25℃를 초과하는 시기에 시공하는 콘크리트로서 Slump의 저하, 수분의 급격한 증발 등으로 인하여 시공할 때 복합적인 결함이 발생되기도 한다.

2 서중 콘크리트의 배합 제조 원리

재료	도해	배합관리
골재	(차양막, 살수)	• 가능한 낮은 온도 유지 • 골재 온도 ±2℃ → 콘크리트 온도 ±1℃
물	얼음(녹은 후 사용), 단열, 저수조	• 낮은 온도의 배합수 사용 • 얼음 사용 가능 • 물 온도 ±4℃ → 콘크리트 온도 ±1℃
시멘트	Cement Silo	• 낮은 온도의 Cement 사용 • Cement 온도 ±8℃ → 콘크리트 온도 ±1℃
혼화제	시멘트 입자, 활성체	감수제, AE 감수제 사용 응결지연성 혼화제 사용

❸ 기온이 25~30℃ 초과 시 문제점 발생에 대한 고찰

1) 콘크리트 온도 10℃ 상승 시 단위수량 증가
콘크리트 온도 10℃ 상승으로 2~5% 증가 / 강도 및 내구성 저하

2) 온도상승 시 Slump 25mm 감소
콘크리트 온도가 10℃ 상승하면 Slump는 25mm 감소

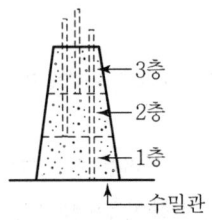
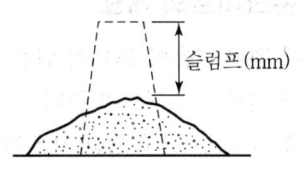

3) 막힘현상(Plug 현상) 발생
콘크리트 중의 수분이나 페이스트 등을 탈수·분리함으로써 압송부하가 증가됨

4) 온도상승 시 공기량 2% 감소
콘크리트 온도가 10℃ 상승하면 공기량은 2% 감소함

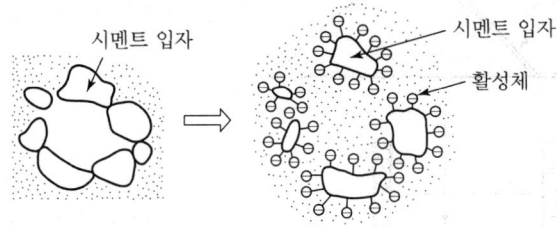

5) 온도상승 시 작업성, 마감성 저하
응결시간 단축으로 작업성과 마감성이 저하됨

6) 물결합재비 증가로 강도 및 내구성 저하
초기 고온에 의한 장기강도 저하 / 물결합재비 증가

7) 수화열 증가로 균열의 증가
Bleeding의 증발속도보다 수분의 증발이 더 빨라 소성수축 균열이 생김

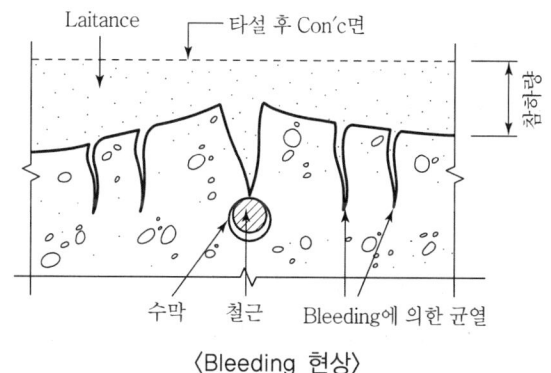

〈Bleeding 현상〉

4 조치방안

1) 재료

(1) 청정수
① 낮은 온도의 배합수 사용 / 얼음 사용 가능
② 물 온도 ±4℃ → 콘크리트 온도 ±1℃

(2) Cement
① 중용열 Portland Cement를 사용 / 낮은 온도의 Cement 사용
② Cement 온도 ±8℃ → 콘크리트 온도 ±1℃

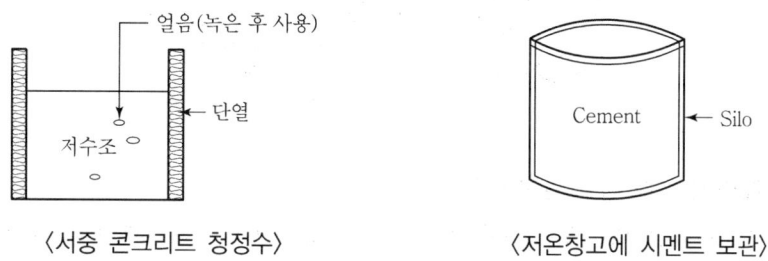

〈서중 콘크리트 청정수〉　　　〈저온창고에 시멘트 보관〉

(3) 골재
① 가능한 낮은 온도 유지
② 골재 온도 ±2℃ → 콘크리트 온도 ±1℃

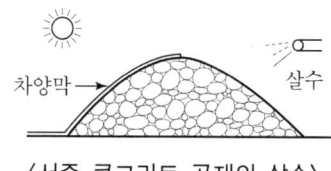

〈서중 콘크리트 골재의 살수〉

(4) 혼화제

　① 응결지연제를 사용하여 응결 지연
　② AE제, 분산제 등을 사용하여 시공성 향상

2) 배합

(1) 물결합재비를 낮출 것

　① 시공성을 감안하여 물결합재비를 낮춰야 함
　② 물결합재비 감소 대신 혼화제를 사용하여 시공연도를 좋게 함

(2) 180mm 이하로 Slump치 조절

　일반적으로 특기시방서에 표시가 없는 경우는 슬럼프를 180mm 이하로 함

(3) AE 감수제를 통한 Slump치 조절

　혼화제를 사용하면 소요 Slump는 최소화하고, 작업성은 용이해짐

3) 시공관리

(1) 시공성 저하방지 AE 감수제 사용

　운반중에 Consistency의 저하를 방지하기 위해 AE 감수제를 사용함

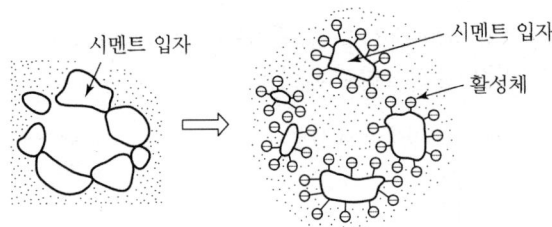

(2) 레미콘 발주 시 타설온도 관리

　① 콘크리트의 온도는 평균 기온보다 5℃ 정도 높으며 운반과정에서도 2~4℃ 상승하므로 확인 필요
　② 레미콘 발주 시 온도를 명시해야 함

(3) 일정한 슬럼프치 유지

　Slump치를 일정하게 유지 시 콘크리트 온도 10℃ 상승에 단위수량 6kg/m³ 증가함

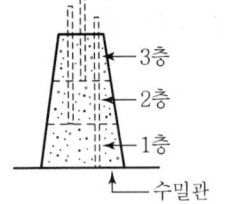 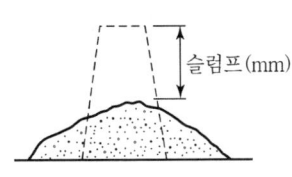

(4) 타설 종료까지 90분 이내가 되도록 관리

콘크리트 비빔에서 타설 종료까지 90분 이내가 되도록 관리

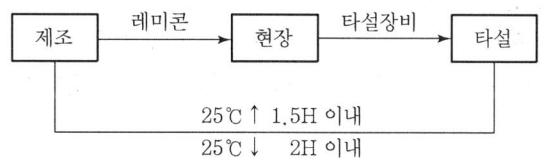

(5) 거푸집에 살수하여 수분증발 방지

타설 접합면, 거푸집은 콘크리트 타설 직전 습윤상태를 유지해야 함

(6) 응결지연제 첨가로 응결시간 조절

수화반응속도는 온도가 높을수록 빠름 / 응결지연제 첨가

(7) 수화열 증가로 인한 균열 방지 조치

① 타설 시 온도관리로 소성수축균열을 방지할 것
② 지속적인 습윤상태로 건조수축균열을 방지할 것

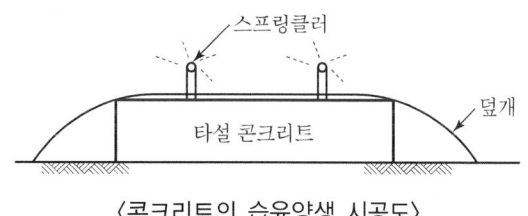

〈콘크리트의 습윤양생 시공도〉

5 양생관리방안

1) 타설 후 24시간 동안 초기 양생

타설 후 24시간 동안 노출면 건조 방지 / 5일 이상 습윤상태 유지

2) 오랫동안 습윤상태 유지

습윤 양생 상태가 오랫동안 지속될수록 콘크리트의 강도 및 내구성은 증대됨

3) 직사광선 차단을 위해 차양막 설치

타설 후 콘크리트 표면을 직사광선에 의한 건조로부터 보호하기 위하여 차양막 설치 필요

4) 표면건조를 방지하기 위해 Sprinkler(스프링클러) 작동

① 표면의 건조가 예상되면 Sheet 등을 덮고 살수할 것
② Con'c 표면의 건조를 최대한 늦춰야 함

6 결론

① 서중 콘크리트는 타설 시 수화열을 낮게 하고, 초기 양생은 5일 이상 습윤양생을 실시하여 경화 전 건조수축 때문에 발생하는 균열 방지가 중요하다.

② 서중 콘크리트 타설 시 응결지연혼화제 사용, Pre Cooling 적용이 검토되어야 하며, 한낮의 더위를 피하여 기온이 떨어지는 저녁시간에 콘크리트를 타설하는 것이 유리하다.

문제 39 동절기 콘크리트 공사 시 초기 동해 발생원인 및 방지대책에 대하여 설명하시오.

1 초기 동해의 개념

① 초기 동해란 경화 초기에 모르타르나 콘크리트의 공극수가 동결과 융해를 반복하며 콘크리트의 수화조직을 약화시켜 내구성을 저하시키는 현상이다.
② 공극수가 동결되면 체적팽창(9%)이 발생하며, 얼었던 물이 녹은 후 재동결되면 주변 용존 알칼리의 농도를 증가시켜 체적팽창이 더욱 가속되므로 동결융해의 반복은 골재와 경화 시멘트 페이스트의 탈락 및 박리의 원인이 된다.

2 콘크리트 초기 동해 Mechanism

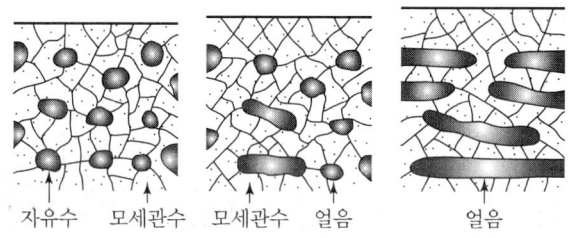

자유수 모세관수   모세관수 얼음   얼음

① 콘크리트 내부에 존재하는 공극이 포상상태
② 빙점 이하로 온도 저하
③ 모세관공극 내부수 동결
④ 주변 모세관수 이동 및 빙설 확대

3 초기 동해의 발생원인 및 방지대책

1) 발생원인

   (1) 보통 포틀랜드 시멘트 사용

   레미콘의 배합 시멘트가 보통 포틀랜드 시멘트 사용으로 동결융해

   (2) 0℃ 이하의 경우 골재 미가열

   동결, 빙설이 혼입된 골재는 사용 금지

   (3) 응결경화촉진제 미사용

   AE제, AE 감수제 미사용 및 경화촉진제 누락

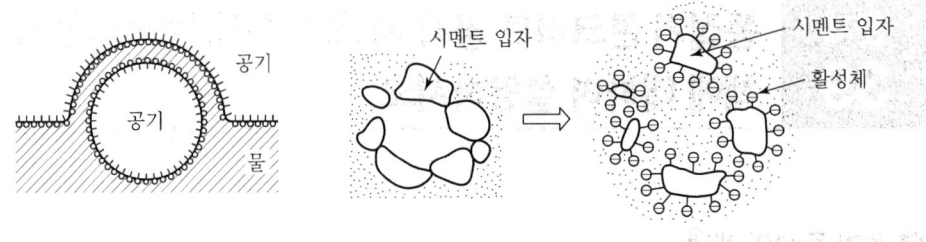

〈감수제의 분산작용〉　　　　　〈AE제의 기포작용〉

(4) 타설 중 레미콘 공급 지연
현장 대기시간 지연 및 최종 타설 완료 시간 초과

(5) 거푸집 및 장비 보양 불량
① 거푸집의 보온상태 불량
② Pump 배관 연결 및 보온 준비 불량

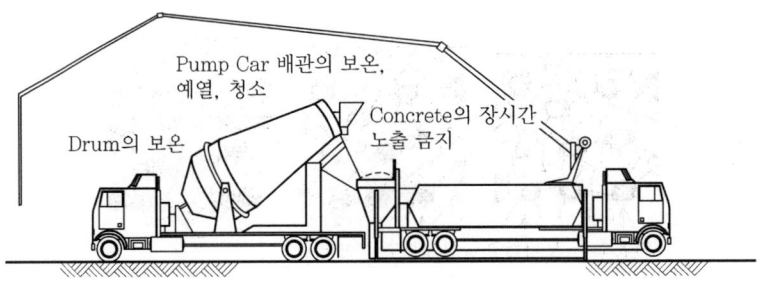

(6) 타설중 눈 등 혼입 및 초기 양생 불량
거푸집 내에 결빙된 눈 미제거 및 초기 양생 계획 미흡

2) 방지대책

(1) 재료의 관리
① 재료 가열
- 일평균 기온 4℃ 이상일 때 : 보통 시공법에 따름
- 일평균 기온 0~4℃일 때 : 타설한 콘크리트 보호
- 일평균 기온 -3~0℃일 때 : 물만 가열 또는 물과 골재 가열
- 일평균 기온 -3 이하일 때 : 물 및 골재를 가열하여 콘크리트의 온도를 올림

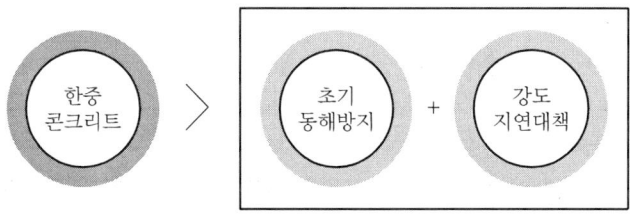

② Hopper 위의 콘크리트 장시간 노출 금지
　일평균 0℃ 이하의 경우 장시간 호퍼 위에 콘크리트 노출 시 동결융해 우려
③ 연속타설이 가능하도록 배차계획 철저
　사전에 레미콘 공장 2개소와 긴밀히 연락하여 연속타설이 가능하도록 배차계획 철저히 할 것

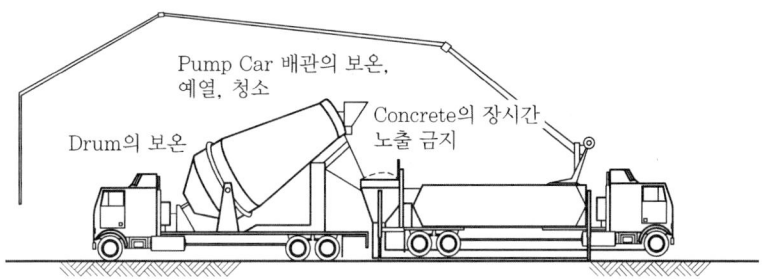

(2) 타설 전 시공관리

① 열전도율이 낮은 거푸집 사용
　열전도율이 낮은 재료(목재) 사용 및 콘크리트를 보온 조치할 것
② 철근 및 거푸집의 빙설 제거
　철근 및 거푸집에 있는 빙설 제거 / 하부 동결 부위는 해동 후 타설

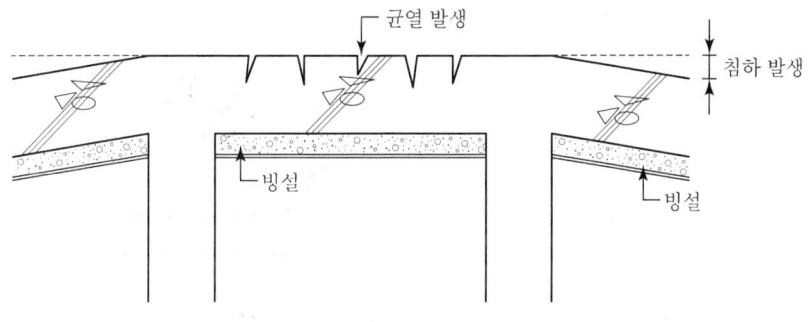

〈철근 및 거푸집의 빙설 제거〉

(3) 타설 중 시공관리

① Pump Car 배관의 예열 및 보온 조치
  Pump Car 배관의 예열 및 보온 조치 실시
② Hopper 위의 콘크리트 장시간 노출 금지
  일평균 0℃ 이하의 경우 호퍼 위의 콘크리트 장시간 노출 시 동결융해 우려
③ 연속타설이 가능하도록 배차계획 철저
  사전에 레미콘 공장 2개소와 긴밀히 연락하여 연속타설이 가능하도록 배차계획을 철저히 할 것

(4) 타설 후 시공관리

① 적정타설 시간대 설정(09:00~16:00)
  - 햇볕이 난 후에 타설하는 것이 좋음
  - 적정타설 시간대는 09:00~16:00가 적절함
② 콘크리트 온도는 10℃ 이상 되도록 유지
③ 타설 후 블리딩수 제거
  - 보온양생으로 콘크리트 표면을 보호할 것
  - 타설 후 블리딩수를 제거할 것

4 한중 콘크리트의 양생관리방안

1) 초기 양생계획 수립
① 양생온도와 양생기간
② 보온 양생방법 결정

2) 양생방법
① 단열 보온 양생 : 수화열 보존, 비닐·시트로 표면 보호
② 가열 보온 양생 : 인위적 가열

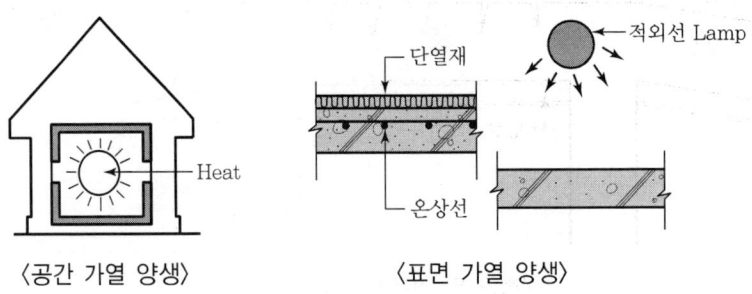

〈공간 가열 양생〉　〈표면 가열 양생〉

3) 냉각되지 않도록 계획한 양생온도 유지

단열 보온 양생 시 국부적으로 냉각되지 않도록 계획한 양생온도를 유지할 것

4) 가열 보온 양생 시

① 급격 건조 방지, 시험 가열 실시
② 공간 가열, 난방기구, 전기양생, 증기양생

5) 초기 양생은 압축강도 5MPa가 될 동안 0℃ 이상 유지

① 타설 후 압축강도 5MPa가 될 동안 0℃ 이상 유지해야 함
② Mass Con'c는 내·외부 온도 차이가 크지 않게 함

6) 적산온도 관리

비빈 후부터 양생온도와 경과기간의 곱의 적분함수로 나타낸 것

$$M(°D \cdot D) = \sum_{z=1}^{n}(\theta z + 10)$$

여기서, M : 적산온도(°D×D 또는 °D×日)
n : 구조체 콘크리트의 강도관리 재령(일)
θ : 콘크리트의 일평균 양생온도(℃, °D, degree)
z : 재령(日, day)
θz : 재령 z에 있어서 콘크리트의 일평균 양생온도(°D×D 또는 ℃×日)

5 결론

① Con'c의 동해는 한중 Con'c 타설 시 발생하는 피해로, 초기 동해를 입지 않도록 재료의 가열과 보온양생 실시 등의 초기 양생관리에 중점을 두어야 한다.
② 재료, 배합, 시공관리, 양생, 보온 등 전 작업 과정에서 품질관리를 철저히 시행하여야 한다.

문제 40. 매스 콘크리트의 온도균열발생 메커니즘(Mechanism)과 균열방지대책에 대하여 설명하시오.

1 온도균열의 일반사항

① 온도균열은 온도구배에 의해 발생하는 균열로, 콘크리트 타설 초기, 즉 콘크리트의 강도발현이 충분치 않은 시점에서 발생하므로 콘크리트 강도·내구성·수밀성 등에 악영향을 미치는 요인이 된다.

② 온도균열에는 내부 구속에 의한 균열과 외부 구속에 의한 균열이 있다.

2 온도균열의 메커니즘(균열발생 원인 해당)

1) 내부 구속에 의한 균열

(1) 의의

구조체의 내·외부 온도 차이에 의해 발생하는 균열이다.

(2) 균열발생 과정

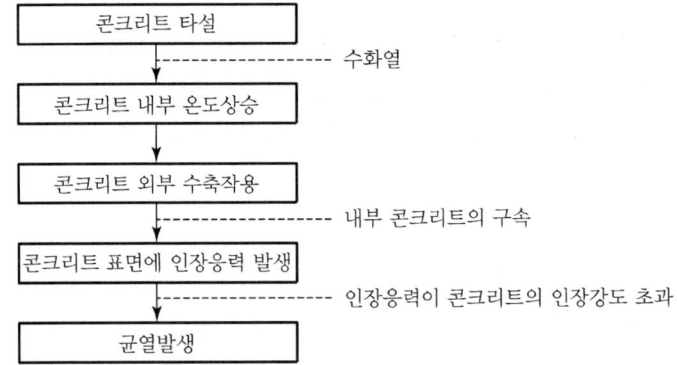

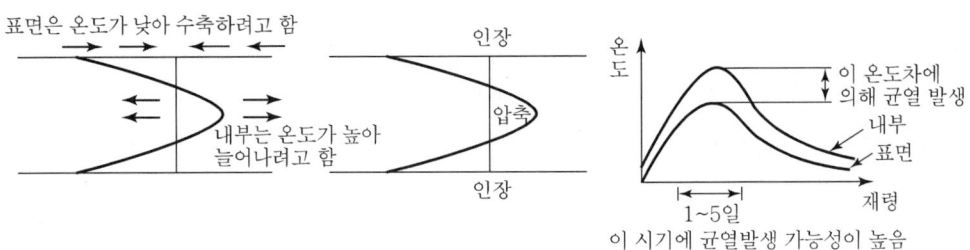

〈콘크리트 단면 내 온도분포〉 〈콘크리트 단면 내 응력분포〉 〈균열발생 시기〉

2) 외부 구속에 의한 균열

(1) 의의

구조체가 콘크리트 타설 후 온도상승에 의해 팽창되었다가 온도하강 시 수축할 때 지반 또는 기 타설된 콘크리트에 의해 구속되어 발생하는 균열이다.

(2) 균열발생 과정

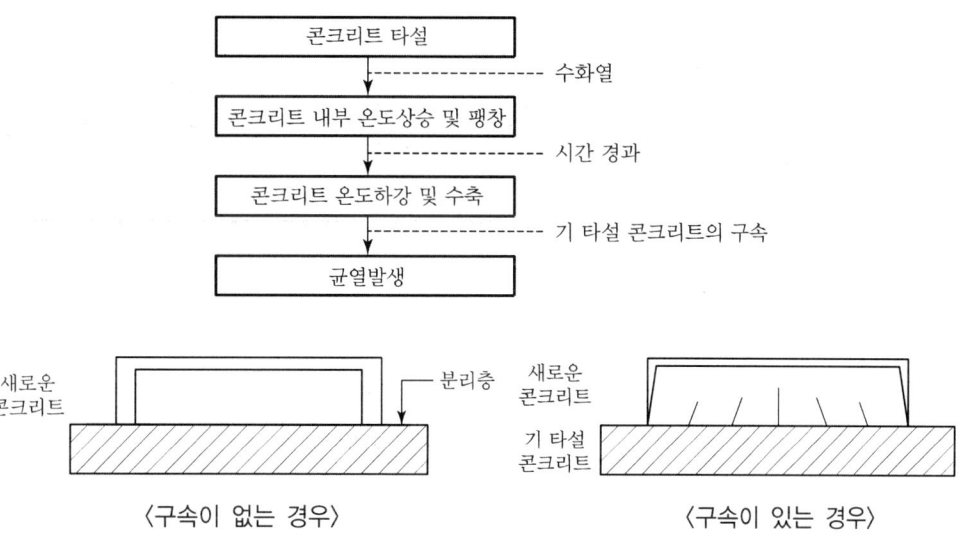

❸ 온도균열 방지대책

1) 재료의 Pre Cooling

재료	도해	배합관리
골재		• 가능한 한 낮은 온도 유지 • 골재 온도 ±2℃ → 콘크리트 온도 ±1℃
물		• 낮은 온도의 배합수 사용 • 얼음 사용 가능 • 물 온도 ±4℃ → 콘크리트 온도 ±1℃

재료	도해	배합관리
시멘트	Cement — Silo	• 낮은 온도의 Cement 사용 • Cement 온도 ±8℃ → 콘크리트 온도 ±1℃
혼화제	시멘트 입자, 시멘트 입자, 활성체	• 감수제, AE 감수제 사용 • 응결지연성 혼화제 사용

2) 배합

(1) 물결합재비
① 시공성이 확보되는 한도 내에서 최대한 적게 한다.
② 단위수량이 적어지는 대신에 혼화제를 사용한다.

(2) Slump치
① 일반적으로 Slump치는 150mm 이하로 한다.
② 단위시멘트량은 증가하나 Pozzolan 등의 첨가로 수화발열량을 낮출 수 있다.

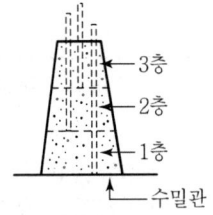
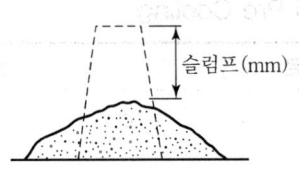

3) 건축구조적 검토방안 수립

(1) 온도균열지수 상향
온도균열폭을 제어하기 위해 온도균열지수를 높인다.

① 온도균열지수(I_{cr}) = $\dfrac{\text{인장강도}}{\text{온도응력 최댓값}}$

② 온도측정방법
• 설치개수 : 온도측정계는 구간별로 6개를 설치한다.

- 설치방법

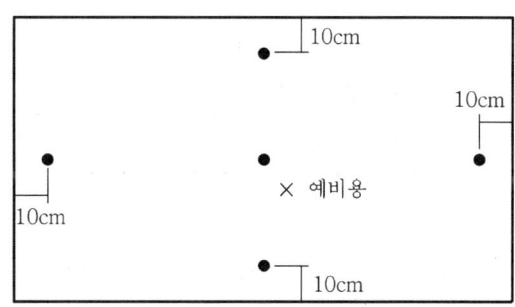

〈온도측정계 설치구간〉

- 정가운데 1개를 설치하고 4변에 각 1개씩 설치하며, 정가운데 근처에는 중앙온도측정계의 손상에 대비하여 예비용으로 1개 더 설치한다.
- 4변에 설치되는 온도 측정계는 외면에서 각각 10cm 띄워서 설치한다.
- 예비용은 정가운데 설치된 온도측정계가 콘크리트 타설시 이동, 변형 및 파손에 대비하는 것이다.

(2) 가는 철근을 분산시켜 배근
가는 철근을 분산 배근하여 콘크리트의 시멘트 모세관공극이 없도록 조치한다.

(3) 평형철근비보다 철근비 상향
구조체의 인장력을 강화하기 위한 철근비 조정을 한다.

(4) 수축줄눈 및 신축줄눈 설치로 전단보강

4) 시공

(1) 타설속도를 조정 / 연속타설
타설속도를 조정하고, 연속타설하며, 온도를 측정한 슈퍼 프린터 확인

(2) 건조수축에 의한 균열 방지 Control Joint 설치
연속타설로 Cold Joint 및 건조수축 균열 방지

(3) 내·외부의 온도 차이가 25℃ 이하가 되도록 온도관리

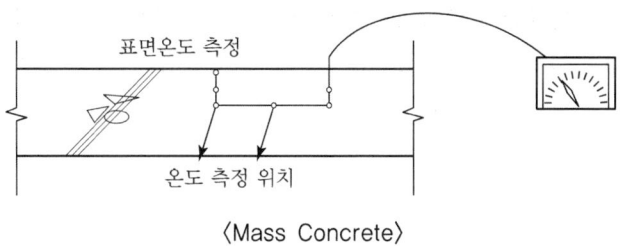

〈Mass Concrete〉

(4) 3~4회 이상의 콘크리트 분할타설

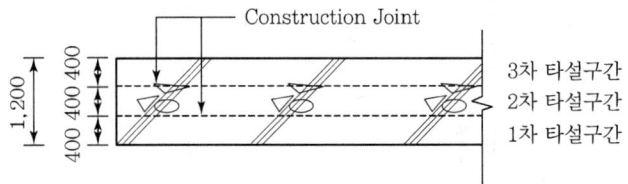

① 1차 타설 후 2차 타설까지의 시간 간격은 수화열이 저감되는 5일 이후 타설
② 타설이음면 처리 철저로 일체화 시공

(5) 단열성 있는 거푸집 사용 및 해체기간 연장

(6) 거푸집 옆면의 해체도 가능한 늦게(표면냉각 방지) 실시

대기에 면하는 표면은 보온처리하고, 거푸집 옆면의 해체도 가능한 한 늦게 할 것

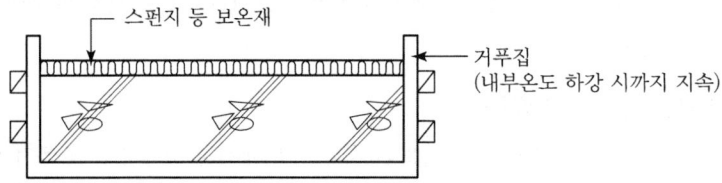

(7) 균열유발 줄눈 설치

설치간격은 4~5m 정도로 하고, 단면감소율은 20% 이상으로 한다.

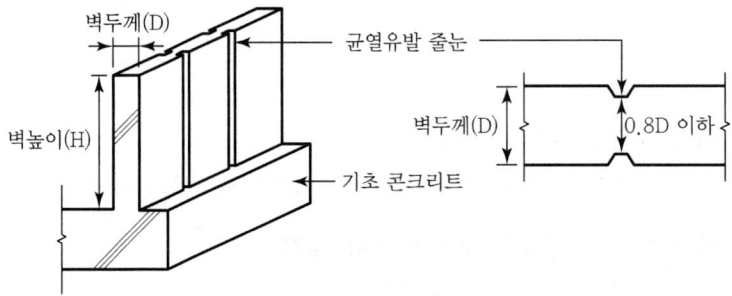

(8) Pipe Cooling

① Con'c 타설 전에 25mm Pipe를 수평으로 배치하고, 냉각수를 통과시킬 것
② 냉각 Pipe는 타설 전에 누수검사를 하고, 2~3주 동안은 콘크리트의 소요온도를 유지할 것

4 결론

① Mass Con′c의 균열은 단면치수 과대, 내·외부 온도차, 배근상태, 구속의 조건 등 복합적인 작용에 의해 발생한다.
② 수화열에 의한 균열 방지는 재료, 배합, 시공, 양생 등 시공상의 대책과 보강근 배치계획 등 설계상의 대책이 검토되어야 한다.

CHAPTER 07
PC 및 커튼월 공사

문제 41. 합성 슬래브(Half Slab)의 일체성 확보 방안과 공법 선정 시 유의사항에 대하여 설명하시오.

1 합성 슬래브의 일체성 확보방안 일반사항

① 합성 Slab란 하부는 공장생산된 PC판을 사용하고, 상부는 현장타설 Con´c로 일체화하여 바닥 Slab를 구축하는 공법으로, 설계단계에서부터 공법의 적용성 파악·양중계획·공정계획 등의 종합적 검토가 필요하다.

② Half PC Slab는 얇기 때문에 PC판 자체를 보강해야 하고, 현장타설 Con´c와 일체화시켜야 하기 때문에 타설이음면에 일체성을 확보할 수 있는 전단철근을 설치하거나 PC판 표면에 요철 등으로 타설접합면의 일체성을 확보해야 한다.

2 전단연결철물의 단면 시공도 및 기대효과

1) 전단연결철물의 단면 시공도

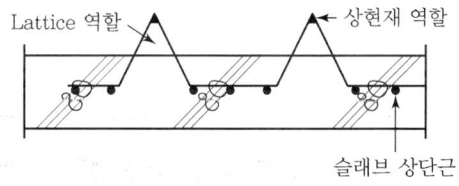

2) 적용 시 기대효과

① 거푸집의 가설 및 해체 작업 불필요
   PC 공장에서 직접 프리캐스트로 제작하여 거푸집 공정이 불필요하다.
② 작업공간 확보에 따른 작업능률 향상
   PC 기둥, 보 등의 야적장이 필요하다.
③ 초고층 및 장스팬 공사에 적용
   초고층 지하공사 시 적용 가능하고, 장스팬 공사에 적용한다.
④ 재래식 공법보다 공사기간 단축
   재래식 거푸집에 의한 구조체 축조에 비해 공사기간이 단축된다.
⑤ 인건비 절감
   PC 기둥, 보 등의 조립으로 성력화가 가능하다.
⑥ 보 없는 Slab 가능
   장스팬 공사에 보 없는 Slab가 가능하다.
⑦ 타설접합면의 일체화 부족 단점 보완 가능
⑧ 수직·수평(VH)분리 타설 시 작업공정 증가

③ Half PC 공법의 접합부 도해

1) 구조형상
Half PC판과 현장타설 콘크리트를 합성한 공법

① Flat Slab(Solid Slab)　　　　② Void Slab(Hollow Slab)

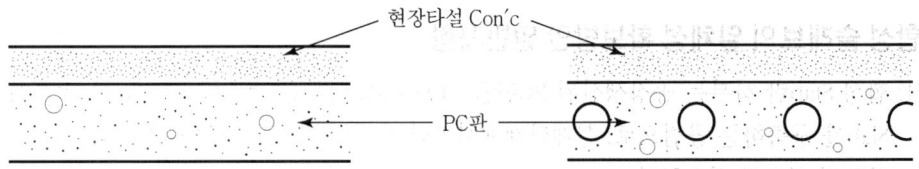

③ Rib Slab　　　　④ 절판 Slab

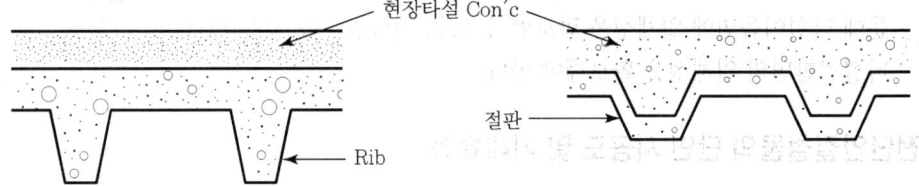

2) 전단철근
Half PC판과 현장타설 콘크리트의 구조적 일체성을 위해 전단철근 시공

① Dübel　　　② Spiral　　　③ Truss

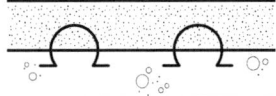 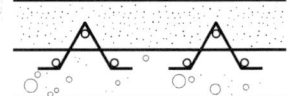

3) 타설접합면 처리
Half PC판과 현장타설 콘크리트의 일체화를 위해 필요

① 거친면 마감　　　② 전단 Key

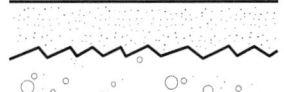 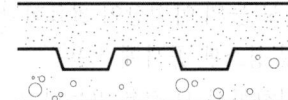

④ Half PC 공법 선정 시 유의사항

1) 합리적 공법으로 현장과의 연계성 고려
공법 적용 시 제작, 양생기간 등을 예상하여 현장과의 연계성을 고려해야 한다.

2) 구조물 연쇄붕괴 방지

① 사전 구조검토 및 Simulation을 실시하여 구조물의 붕괴를 방지한다.
② 층별 구별화 및 구조계산 시 보강하여 구조물의 붕괴를 방지한다.

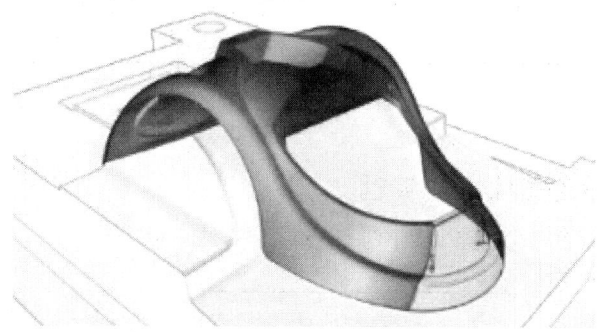

〈사전 구조검토 및 Simulation 실시 예〉

3) 접합부 보강방안 수립

① 수직부 철근의 겹침이음 및 용접이음으로 시공한다.
② Stud Bolt 등을 사용하여 연속성을 부여한다.

　㉠ 철골조 Stud Bolt　　　　　　　　　㉡ 석재의 Stud Bolt

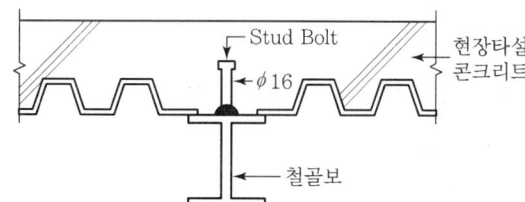 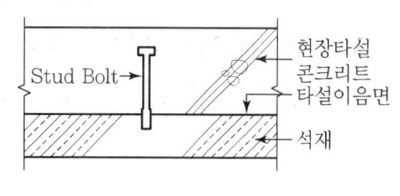

4) 공장제작과 양생기간에 따른 예상치 대책 수립

공장제작과 양생기간에 따른 예상 계획이 필요하고, 관리감독자를 배치해야 한다.

5) 균열발생 방지를 위한 양생관리

① Topping 콘크리트 타설 후 양생기간을 준수해야 한다.
② 탈형, 운반과 진동, 충격으로 인한 균열발생 방지 및 억제 대책이 필요하다.

6) Insert 매입공법 선정

① PC 부재의 자중에 견딜 수 있는 강도를 확보해야 한다.
② 횡력 저항 및 설치 시 용이하게 매입 가능하다.

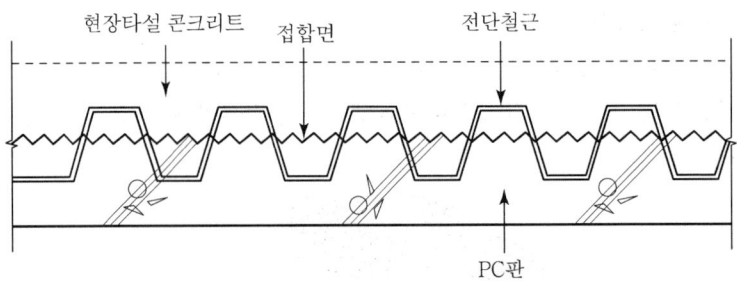

7) PC 반입 시 제품성적서, 오차 확인

Plate와 Plate의 간격이 5mm 이상일 때 Filler를 채워야 한다.

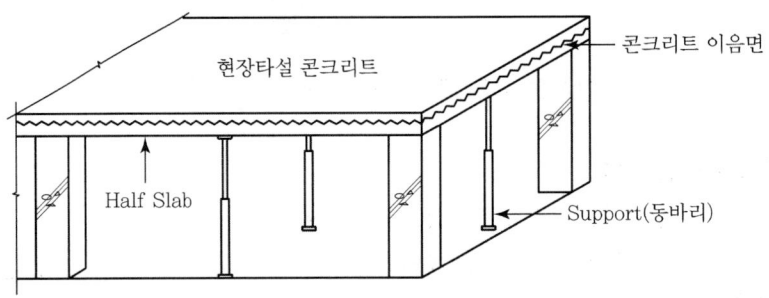

8) 적정 양중장비 계획 및 배치

양중 시 부재의 종류, 무게, 작업반경, 양중속도 등을 고려해야 한다.

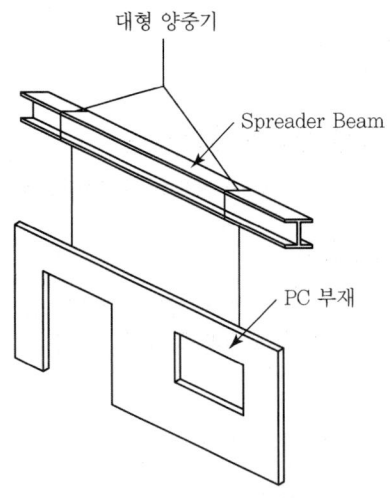

5 결론

① Half PC 공법은 설계단계에서부터 공법의 적용성 파악, 양중계획, 공정계획 등의 종합적 검토가 필요하다.
② 탈형, 운반, 양중 및 현장 콘크리트 타설 시 균열발생에 유의해야 하며, PC판과 현장타설 콘크리트의 접합면 일체화가 품질관리의 주요점이다.

문제 42. Curtain Wall 공사의 종류별 시공 특성과 Fastener 방식의 종류별 특성을 비교·설명하고, 시공 시 유의사항을 기술하시오.

1 Curtain Wall 공사

① Curtain Wall은 건축물 외벽의 경량화가 가능하고, Pre-fab에 따른 건식화와 현장시공의 기계화에 따른 성력화를 이룰 수 있는 공법으로, 지지재 및 부착부품에 따라 외관 형태별로 분류할 수 있다.
② 시공방법에는 Stick · Unit · Unit & Mullion · Panel System이 있으며, Fastener의 설치방식에는 Sliding Type, Locking Type, Fixed Type 등이 있다.

2 Curtain Wall 응력전달체계의 이론적 메커니즘

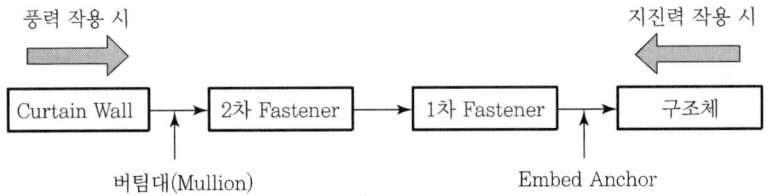

3 Curtain Wall 공사의 종류별 시공 특성

1) Stick System

   (1) 의의

   ① Curtain Wall 각 구성부재를 현장에서 하나씩 조립하여 설치하는 시스템
   ② 단위부재를 현장에서 조립하므로 Knock Down System이라고도 함

(2) 시공순서

구조체 앵커링 ⇨ 수직 Bar 설치 ⇨ 수평 Bar 설치 ⇨ 마감재 설치

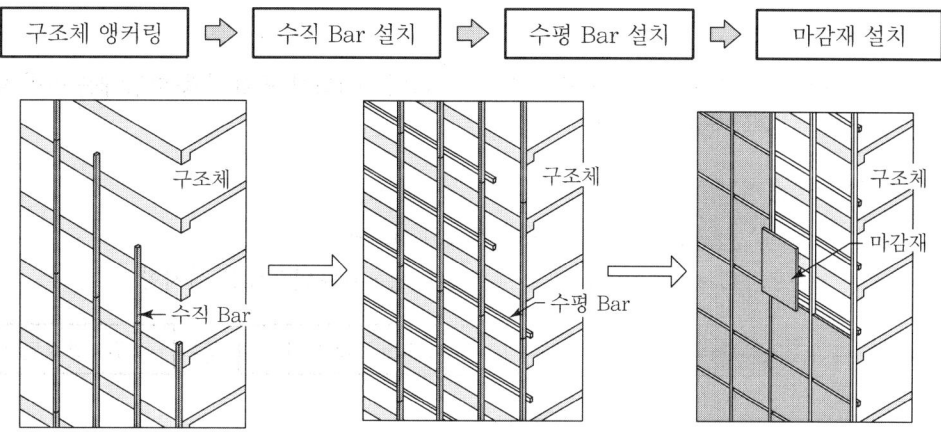

(3) 특성

① 1층 전후의 중·저층 건물에 적용하고, 공정이 많아 시공관리가 난해함
② 시공속도가 느려서 공사기간이 많이 소요됨

2) Unit System

(1) 의의

Curtain Wall 구성부재를 공장에서 조립하여 Unit화한 후 유리 등 마감재를 미리 시공하고 현장에서는 Unit만 설치하는 시스템

(2) 시공순서

구조체 앵커링 ⇨ 공장제품 현장입고 ⇨ 조립·완료된 유닛 설치

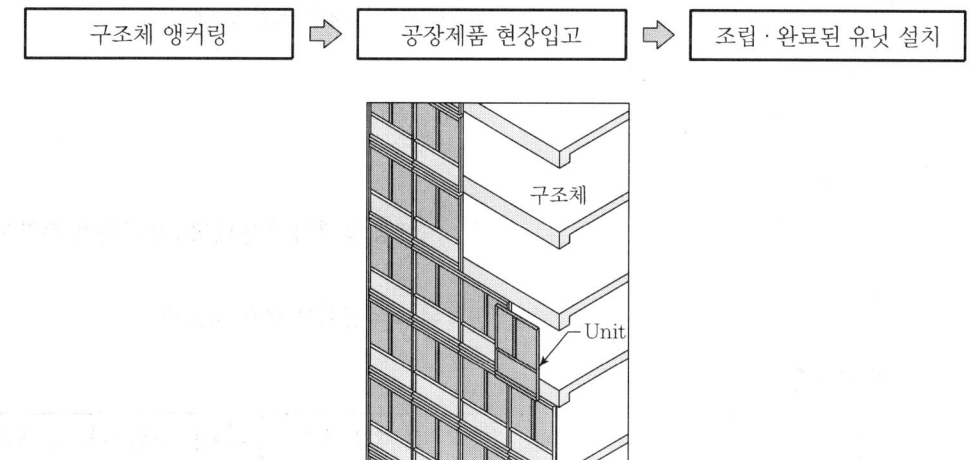

(3) 특성

① 대규모 건물에 적용하며, 국내 건축물에 적용 / 공장에서 완제품이 생산되므로 품질 우수
② 현장에서는 조립·완료된 Unit 설치로 공기단축 가능

3) Unit & Mullion System

(1) 의의
Curtain Wall 구성부재를 공장에서 조립하여 Unit화한 후 유리 등 마감재를 미리 시공하고 현장에서는 Unit만 설치하는 시스템

(2) 시공순서
① Stick System과 Unit System이 혼합된 시스템
② 수직 Mullion Bar를 먼저 설치한 후 조립·완료된 Unit을 설치함

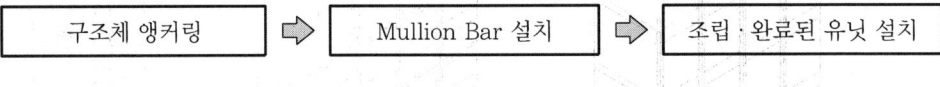

구조체 앵커링 ⇨ Mullion Bar 설치 ⇨ 조립·완료된 유닛 설치

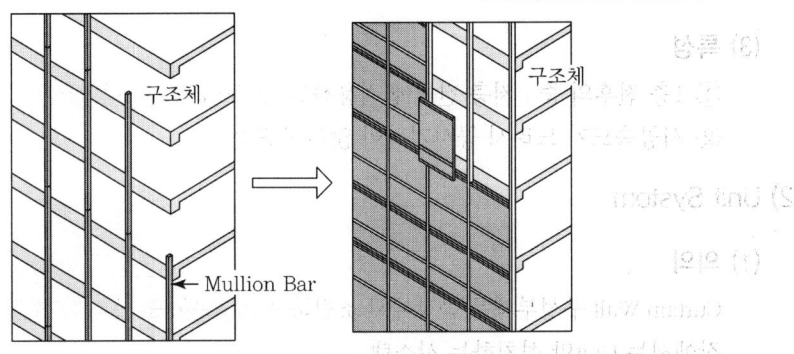

(3) 특성
① 고층 건물에 많이 사용하며, Mullion이 구조부재의 역할 담당
② 건물 Design의 수직성 강조

4) Panel System

(1) 의의
① PC Panel 내에 단열재와 마감재(타일, 돌) 등을 부착시킨 대형 Panel 등을 부착시키는 시스템
② 공장에서 PC Panel을 완성한 후 현장에서는 설치만 하는 시스템

(2) 시공순서

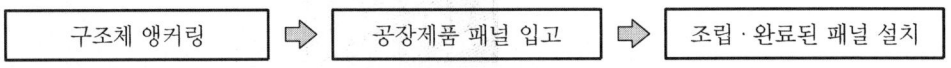

구조체 앵커링 ⇨ 공장제품 패널 입고 ⇨ 조립·완료된 패널 설치

(3) 특성
① 대형 Panel 부재로 중량이 크며, 큰 중량으로 인해 초고층에는 사용이 제한됨
② 연결철물의 하중부담 과다

4 Fastener 방식의 종류별 특성

1) Fastener 접합방식 도해

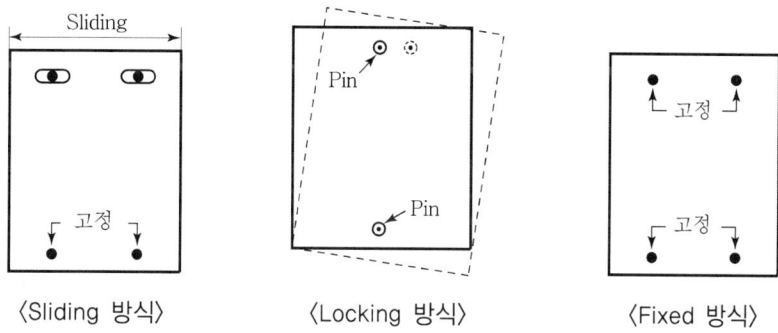

〈Sliding 방식〉　〈Locking 방식〉　〈Fixed 방식〉

2) Fastener의 기능

힘의 전달 기능	변형흡수 기능	오차흡수 기능
C/W 자중 지지	층간변위 추종	구조물 오차 흡수
지진력 소산	수직방향 변위 추종	제품 오차 흡수
풍압력 대응	온도변화의 신축 흡수	시공 오차 흡수

3) Fastener의 특성

접합방식	구분	내용
Sliding 방식	정의	Curtain Wall 하부에 설치되는 Fastener는 고정하고, 상부에 설치되는 Fastener는 Sliding 되도록 하는 방식
	특성	• 하부 Fastener는 용접으로 고정 • 변형을 일으키기 어려운 PC Curtain Wall 등에 적용하는 방식
Locking 방식 (회전방식)	정의	Curtain Wall의 상부와 하부의 중심부에 1점씩 Pin으로 지지하는 방식
	특성	• 변형을 일으키기 어려운 PC Curtain Wall 등에 적용하는 방식 • 층간변위 발생 시 수직 Joint에 전단변위 방지
Fixed 방식 (고정방식)	정의	Curtain Wall의 상·하부 Fastener를 용접으로 고정하는 방식
	특성	• 층간변위 시 손상이 발생하지 않아야 하며, 부재의 열팽창을 흡수할 것 • 변형하기 쉬운 Metal Curtain Wall 등에 적용하는 방식 • Joint 줄눈재에 무리한 변형 방지

5 시공 시 주의사항(중점관리방안)

1) 자재 반입 시 주의사항

(1) 커튼월 자재의 야적 공간 고려
① 부재의 적재방법(Unit Type, Stick Type), 양중방법을 고려해야 함
② 커튼월 자재의 야적 공간이 고려되어야 함

(2) Pallet를 이용한 수직 적재가 원칙
① Unit Type의 경우 일반적으로 Pallet를 이용한 수직 적재가 원칙임
② Stick Type은 부재를 선조립해서 반입함

(3) 수평 적재 시 패널과 유리 처짐 발생
① 수평 적재의 경우 유리나 패널 부분의 처짐이 발생함
② 적재 효율이 떨어져 운송비 상승을 초래함

(4) 사전 모듈 검토를 통해 조정
사전 모듈 검토를 통해 조정하는 것이 바람직함

2) 자재 양중 시 주의사항

(1) 작업량에 따른 일일 양중량 산정
각 Type별로 입면상의 작업량에 따른 일일 양중량 산정

(2) 양중장비 점유시간 조정
초고층의 경우 상·하 동시작업으로 철근 및 거푸집의 간섭사항 사전 확인

(3) 비정형화된 부재, 개별 자재의 별도 양중계획 고려
① 비정형화된 부재의 입면 부위에서 윈치로 별도 양중할 것
② 리프트 카의 천장 뚜껑을 오픈하여 개별 자재를 양중할 것

3) 파스너 설치 시 주의사항
① 층간변위에 대한 추종성 확보 : Loose Hole에 의한 변위 추종
② 조임부 풀림 방지 : 이중너트 조임, 탄성와셔(스프링와셔) 사용
③ Fastener 용접부 부식 방지 : 방청 페인트 도포
④ Anchor 시공오차 관리

수평	수직
±25mm	±10mm

⑤ 줄눈재 : 수직·수평 변위 발생 시 줄눈재 파단 방지, Bond Breaker
⑥ 이종금속의 접촉부식 방지
⑦ Fastener 설치 전 Line Marking : 수직 5개 층 단위 / 수평 각층마다 Marking

6 결론

① Curtain Wall 공사는 내풍압성, 수밀성, 단열성 및 차음성능이 우수하여 고층건물 시공 시 사용이 늘어가고 있다.
② Curtain Wall 시공 시 철저한 시공관리로 시공의 정밀도를 확보하고 풍동시험을 통해 안전성 및 경제성 있는 공법으로 적용되어야 한다.

문제 43. 초고층공사에서 커튼월(Curtain Wall) 결로의 발생원인과 방지대책을 설명하시오.

1 커튼월 결로의 일반사항

① 기온이 낮아지면 수증기를 공기 중에 포함할 수 없어 물방울이 되는 현상을 결로라 한다.
② 커튼월의 결로 발생 부위는 메탈 커튼월의 패널 배면과 취부 불량면 / 알루미늄 커튼월의 경우 Mullion, Transom Bar / 유리 부분은 복층유리의 내부결로, Spandrel 부위이다.

2 커튼월 결로 발생 메커니즘 및 발생 부위

1) 커튼월 결로 발생 메커니즘

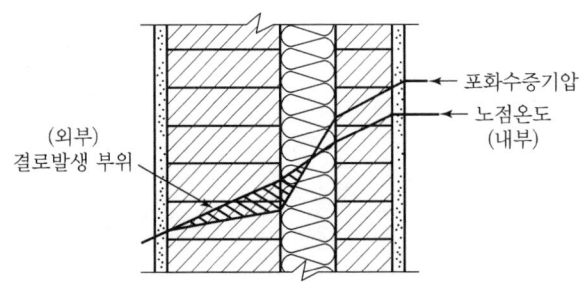

공기냉각 → 포화수증기압 감소 → 공기 내 수분 함유 저하 → 차가운 표면 접촉 → 결로 발생

2) 커튼월 결로 발생 부위

(1) 메탈, 알루미늄 패널
열도전도율 특성상 결로 발생 / 패널 배면 / 두께, 취부 불량 시 파스너 부위 결로 발생

(2) 알루미늄 바
Mullion Bar, Transom Bar 부위 결로 발생

(3) 유리 부분
유리 표면, 복층유리 내부 결로 발생, 스팬드럴 부위

3 커튼월 결로 발생원인 및 방지대책

1) 커튼월 결로 발생원인

(1) 실내·외 온도차
① 실내 고온부에서 온도가 가장 낮은 표면에 발생

② 기밀성, 단열성능이 나쁜 곳에서 발생

(2) 생활습관에 의한 환기 부족
실내 환기는 1일 2회 이상 실시하여야 함

(3) 건축물의 입지조건 불리
건축물이 밀집되어 일조량, 통풍이 나쁠 때 결로 발생

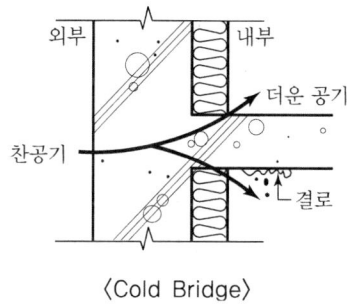
〈Cold Bridge〉

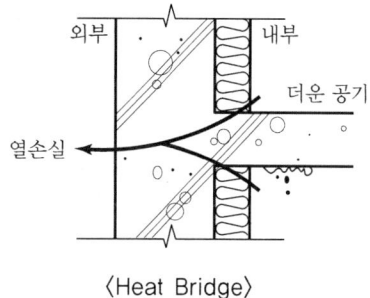
〈Heat Bridge〉

(4) 단열재 시공 불량
단열재 미시공 및 시공 불량의 경우 결로 발생

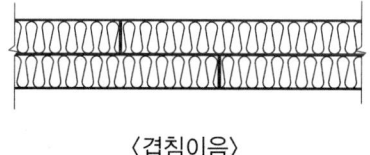
〈겹침이음〉

〈반턱이음〉

(5) 냉교(Cold Bridge) 발생
단면의 열관류저항이 국부적으로 작은 부분에 발생하는 현상

(6) 충분한 양생 미흡으로 구조체 시공 후 미건조

2) 커튼월 결로 방지대책

(1) Spandrel 패널 뒷판 단열재 시공
Spandrel 패널 배면의 이음부 단열보강, 이에 따라 불연 및 방화 기능이 향상됨

(2) 알루미늄 바의 단열바 적용
폴리아미드 재질의 단열바 적용 / 단열바 사용으로 내·외부 온도차 감소로 결로 예방

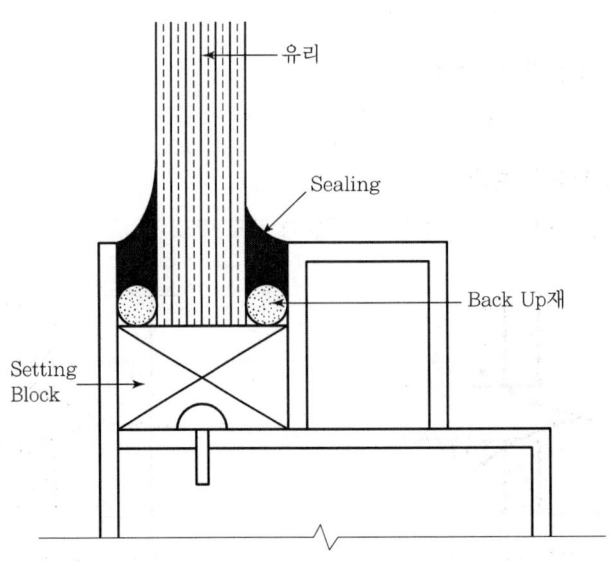

〈알루미늄 커튼월 단열바 사용 예〉

(3) 알루미늄 바의 배수 시스템 적용
중력, 표면장력, 모세관현상, 운동에너지, 기압차 등 알루미늄 바의 배수 시스템 적용으로 결로 예방

원인	대책	도해
중력	상향구배	틈새 ⇒ 상향구배
표면장력	물끊기 설치	⇒ 물끊기
모세관현상	Air Pocket 설치	0.5mm 이하 ⇒ Air Pocket
운동에너지	미로 설치	⇒ 미로
기압차	내·외벽 간의 감압 공간	⇒

(4) 단열성이 뛰어난 복층유리 사용
단열성이 뛰어나고 결로가 생기기 어려우며, 열관류율은 단판의 1/2이고, 방음성도 뛰어남

(5) 적외선 반사율이 높은 고단열 Low-E 유리 사용
Low-E 유리는 일반 유리 내부에 적외선 반사율이 높은 특수금속막을 Coating시킨 유리로, 고단열재임

※ 반사율 비교 예시(흑체, 판유리, Low-E 유리)

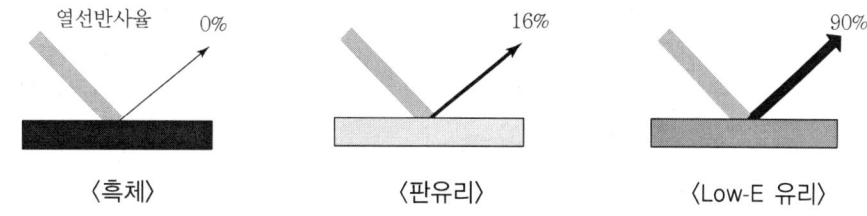

(6) Structural Sealant Glazing System(SSGS) 적용

온도변화에 따른 Movement 우수 / 접착제의 내구성·수밀성·접착성 우수

(7) Fastener와 Mullion Bar의 접합부 개선

Mock-up Test로 Fastener와 Mullion Bar의 접합부 기밀 시험 실시

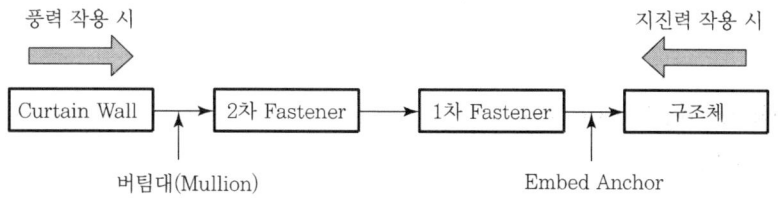

(8) 냉·난방식 기기 중 차습층 설치

벽체 냉·난방식 기기 중 차습층을 설치하여 결로 예방

(9) 실내환기 철저

지속적인 환기 및 창문 개방으로 결로 예방

(10) 공조방식의 습도 조절

항온항습의 시스템 적용 여부를 검토하여 습도 조절 필요함

(11) 온수 방열기 설치

온수 방열기로 인한 결로 억제

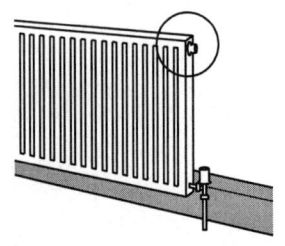 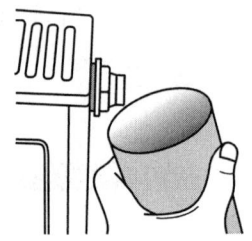

(12) 외기 창측에 컨백터 설치
  컨백터 설치로 노점온도 저하시킴

(13) 환기 시스템 설치
  실내 온도 조절용 덕트를 통한 공기정화로 결로 예방

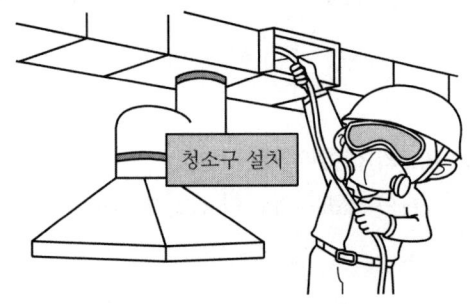

(14) 알루미늄 바 물받이 설치
  결로수를 모으는 물받이 설치 필요

4 결론 – 커튼월 결로 방지 개선 사례

① 공사명 : ○○○ 어린이 박물관
② 공사 위치 : 경기도 용인시 기흥구 경기도 박물관 내
③ 공사 규모 : 지상 4층~지하 1층 총 3개동(본관, 사무동, 수장고동)

구분	당초	변경
도해	〈사무동 연결통로 일반 알루미늄 바〉	〈사무동 연결통로 단열 알루미늄 바 적용〉
원가	공사비 : 2억 3천	공사비 : 3억 3천 ※ 1억 증가
품질	결로현상 우려	결로현상 방지
공정	연결통로 공사소요일 : 약 30일	연결통로 공사소요일 : 약 30일

※ 당초 ○ ○ C.M 단은 예산 초과를 우려하여 단열바 변경을 승인하지 않으려고 하였으나, 경기도 도지사 현장점검 시 상기 사항을 설명하였고, 추경예산을 받아 시공함. 변경된 시공 부분의 연결통로는 현재까지도 결로현상이 없음

CHAPTER 08
철골공사

문제 44 철골공사의 시공 상세도면 주요 검토사항 및 시공 상세도면에 포함되어야 할 안전시설에 대해 설명하시오.

1 철골공사 시공 상세도면의 일반사항
① 철골공사의 시공 상세도면이란 공장 및 현장에서의 철골부재 조립 및 세우기에 대하여 계약도면에 표기되지 않은 부재의 상세 및 시공에 필요한 가설재 설치에 관한 사항이 포함된 도면이다.
② 상세도면의 주요 검토사항으로는 건축물 층고 치수 및 기둥이음 확인, 사용재료의 일치성, 앵커볼트, 접합 사항, 골조 적합성 등이 있다.

2 철골공사 수직도 도해 및 시공 상세도의 주요 내용

1) 기초 Anchor Bolt 매입 시 정밀도 유지

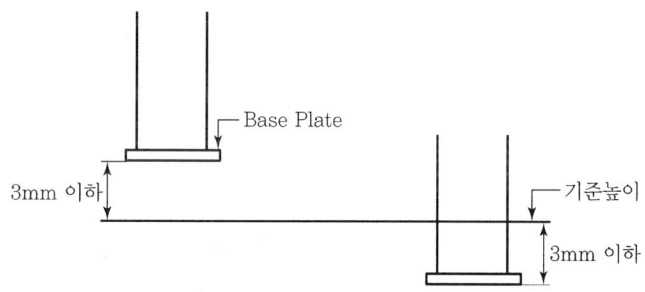

① Anchor Bolt는 기둥 중심에서 2mm 이상 벗어나지 않을 것
② Base Plate 하단은 기준높이 및 인접 기둥의 높이에서 3mm 이상 벗어나지 않을 것

2) 시공 상세도의 주요 내용
① 주심도, 각 절별, 층별 평면도, 입면도, 주단면도
② 부재접합부 상세도, 베이스 플레이트, 브래킷, 보강재, 오프닝 주위 상세도
③ 앵커 볼트 상세도, 볼트의 형태와 크기 및 길이 표시, 주요 부재의 캠버 표시
④ 부재별 단면도(규격, 간격, 구조부재의 위치, 오프닝, 부착, 조임에 관한 표시)
⑤ 용접의 표시 : 용접 길이·크기·형식 표기
⑥ 페인트 칠 또는 방청처리 부위 및 시공 여부

3 시공 상세도면의 주요 검토사항

1) 건축물 층고 치수 및 기둥이음 확인
① 각층의 기준 레벨과 철골의 위치 확인 / 기둥 이음방식 확인
② 부재 길이·폭·무게가 도로상황에 문제가 없는지 확인

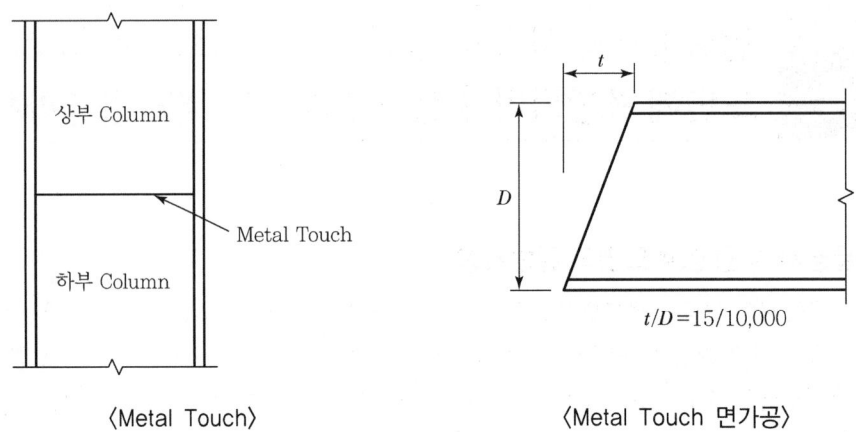

〈Metal Touch〉　　　　　　〈Metal Touch 면가공〉

2) 기둥, 보 등의 사용재료 일치성

기둥, 보 등의 재질 및 형상 확인 / H형강, BH형강 구별

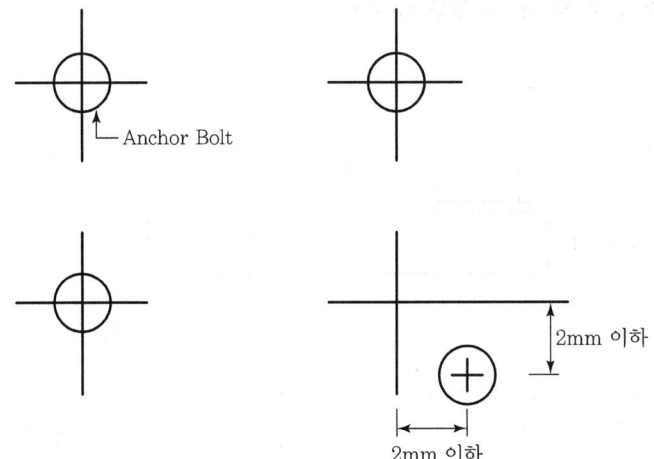

3) 슬리브 관통 위치와 보강 등 기타 사항 확인

① 가설조립 피스의 위치 및 슬리브 관통 위치와 보강 등을 확인
② 기둥, 보와의 철근 간섭처리 및 페인트 시공 여부 확인

4) 앵커 볼트의 위치, 재질, 형상 등 확인

앵커 볼트의 위치, 재질, 형상, 길이 확인 및 베이스 플레이트, 앵커 볼트 구멍의 크기 확인

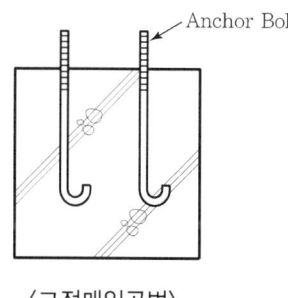 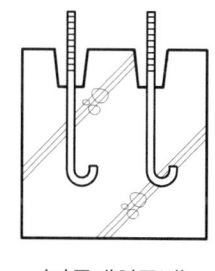 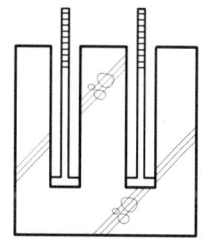

〈고정매입공법〉   〈가동매입공법〉   〈나중매입공법〉

5) 접합 · 설치 부분, 개선형상 등 접합 상태 확인

　① 볼트 종류, 용접공법 종류 및 접합 · 설치 부분의 시공성 확인
　② 개선형상 및 치수, 앤드 탭의 종류와 형상 확인

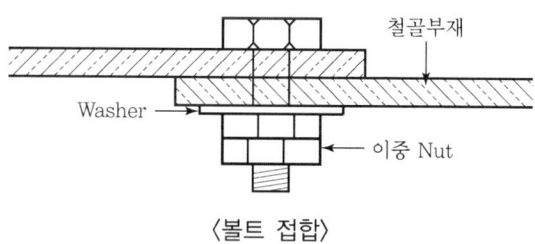

〈볼트 접합〉

6) 건축도면 치수와 철골치수 등의 골조 정확성 확인

　① 철골과 골조의 중심선 확인 및 스팬 및 층높이 치수 확인
　② 건축도면 치수와 철골치수와의 교차 확인

4 시공 상세도면에 포함되어야 할 안전시설

1) 외부 비계받이 및 화물 승강설비용 브래킷

2) 기둥 승강용 트랩(사다리) 설치

　기둥의 승강용 트랩을 설치하여 근로자가 오르내리기 쉽도록 조치

3) 철골보에 구명줄 설치용 고리 부착

　근로자의 추락방지를 위하여 철골보에 구명줄 설치용 고리 접합

4) 건립에 필요한 와이어 걸이용 고리 부착

　독립된 기둥이 바람에 흔들리지 않도록 와이어 걸이용 고리를 기둥에 용접

5) 철골공사 시 근로자 추락방지용 안전난간 설치 부재 확인

6) 기둥 및 보 중앙의 안전대 설치 부재 확인

7) 추락 및 낙하물 방지망 설치용 부재 확인

철골공사 중 근로자의 추락, 작업 시 공구(앰팩트, 볼트 등) 추락 방지용 방망 설치 여부 확인

5 결론

철골공사에서 시공 상세도면은 시공품질 확보와 안전성에 지대한 영향을 미치므로 사전에 철저한 검토를 하여야 한다.

문제 45 도심지 초고층공사 현장에서 철골세우기의 단계별 유의사항에 대하여 설명하시오.

1 철골세우기의 일반사항

① 철골공사의 단계별 시공계획은 부재를 가공 및 제작하는 공장작업과 조립 및 세우기(건립)를 하는 현장작업으로 분류된다.
② 세우기 순서로는 설계단계, 발주단계, 자재반입, 기초 앵커 볼트 매입, 기초 상부 고름질, 가조립, 기둥의 수직도 체크, 본조립, 검사, 내화피복 순으로 진행한다.

2 철골세우기 도해 및 철골공사 Flow Chart

1) 철골세우기 도해

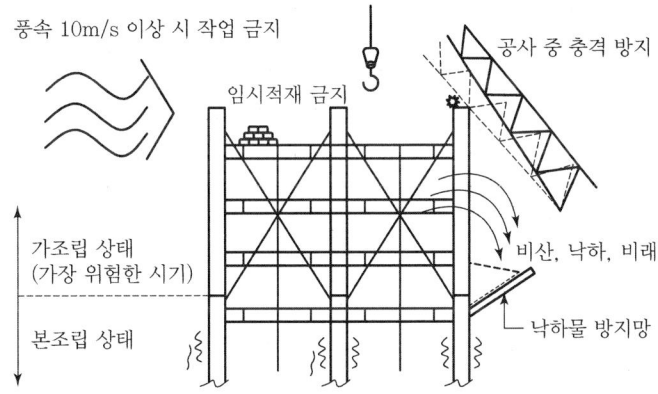

① 가조립인 상태로 고층까지 세우지 않는다.
② 보강 와이어 로프를 세우기 수정 겸용으로 하고 본조립 완료 전까지는 풀지 않는다.

2) 철골공사 Flow Chart

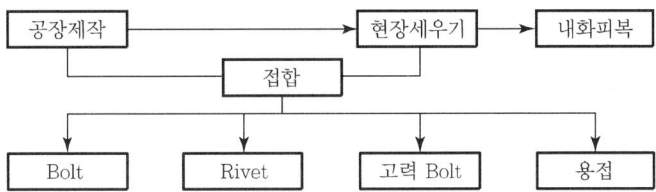

3 단계별 유의사항

1) RISK의 사전관리

(1) 철골 적치장소 사전조사 수립

① 세우기 전 철골 야적장을 사전에 확보하고, 대지 주변의 임대까지 고려한다.
② 도심지의 공사의 경우, 철골 야적장과 철근, 거푸집 야적장의 간섭을 최소화한다.

(2) 세우기 순서에 맞추어 부재의 형상, 중량 적재

① 자재반입 시 세우기 순서에 맞추어 부재의 형상, 중량을 적재하고 Just in Time을 실시한다.

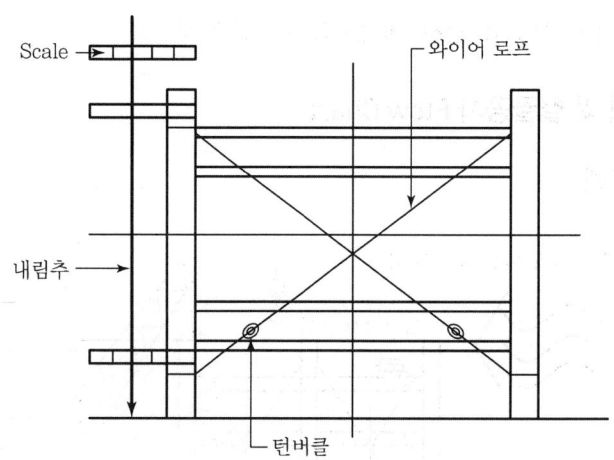

② 세우기 작업 후 검사를 통하여 수정작업을 실시한다.

(3) 양중기의 대수, 크기, 종류, 중량 확인

타워 크레인 및 러핑 크레인의 인양 중량을 확인한 후 크레인을 발주한다.

2) 설계도서의 검토관리

(1) 기둥의 절별(층수), 부위별 부재 수량 산정

기둥의 절별(층수), 부위별 부재 수량 산정은 예정공정표에 따라 산정한다.

(2) 각 부재의 최대 중량의 양중기계 선정

러핑 크레인 및 타워 크레인, 이동식(하이드로) 크레인 등 최대 중량을 고려해야 한다.

(3) 접합방법 검토

고력 볼트, 용접 수량 확인, 기둥의 절별, 부위별 부재 수의 양을 검토한다.

(4) 구조난이도의 시공계획 수립 시 고려사항

박스형이 아닌 아치형이나 사선으로 된 입면 부위의 시공난이도를 BIM, 3D로 사전 검토한다.

(5) 관련 공사 동시작업 시 간섭 현상 확인

철근 및 거푸집, 전기설비, 기계설비 등 타 공종 간의 간섭, 안전관리사항을 확인한다.

3) 공장제작단계의 주의사항

(1) 설치될 부재의 가공순서 확인

현장관리계획에 따라 가공순서 및 운반능력 및 조립조건 등을 고려할 것

(2) 부재의 운반 등 확인

생산된 조립자재의 반출이 용이하도록 접합부에 대한 Sampling 검사를 실시할 것

(3) 현장입고 시 확인

Mill Sheet 검사, 제품의 정밀도 검사, 제품의 크기·규격 등을 확인할 것

4) 시공단계의 주의사항

(1) 철골공사에 관련된 시공계획 수립

(2) **준비** : 가설(진입로, Stock Yard, 시간, T/C. 전력, 인력, 대문, 울타리, 현장사무소)

(3) **가설** : 외부 시스템 비계설치 여부, 타 공종의 간섭 연관성, 전력·동력 등 확인

(4) 기초 Anchor 매입 확인

① 고정매입공법
- 기초 철근 조립 시 동시에 Anchor Bolt를 정확히 묻어 Con′c를 타설하는 공법임
- 대규모 공사에 적용하고, 철골 매입공법의 90% 이상을 차지함

② 가동매입공법

Anchor Bolt 상부 부분을 조정할 수 있도록 Con′c 타설 전 사전조치해 두는 공법임

③ 나중매입공법

Con′c 타설 후 Core 장비로 Anchor Bolt 자리를 천공하고, 나중에 고정하는 공법임

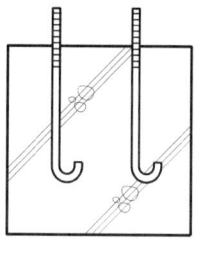
〈고정매입공법〉

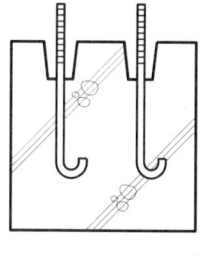
〈가동매입공법〉

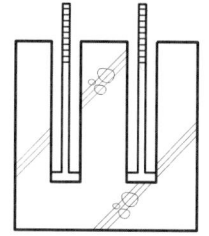
〈나중매입공법〉

(5) 기초 상부 고름질

① 전면 바름 마무리법

기둥 저면의 주위보다 3cm 이상 넓게 하고, Level Checking한 후에 된비빔 1 : 2 모르타르로 마무리하는 방법

② 나중채워넣기 중심 바름법

기둥 저면 중심부만 지정높이만큼 수평으로 바르고, 기둥을 세운 후 나중에 잔여 부분을 채워넣기 하는 방법

③ 나중채워넣기 십자(十) 바름법

기둥 저면에서 대각선 방향 十자형으로 지정높이만큼 모르타르를 바르고, 기둥을 세운 후 그 주위를 채워넣기 하는 방법

④ 나중채워넣기법

Base Plate 중앙에 구멍을 내고, 4귀둥이에 철판을 괴어 수평조절하고, 기둥을 세운 후 모르타르를 다져넣는 방법

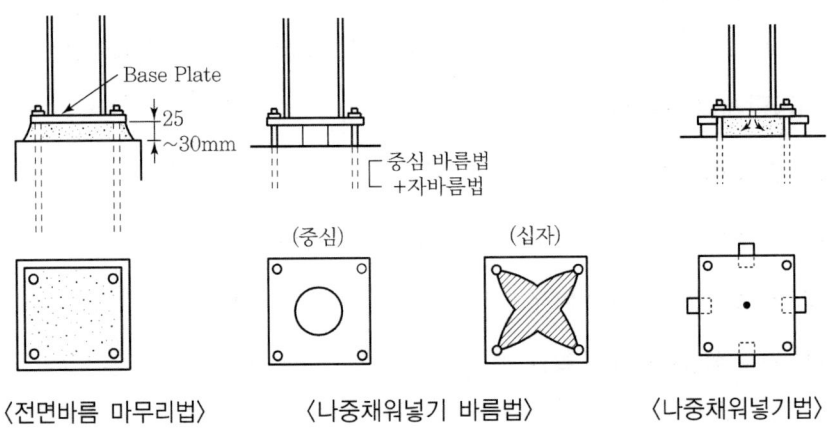

(6) 세우기

① 볼트 가조립

Bolt 수의 1/3~1/2, 2개 이상 조립 / 외력에 의해 전도되지 않도록 조립 시 주의할 것

② 변형 바로잡기

와이어 로프, 턴버클 등으로 수정 / 본 조립이 완료될 때까지 풀지 말 것

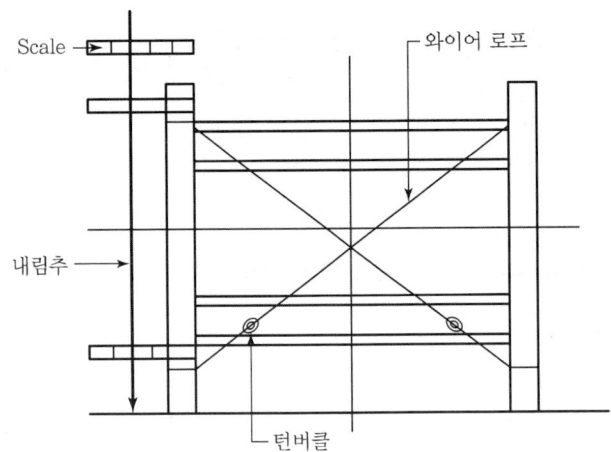

③ 세우기 수정
  • 기둥의 중심선과 Level을 정확히 할 것 / X 브래싱할 것
  • 기둥은 독립되지 않고 보로 연결 가조립

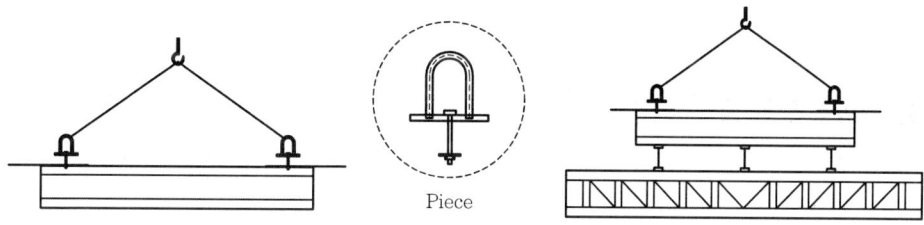

Piece

(7) 볼트의 본접합

현장에서 사용하고 있는 부재의 접합방법은 Bolt, Rivet, 고장력 Bolt, 용접 등이 있고, 두 종류를 함께 혼용하는 방법도 있음

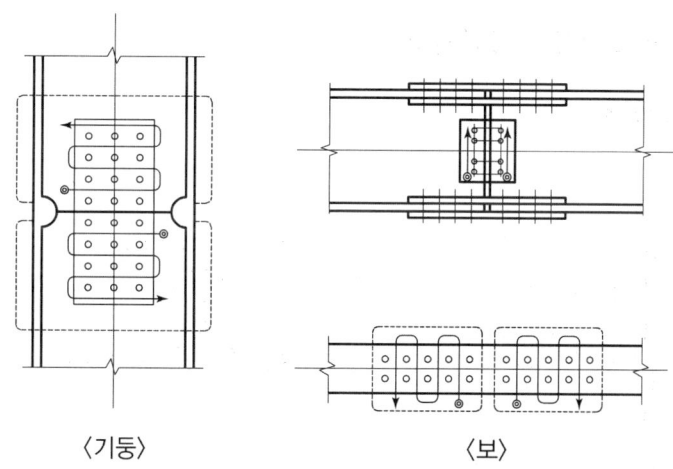

〈기둥〉   〈보〉

(8) 접합부의 육안검사 및 비파괴검사 실시

접합부 응력 여부를 판단하기 위한 육안검사 및 비파괴검사를 해야 함

(9) 손상된 곳, 남겨둔 곳에 방청도장 필요

운반세우기 중 손상된 곳, 남겨둔 곳에 녹막이칠을 함

(10) 방청도장 부위 및 뿜칠 부위, 내화도장 부위 양생 확인

4 결론

① 철골재의 현장조립 및 설치공사는 사전 시공계획을 철저히 수립하여 제작공정과 긴밀한 협조체제를 구축해야 한다.
② 철골공사는 고소작업으로 인한 재해예방대책을 수립하여 안전관리 및 건설공해에 대한 대책을 마련한 후 시공에 임하여야 한다.

문제 46. 철골공사에서 고력 볼트 접합과 용접접합 및 그에 따른 접합별 특성에 대하여 설명하시오.

1 철골접합의 일반사항

① 접합의 종류에는 Bolt 접합 · Rivet 접합 · 고력 Bolt 접합 · 용접접합 등이 있으며, 주요 구조부의 접합에는 고력 Blot 접합과 용접접합이 사용된다.

② 접합부별 특성으로는 고력 Bolt 접합의 경우 고탄소강 또는 합금강을 열처리한 항복강도 700MPa 이상, 인장강도 900MPa 이상의 고력 Bolt를 조여서 부재 간의 마찰력에 의하여 응력을 전달하는 접합방식이며, 용접접합의 경우 금속 접합부를 열로 녹여 원자 간의 결합에 의해 접합하는 방식으로 접합속도가 빠르고, 이음처리와 작업성이 용이하다.

2 철골접합 시공도 및 접합공법의 종류

1) 철골 세우기 도해

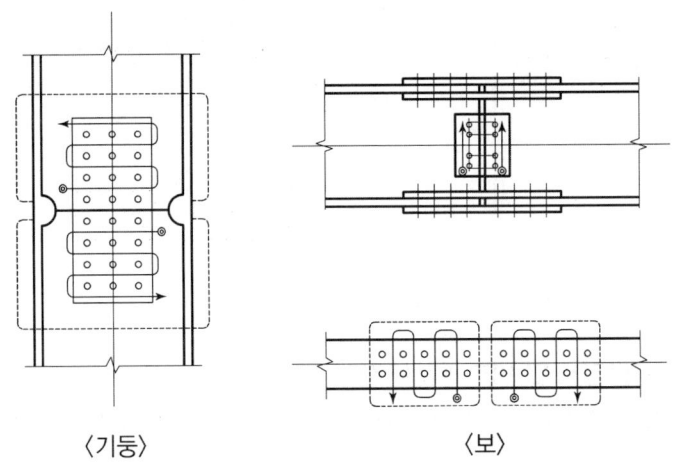

〈기둥〉　　　　〈보〉

2) 접합공법의 종류

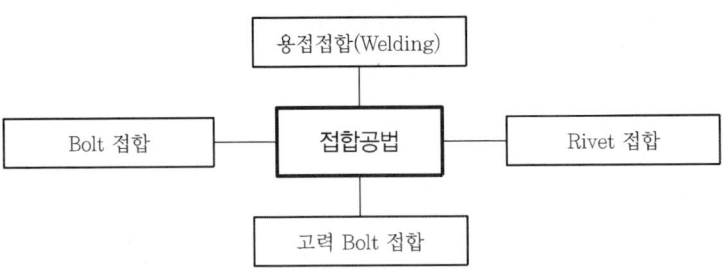

❸ 고력 볼트 접합과 용접접합의 특성

1) Bolt 접합

(1) 정의

지압접합에 의해 응력이 전달되는 접합으로 주요 구조부에는 사용되지 않고 가설건물이나 지붕의 처마, 중도리 등의 접합에 사용

(2) 특징

장점	단점
• 접합이 용이하며 시공이 간편 • 가설건물, 소규모 공사, 가접합 시 사용	• 진동 시 풀리는 경우가 있음 • 볼트축과 구멍 사이에 공극 발생

(3) 시공도

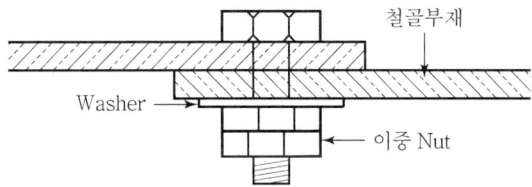

2) Rivet 접합

(1) 정의

미리 부재에 구멍을 뚫고, 가열된 Rivet을 Joe Riveter나 Pneumatic Riveter로 충격을 주어 접합하는 방법

(2) 특징

장점	단점
• 인성이 큼 • 보통 구조에 사용하기 간편	• 소음 발생, 화재위험 있음 • 공장제작과 현장품질의 현저한 차이

(3) 시공도

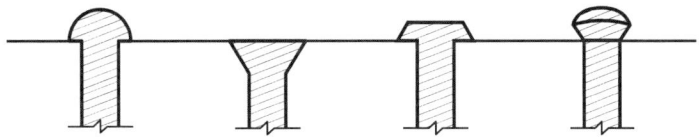

〈둥근머리 Rivet〉 〈민머리 Rivet〉 〈평 Rivet〉 〈둥근접시머리 Rivet〉

3) 고력 Bolt 접합

(1) 정의

고탄소강 또는 합금강을 열처리한 항복강도 700MPa 이상, 인장강도 900MPa 이상의 고력 Bolt를 조여서 부재 간의 마찰력으로 접합하는 방식

(2) 특징

장점	단점
• 접합부 강도가 큼 • 강한 조임으로 Nut 풀림이 없음 • 응력집중이 약하고, 반복응력이 강함	• 소음 발생, 화재위험 있음 • 공장제작과 현장품질의 현저한 차이 • 접촉면 관리 및 나사 마무리 정도 난해

(3) 접합방식

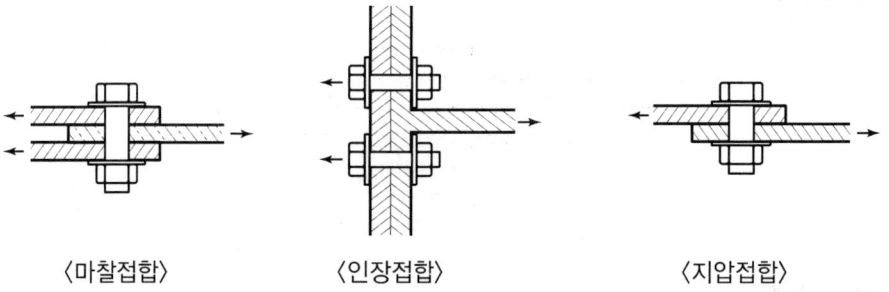

〈마찰접합〉　　〈인장접합〉　　〈지압접합〉

4) 용접접합

(1) 정의

2개의 물체를 국부적으로 원자 간 결합에 의해 접합하는 방식

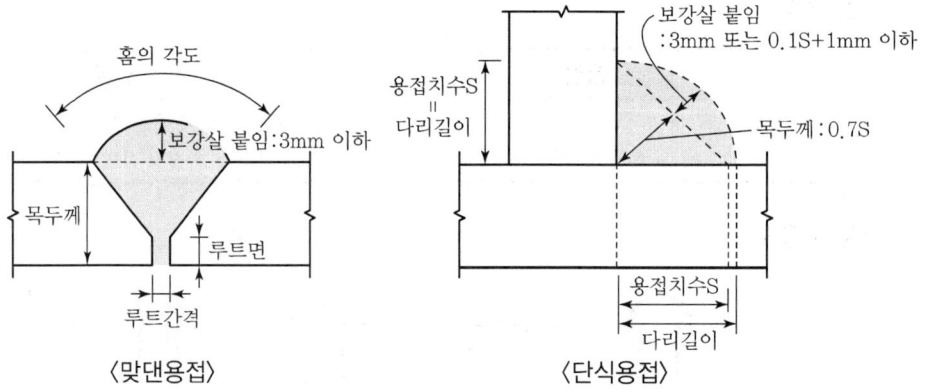

〈맞댄용접〉　　〈단식용접〉

(2) 특징

장점	단점
• 소음이 없고, 하중 감소 • 단면처리 이음 용이함 • 응력전달에 신뢰성이 확실함	• 재질에 미치는 영향이 큼 • 확인이 어렵고, 변형·왜곡 발생 가능 • 응력집중이 민감하고, 검사가 복잡함

(3) 모살용접방법

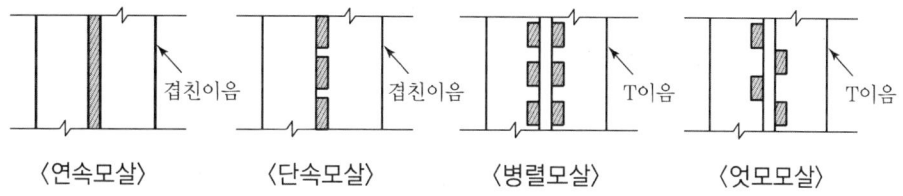

⟨연속모살⟩   ⟨단속모살⟩   ⟨병렬모살⟩   ⟨엇모모살⟩

4 고력 볼트 검사방법

1) 토크 관리(Torque Control)법

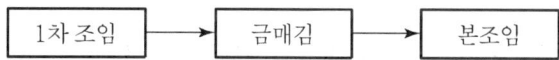

① 조임 완료한 다음 모든 볼트에 대해 1차 조임 후 금매김 표시
② 금매김 표시 후 볼트와 너트의 동시회전 유무를 Check
③ 규정 Torque 값의 ±10% 이내의 것은 합격

$$T = k \cdot d \cdot N$$

여기서, T : Torque치(t·cm), k : Torque 계수, d : Bolt의 축부 지름(cm), N : Bolt의 축력(t)

2) 너트(Nut) 회전법

① 조임을 완료한 다음 모든 볼트에 대해 1차 조임 후 표시한 금매김에 의해 볼트와 너트의 동시 회전 유무를 Check
② 1차 조임 후, 2차 조임 시 Nut의 회전량이 120°±30°의 범위에 있는 것을 합격으로 함
③ Nut의 회전량이 부족한 Nut는 소요 Nut 회전량까지 추가로 조임

5 용접 검사방법

1) 검사의 분류

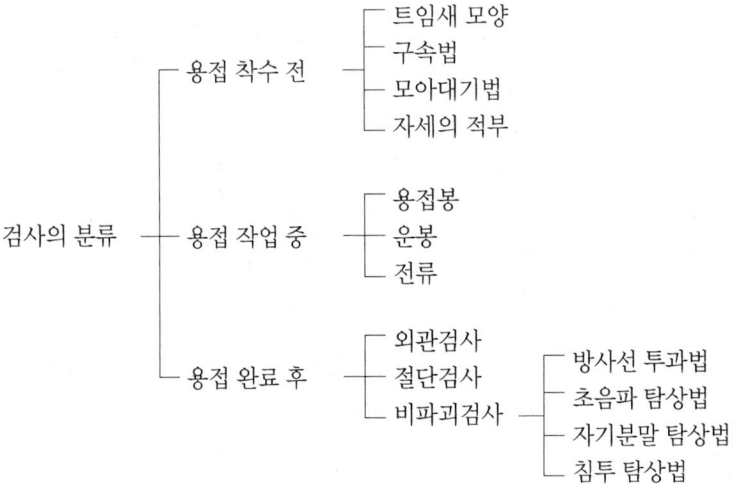

2) 착수 전 검사
① 단면의 형상과 용접부재의 직선도 및 청소상태를 검사한다.
② 용접결함에 영향을 미치는 사항으로는 트임새 모양, 구속법, 모아대기법, 자세의 적정여부 등이 있다.

6 결론
① 철골공사의 접합은 건축하고자 하는 구조물의 내구성과 밀접한 관계가 있으므로 적정한 공법 선정이 필요하며, 시공 시 품질관리가 무엇보다 중요하다.
② 접합부 소요강도를 확보하기 위하여 시공의 기계화, Robot화가 필요하며 신속한 검사가 가능한 기기를 개발해야 한다.

문제 47. 철골 양중계획 수립 시 고려사항과 수직도 관리방법에 대하여 설명하시오.

1 양중 및 수직도 관리방안의 일반사항
① 고층건물의 철골공사 양중계획은 양중 내용 파악과 형식을 설정하여 양중기계를 선정해야 하며, 적재적소에 배치하여 최적의 양중 System이 이루어지도록 계획해야 한다.
② 고려사항으로는 설계도서 검토, 공사현장 주변의 교통 환경 파악, 배치계획, 가설계획, 양중자재 구분, Stock Yard, 양중기계의 종류별 검토, 양중기계 배치 등이다.

2 러핑 크레인의 도해

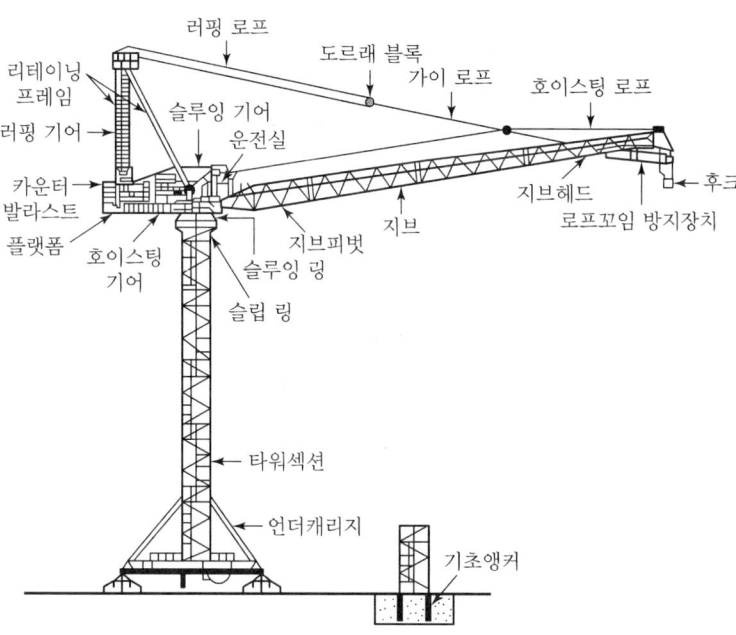

❸ 양중계획 수립 시 고려사항

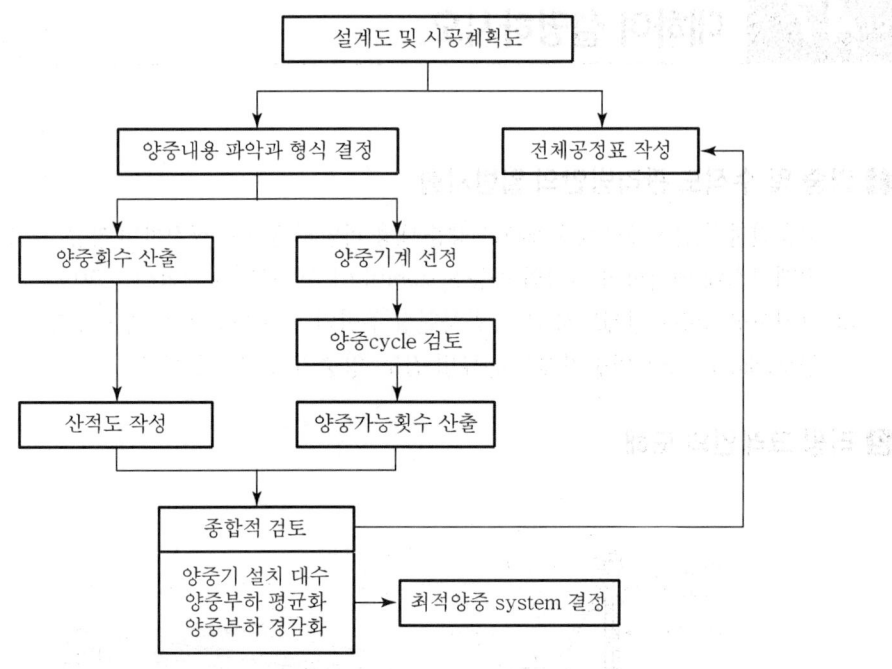

1) **대지면적, 층수, 건물높이 등 설계도서 검토**
   설계도면과 시방서에서 대지면적, 층수, 건물높이 등을 파악

2) **교통 번잡 등 공사현장 주변의 교통 환경 파악**
   대형 차량의 도심지 운행 제약 및 교통 번잡도 파악 필요

3) **Stock Yard의 위치 등 배치계획**
   외부 반입로와 Stock Yard의 위치 및 내부 동선과의 관계를 고려하여 결정

4) **가설계획**
   Tower Crane 기초, 당김줄기초, Con'c 타설 및 양생

5) **대 · 중 · 소로 분류하여 양중자재 구분**
   기중할 자재를 대 · 중 · 소로 분류하여 각 층별로 필요 기중량 산출

6) **자재반입 등 Stock Yard의 넓이 확보**
   각 작업에서 취급하는 자재의 반입, 반출 시 혼란을 일으키기 쉬우므로 Stock Yard의 넓이 확보

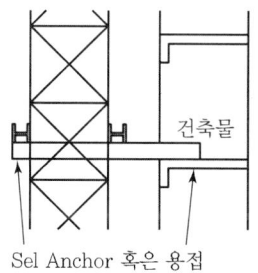
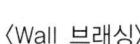
〈Wall 브래싱〉

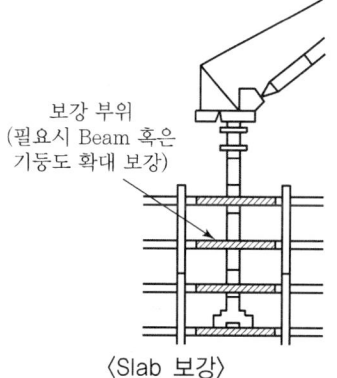
〈Slab 보강〉

7) 대형 · 중형 · 소형의 양중기계 종류
① 대형 양중기 : Tower Crane, Jib Crane, Truck Crane 등
② 중형 양중기 : Hoist, 화물전용 Lift 등
③ 소형 양중기 : 인 · 화물용 Elevator, Universal Lift 등

8) 양중내용 파악, 양중형식 등 양중기계 선정
양중내용 파악, 양중형식의 결정 및 안전성을 고려하여 선정

9) 최대 양중 횟수 등의 양중기계 대수
산적도에서 구한 최대 양중 횟수와 1일 양중 가능 횟수로부터 결정

10) 1일 양중 Cycle
1일 양중 가능 횟수 산출

11) 철골자재의 양중 횟수
기본 주기를 기본으로 하여 산적도 작성

12) 양중량을 대 · 중 · 소로 구분하고, 양중부하 평균화
양중량을 대 · 중 · 소로 구분하여 계획적으로 수송하기 위한 양중량의 평균화 필요

4 수직도 관리방법

1) 기초 Anchor Bolt 매입 시 정밀도 유지
① Anchor Bolt는 기둥 중심에서 2mm 이상 벗어나지 않을 것

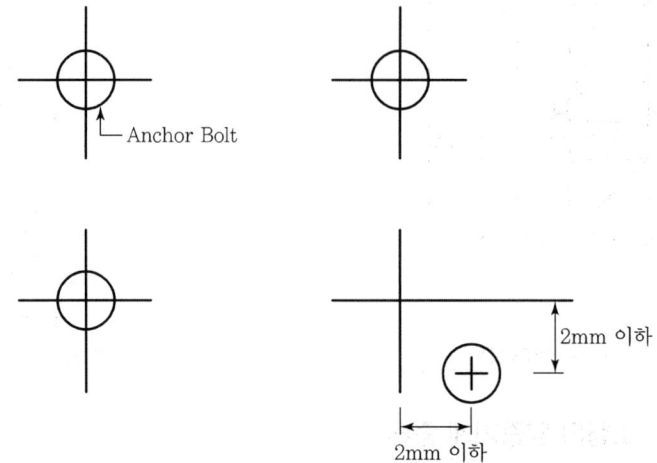

② Base Plate 하단은 기준높이 및 인접 기둥의 높이에서 3mm 이상 벗어나지 않을 것

2) 현장건립 시 Level 확보

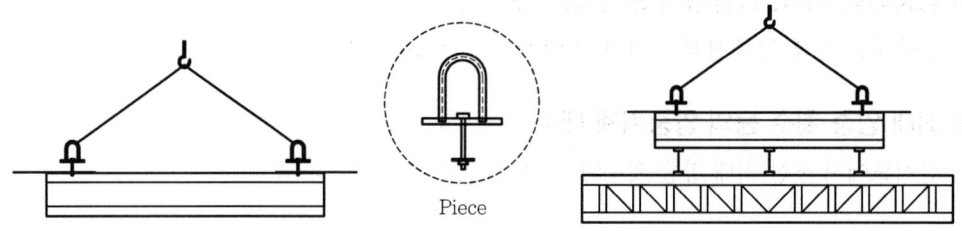

① 기둥의 중심선, Level을 정확히 하며, 기둥은 독립되지 않고 보로 연결하여 가조립
② 양중 시 건립구조체에 충격 금지 및 양중장비 하부 지지력 확보

3) 가조립 후 수직도 Check

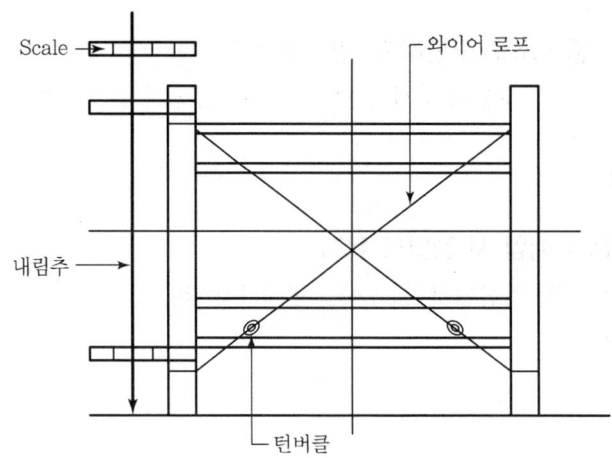

① 철골 가조립 후 Scale과 내림추를 이용하여 철골의 수직도 유지할 것
② 수직도 조절은 턴버클을 이용할 것

4) 용접 시 수직도 관리

① 기둥은 변형 방지를 위해 상호 대칭으로 용접할 것
② 눈, 비 등으로 습도 90% 초과 시나 풍속 10m/sec 이상 시 작업금지할 것
③ 기온이 −5~5℃인 경우 접합부에서 100mm 범위까지 예열할 것

5) 최종 확인

광파기, Transit 등을 이용하여 수직도 Check할 것

6) 철골세우기 정밀도 관리기준

명칭	그림	관리허용오차	한계허용오차
건물의 기울기		$e \leq \dfrac{H}{4,000}+7\text{mm},$ 30mm	$e \leq \dfrac{H}{2,500}+10\text{mm},$ 50mm
건물의 굴곡		$e \leq \dfrac{L}{4,000},$ 20mm	$e \leq \dfrac{L}{2,500},$ 25mm
보의 처짐		$e \leq \dfrac{L}{1,000}+3\text{mm},$ 10mm	$e \leq \dfrac{L}{700}+5\text{mm},$ 15mm
기둥의 기울기		$e \leq \dfrac{H}{1,000},$ 10mm	$e \leq \dfrac{H}{700},$ 15mm

5 결론

공사의 특성에 맞는 양중방식 선정과 양중량의 평균화와 양중부하 경감을 도모하여 체계적이고 종합적인 양중계획을 수립해야 한다.

문제 48. 철골 용접결함의 종류와 결함 예방대책에 대하여 설명하시오.

1 용접결함의 일반사항

① 용접접합은 짧은 시간 내에 국부적으로 두 강재를 원자결합에 의해 접합하는 방식으로 재료, 운봉, 용접봉, 전류 등 여러 가지 외적 영향에 의해 결함이 발생한다.

② 용접부의 결함은 건물구조체의 내구성을 저하시키고, 접합부의 응력에 대한 강도를 상실시키므로 결함 방지를 위해서는 시공 시 결함의 종류를 파악하여 원인을 분석하고 품질관리를 철저히 하여야 미연에 방지할 수 있다.

2 용접결함의 종류

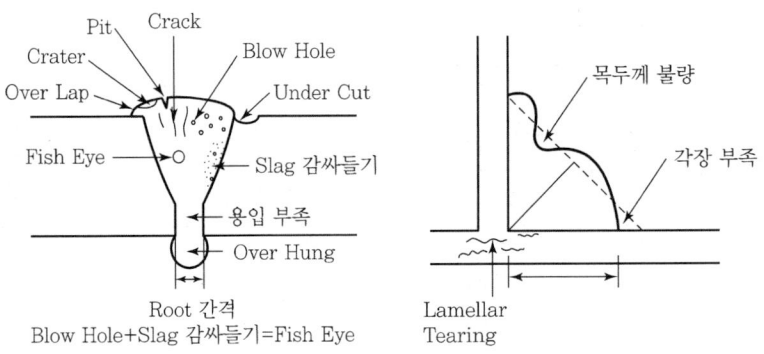

3 유형별 결함의 원인

1) 내부 결함

종류	결함형태	원인
Slag 감싸들기		Slag가 용착금속 내 혼입
Blow Hole		잔존 Gas의 영향으로 생긴 기공
용입 불량		용접부 형상이 너무 좁거나 넓은 경우 발생

2) 표면결함

종류	결함형태	원인
Crack		• 용접 후 급냉각 • 응고 직후 수축응력을 심하게 받을 경우 발생
Root		• 모재 예열 부족 • 용접 시 수소 유입
Crater		• 용접 중심부에 불순물 함유 시 • End Tab 미설치 시
Pit		용융금속이 응고·수축 시 표면에 생김
Fish Eye		Blow Hole 및 혼입된 Slag가 모여 생긴 은색 반점

3) 형상결함

종류	결함형태	원인
Over Lap		• 모재가 융착되지 않고 겹침 • 전류가 특히 클 때 발생
Under Cut		• 전류가 너무 클 때나 불안정할 때 발생 • 용접봉 각도 불량
Over Hung		• 용착금속이 밑으로 흘러내림 • 특히 상향 용접 시 많이 발생

4) Lamellar Tearing

종류	결함형태	원인
Over Lap	←모재, 용접부, 모재, 내부 균열	• 다층 용접에 의한 반복적 열영향 • 확산성 수소(H_2) 등의 영향 • 부재의 구속력에 의한 열영향부 변형

5) 각장 부족
   ① 과소전류와 나쁜 자세   ② 용접속도가 너무 빠를 때

6) Throat(목두께) 불량
   ① 용입 불량   ② 용접속도가 지나치게 빠를 때

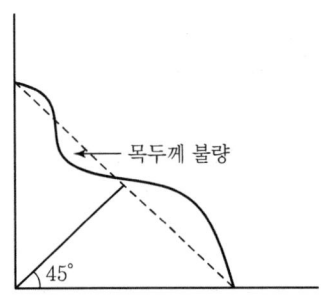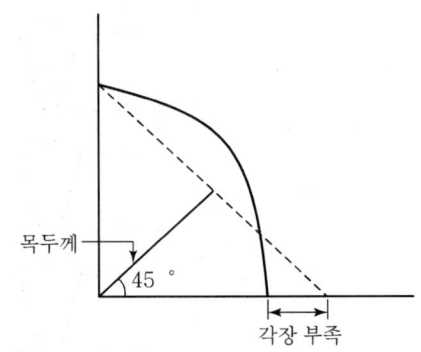

❹ 용접결함 예방대책

1) 개선각도 유지 등 설계 대책

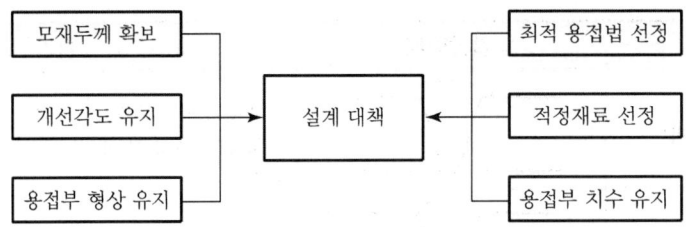

⟨설계 시 용접의 결함이 발생하지 않도록 최대한 배려할 것⟩

2) 저수소계 제품 등 적정 용접재료 선정

용접봉은 저수소계 제품을 사용 / 보관·취급에 주의 / 용접봉 건조

3) 적정 용접방법 선정
   ① 각 구조물에 대한 적절한 용접성을 고려하여 용접방법 선정
   ② 용접자세 및 개선부 유지

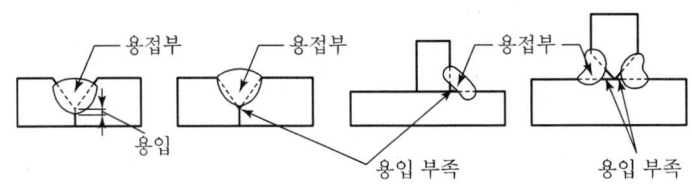

4) 기능공의 숙련도를 감안한 적정 배치

기능공의 숙련도를 파악하여 적절하게 배치

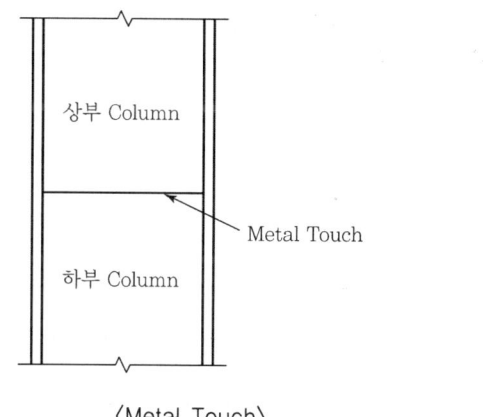

〈Metal Touch〉

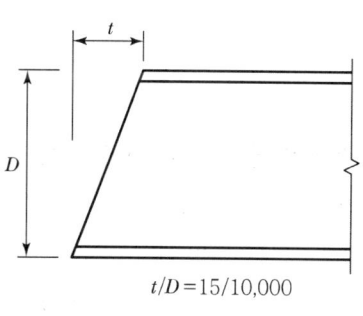

〈Metal Touch 면가공〉

5) 시공, 환경적 측면 고려

① 용접면 바탕처리 철저
② 용입 불량 방지를 위해 적정 속도 유지
③ 미리 용접 부위를 예열하여 응력에 의한 변형 방지

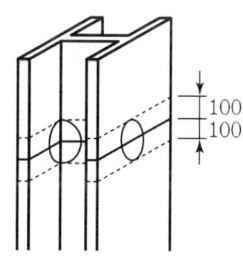 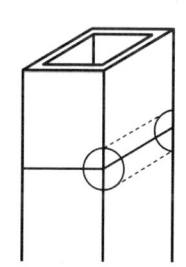 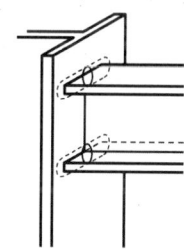

○ : 중점적으로 예열하는 부분

6) 과전류 방지기를 통해 적정 전류 적용

① 전류의 과도한 흐름을 막기 위하여 안전상 과전류 방지기를 설치함
② 용접 부위는 육안으로도 전류의 과도를 판단할 수 있어 주의만 하면 쉽게 막을 수 있음

7) 적정 속도의 용접속도 유지

일정한 속도로 운봉하되 용접방향이 서로 엇갈리게 용접할 것

8) 모재와 동질화 등의 용접봉 선택

모재의 특성에 맞는 적정한 재질의 용접봉을 사용할 것

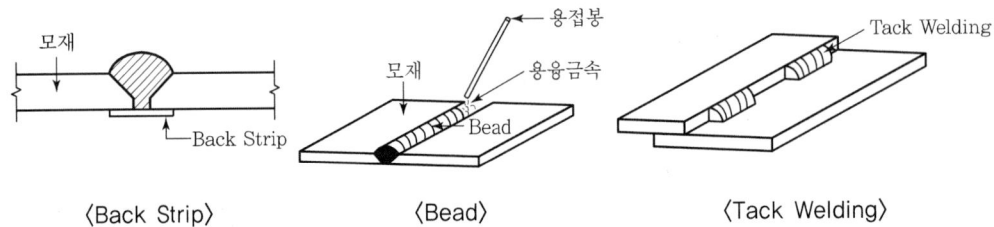

9) 결함 발생 방지를 위한 개선 정밀도 확보
도면의 표기에 맞게 개선하며, 개선부의 정밀도가 좋지 않으면 용접이 어렵고, 결함 발생이 큼

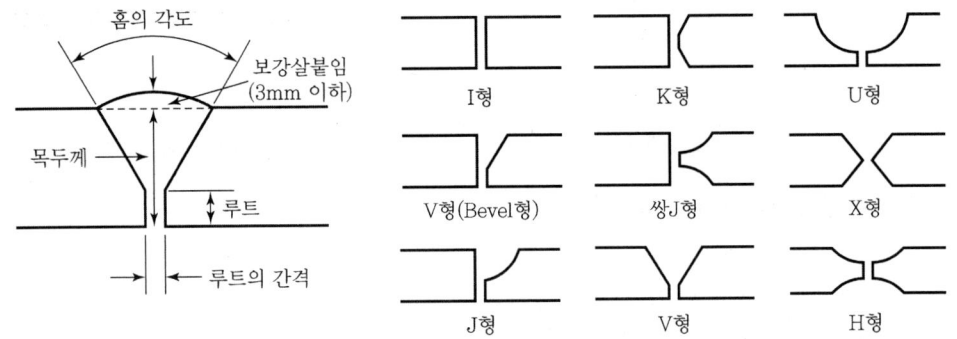

10) 녹 제거 및 오염, 청소상태 점검
용접 부위의 녹 제거 및 오염, 청소상태를 점검하고, 개선부의 적정 간격 유지할 것

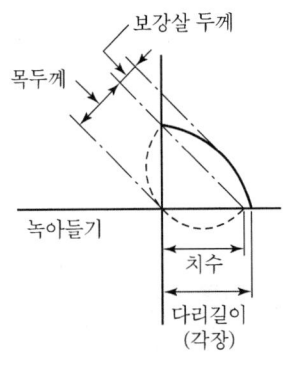

〈모살용접〉

11) 용접변형, 팽창·수축 예방을 위한 예열 실시
① 급격한 용접에 의하여 용접변형, 팽창·수축 발생할 수 있으므로 주의할 것
② 미리 용접 부위에 예열하여 응력에 의한 변형 방지

12) 용접 품질을 위한 잔류응력 확인
① 용접 후 잔류응력은 용접의 품질에 지대한 영향을 미치므로 주의할 것
② 용접작업의 방법 및 순서는 잔류응력을 최소화해야 함

13) 모재 변형 최소화의 돌림용접 실시

돌림용접은 모재의 변형을 최소화하여 잔류응력의 영향을 분산함으로써 Crack 방지

〈왼쪽으로 위빙할 경우〉　　〈오른쪽으로 위빙할 경우〉

14) 리벳, 고력 볼트와 병용

개선 정밀도를 확보하고, 용접열에 의한 변형 방지 및 잔류응력 분산

15) 냉각법 및 가열법의 수축력 제거

냉각법 및 가열법 등을 활용하여 수축력으로 인한 변형을 사전에 방지 후 모재의 잔류응력 해소

16) 대칭용접 및 역변형법

① 용접 시 계속되는 영향을 분산함으로써 결함 발생 방지
② 제작 시 용접의 영향으로 결함이 발생하는 것을 역이용하여 결함 해소를 위한 대칭용접이나 역변형법으로 결함을 사전에 예방

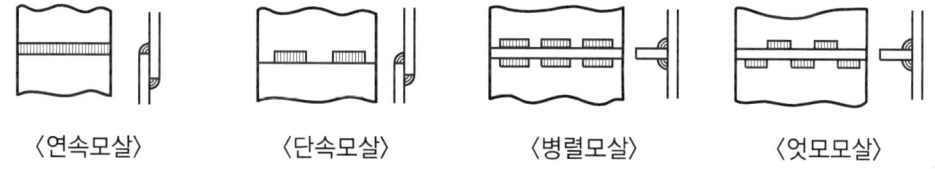

〈연속모살〉　　〈단속모살〉　　〈병렬모살〉　　〈엇모모살〉

17) 형상 정밀도 및 평활도 등 용착금속량 확인

① 적정한 개선, 형상 정밀도 및 평활도 유지
② Over Welding 금지

18) Back Strip 및 End Tab 적용

① 용접으로 인한 건조수축의 최소화 / 선용접의 영향이 후용접 시 피해가 없도록 함
② 시작 지점과 끝 지점의 불량 용접 사전 방지

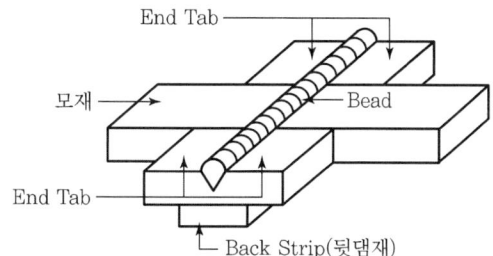

19) 용접검사 실시

용접 착수 전	트임새 모양, 모아대기법, 구속법, 자세의 적부
용접 작업 중	용접봉, 운봉, 전류
용접 완료 후	외관판단, X선 및 γ선(방사선)투과법, 초음파 탐상법, 침투수압법, 자기분말탐상법

5 결론

① 용접변형은 세우기 정도뿐만 아니라 강도저하, 내구성까지 영향을 미치므로 변형을 방지하기 위해서는 설계 당시부터 부재의 응력형태를 분석하여 분산 및 해소방법을 연구해야 한다.

② 신공법 개발과 변형방지 장비개발 및 기계화 제작이 필요하며, 특히 용접 Robot을 개발함으로써 성력화, 균질한 품질 확보, 공기단축이 가능해진다.

문제 49 철골 용접변형의 발생원인 및 방지대책에 대하여 설명하시오.

1 용접변형의 개요
① 용접변형은 용접 시 외력 및 온도변화에 의한 이음부의 응력변화를 말하며, 용융금속 응고 시 모재의 열팽창과 소성변형, 용착금속의 냉각과정 중에 수축이 용접변형의 발생원인이 된다.
② 그로 인해 세우기 정도 불량, 강도저하, 용접 불량 등으로 이어져 품질이 저하되므로 원인을 분석하여 철저한 방지대책을 강구하여야 한다.

2 용접변형의 종류

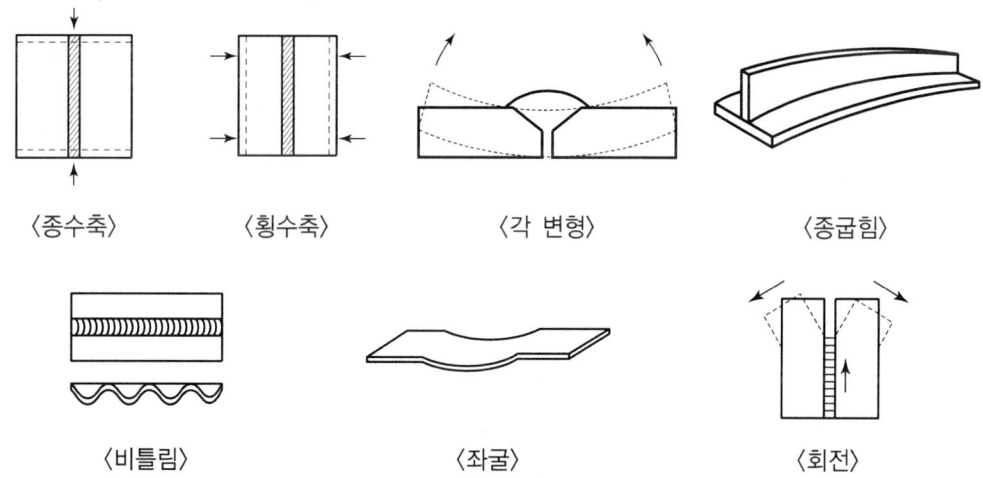

〈종수축〉　〈횡수축〉　〈각 변형〉　〈종굽힘〉

〈비틀림〉　〈좌굴〉　〈회전〉

3 용접변형의 발생원인

1) 모재의 열팽창
① 강재의 용융점은 1,500℃이므로 용접 시 용융금속의 영향으로 팽창
② 팽창된 모재가 응고 시 원상태로 회복되지 못할 경우에 변형

2) 모재의 소성변형
① 용접열에 의해 굳는 과정의 온도 차이로 인한 변형
② 용접열의 Cycle 차이로 인한 발생

3) 모재의 영향
① 개선 정밀상태에서 용착금속의 두께, 면적 등의 차이
② 모재의 강성 여부, 모재가 얇을수록 변형이 큼

4) 용접 순서 및 용접방법
① 용접 순서와 방법에 따라 응력 발생이 변화됨
② 변형의 영향이 큼

5) 용접 시공의 영향
① 용접 시공 시 숙련 상태에 따라 변화됨
② 동일한 자세로 열의 변화를 최소화하고, 동일한 속도로 용접 속도 유지

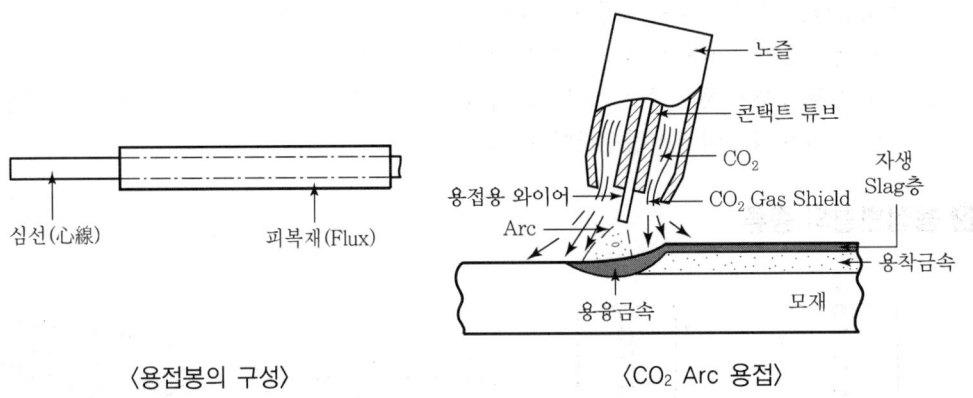

〈용접봉의 구성〉　　　　　〈CO_2 Arc 용접〉

6) 잔류응력의 영향
용접 순서, 자세, 방법 등에 의해 선작업된 용접부의 잔류응력이 연결된 후 작업에 미치는 영향으로 인해 변형 발생

7) 환경의 영향
① 외기온에 의한 용접열 Cycle 과정에서 모재의 소성변형
② 모재 자체와 용접 부위와의 온도 차이로 인한 응력 발생

8) 냉각과정의 수축상태
① 용착금속이 냉각할 때 수축함으로써 변형 발생
② 외기의 영향 또는 인접 용접 시 온도의 영향으로 수축상태 변화

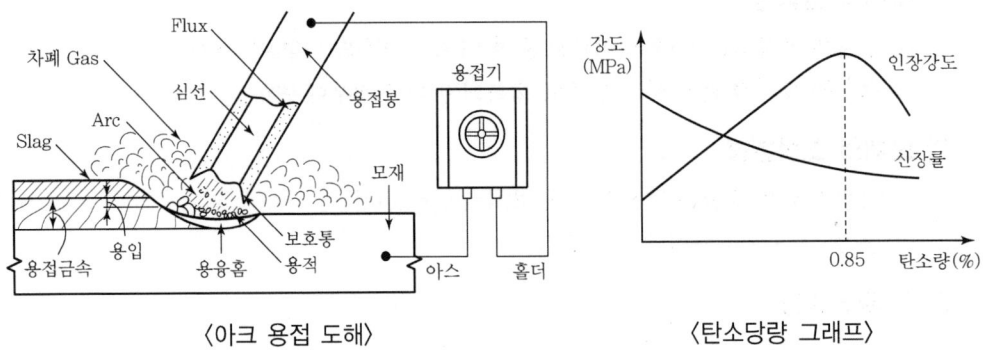

〈아크 용접 도해〉　　　　　〈탄소당량 그래프〉

4 방지대책

1) 보강재 또는 보조판을 부착한 억제법 적용
응력이 발생할 우려가 있는 부위에 보강재 또는 보조판을 미리 부착하여 변형 방지

2) 변형을 예측하여 용접하는 역변형법 실시
용접 상태를 분석하고 응력 발생 분포도를 작성하여, 부재 제작 시 미리 역변형을 주어 발생 가능한 변형을 예측하여 용접하는 방법

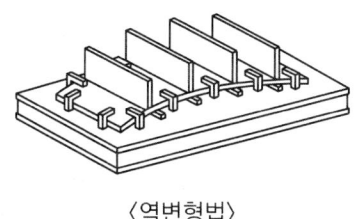

〈역변형법〉

3) 용접 시 온도를 낮추어 변형을 최소화하는 냉각법
살수하거나 수냉동판 등을 사용하여 용접 시 온도를 낮추어 변형을 최소화하는 방법

4) 용접변형을 흡수하는 가열법
일부분의 가열을 피하고 전체를 가열하여 용접 시 변형을 흡수할 수 있도록 하는 방법

5) 용접 부위를 두들겨 충격을 주는 피닝법(Peening Method)
잔류응력을 완화시키기 위하여 용접 시 용접 부위를 두들겨 충격을 줌으로써 응력을 분산하거나 완화하는 방법

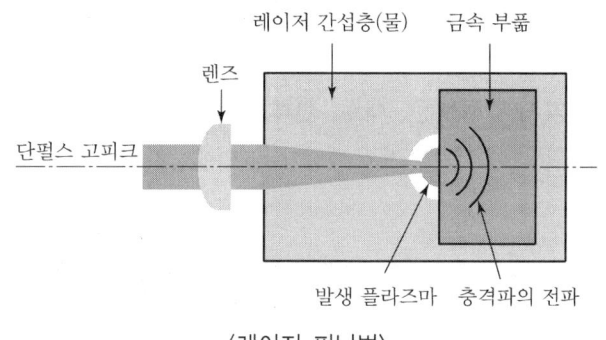

〈레이저 피닝법〉

6) 용접 순서를 바꾸는 공법
① 대칭법 : 용접 부위를 대칭으로 용접
② 후퇴법 : 구간방향은 정상용접을 하지만, 전체 용접방향은 후진하면서 용접
③ 비석법 : 구간방향, 전체 용접방향은 정상으로 하지만, 한 구간씩 건너뛰어 용접하는 방법
④ 교호법 : 구간방향은 정상, 전체 용접방향은 후진하면서 용접하지만, 각 구간의 용접은 용접

부위의 가장자리에서 중심으로 대칭용접하는 방법

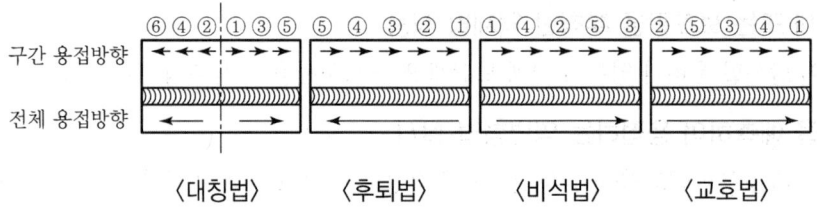

7) 잔류응력을 완전히 해소
잔류응력을 완전히 해소시켜 용접결함에 대비

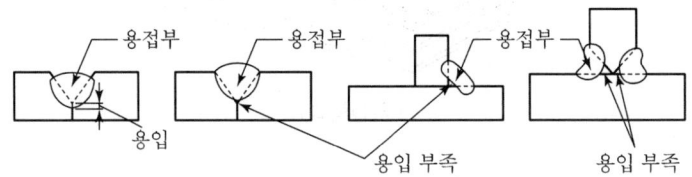

8) 모재의 변형을 최소화시키는 돌림용접
돌림용접은 모재의 변형을 최소화하며, 잔류응력의 영향을 분산

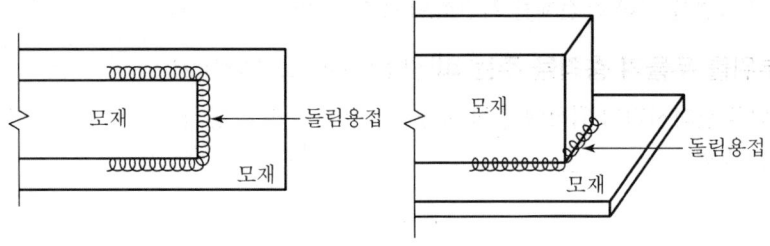

9) 용접결함 및 변형방지(재료보관, 재료, 전류, 용접 자세)
적정한 용접봉, 전류를 사용함으로써 용접결함 및 변형방지

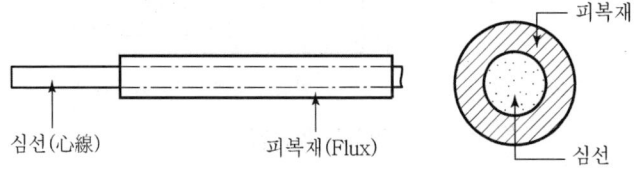

10) 예열 응력에 의한 변형 방지
미리 용접 부위에 예열하여 응력에 의한 변형 방지

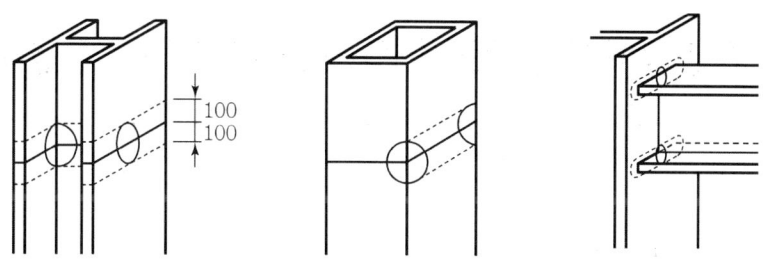

○ : 중점적으로 예열하는 부분

11) 수축력 제거
냉각법 및 가열법 등을 활용하여 수축력으로 인한 변형을 사전에 제거 후 모재의 잔류응력 해소

12) 용착금속량 확인
적정한 개선, 형상 정밀도 및 평활도 유지 / Over Welding 금지

13) 기후 · 온도 사전 파악
기온 0℃ 이하에서 작업 중단 및 우천 시나 강풍 시에도 작업 중단

14) 용접 부위에 설계 당시 용접 순서 및 용접방법 검토, 도면에 명시

15) Back Strip 및 End Tab
시작 지점과 끝 지점의 불량 용접 사전 방지

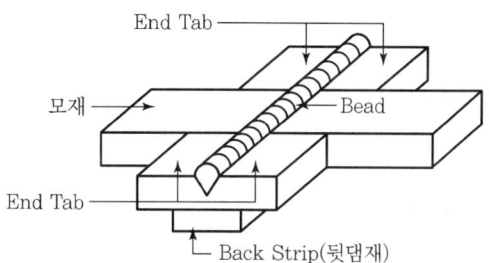

5 결론

용접은 구조체의 응력을 접합 및 연결하는 중요한 작업으로 철저한 품질관리가 요구되며, 이를 위해서는 무인 용접 System 개발이 필요하다.

문제 50. 철골공사의 현장용접 검사방법에 대하여 설명하시오.

1 현장용접 검사방법의 개요

① 철골용접 검사에는 용접 전, 용접 중, 용접 후 검사로 구분되며, 용접 전 검사에서는 용접부재의 적합성 여부를 파악하고, 용접 중 검사에서는 사용재료 및 장비에서 발생하는 결함을 사전에 방지하기 위함이며, 용접 후 검사는 구조적으로 충분한 내력을 확보하고 있는지 판단하게 된다.

② 용접 완료 후에는 외관검사, 절단검사가 있으며, 비파괴검사 중에는 방사선투과법, 초음파탐상법, 자기분말탐상법, 침투탐상법 등이 있다.

2 초음파탐상검사의 원리 및 검사방법 결정 시 고려사항

1) 초음파탐상검사의 원리

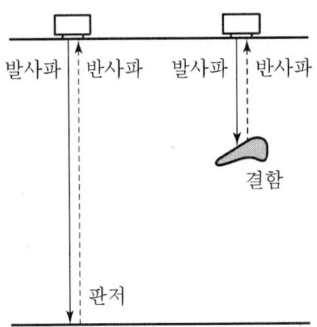

2) 검사방법 결정 시 고려사항

① 실시목적 및 실시시기 확인
② 각 검사방법에 따른 특성 파악
③ 검사 대상물의 재질, 모양, 크기 등 확인
④ 예상되는 결함의 종류 파악

3 현장용접 검사방법

1) 용접 착수 전

① 용접하기 전 단면의 형상과 용접부재의 직선도 및 청소상태를 검사한다.
② 용접결함에 영향을 미치는 사항으로는 트임새 모양, 구속법, 모아대기법, 자세의 적정성 여부 등이 있다.

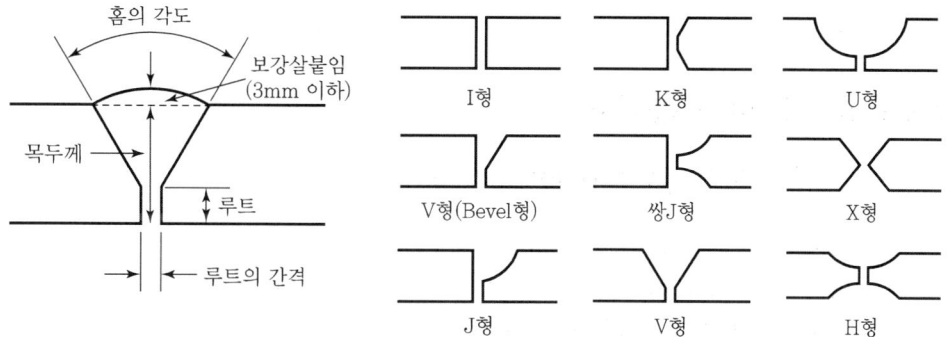

2) 용접작업 중

① 용접작업 시 재료와 장비로 인한 결함 발생 여부를 용접 중에 검사한다.
② 용접봉, 운봉, 적절한 전류 등을 파악하며 용입상태, 용접폭, 표면형상 및 Root 상태는 정확해야 한다.

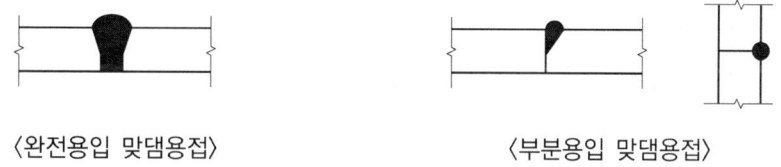

3) 용접작업 후

(1) 외관검사(육안검사)

① 용접부의 구조적 손상을 입히지 않은 상태에서 용접부 표면을 육안으로 분석하는 방법이다.
② 외관검사만으로 용접결함의 70~80%까지 분석·수정 가능하므로 숙련된 기술자의 철저한 검사가 필요하다.

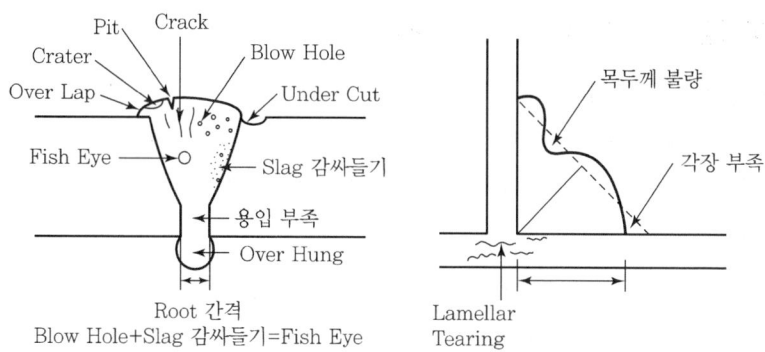

(2) 절단검사

① 구조적으로 주요 부위, 비파괴검사로도 확실한 결과를 분석하기 어려운 부위 등을 절단하여 검사하는 방법이다.
② 절단된 부분의 용접상태를 분석하여 결함을 추정·예상하고 수정한다.

(3) 비파괴검사

4 철골 용접 부위의 비파괴검사

1) 방사선투과법(RT ; Radiographic Test)

(1) 정의
가장 널리 사용하는 검사방법으로 X선, γ선을 용접부에 투과하고, 그 상태를 필름에 형상으로 담아 내부결함을 검출하는 방법이다.

(2) 결함분석
① 균열, Blow Hole, Under Cut, 용입 불량
② Slag 감싸들기, 융합 불량

(3) 특성
① 검사 장소의 제한
② 검사한 상태를 기록으로 보존 가능
③ 두꺼운 부재도 검사 가능
④ 방사선은 인체 유해

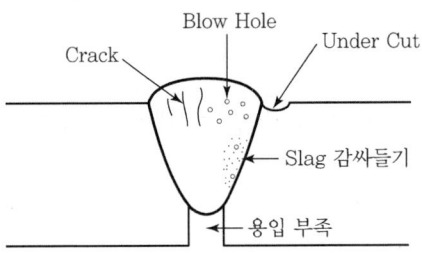

2) 초음파탐상법(UT ; Ultrasonic Test)

(1) 정의
용접 부위에 초음파를 투입과 동시에 브라운관 화면에 용접상태가 형상으로 나타나며, 결함의 종류, 위치, 범위 등을 검출하는 방법으로 현장에서 주로 사용하는 검사방법이다.

(2) 특성
① 장치가 소형(약 4kg)이므로 검사 시 운용 취급이 편리함
② 검사 속도가 빠르고 경제적임
③ 맞댄이음, T형 이음에 적용됨
④ 균열의 검출이 용이함
⑤ 복잡한 형상의 검사는 불가능함

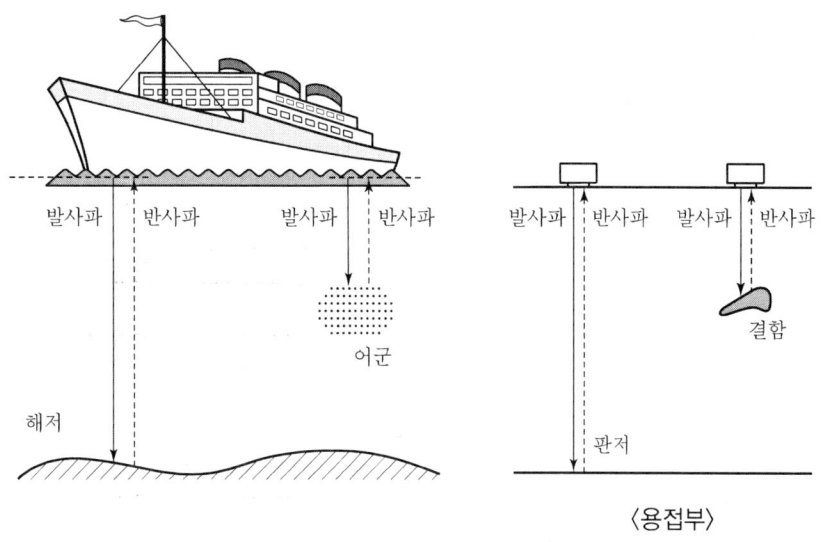

⟨용접부⟩

3) 자기분말탐상법(MT ; Magnetic Particle Test)

(1) 정의

용접부 표면이나 표면 주변의 결함, 표면 직하의 결함 등을 검출하는 방법으로 결함부의 자장에 의해 자분이 자화되어 흡착되면서 결함을 발견하는 방법이다.

(2) 특성

① 육안으로 외관검사 시 나타나지 않은 균열, 흠집 등이 검출 가능함
② 용접 부위의 깊은 내부까지 결함분석이 미흡함
③ 검사 결과의 신뢰성 양호함

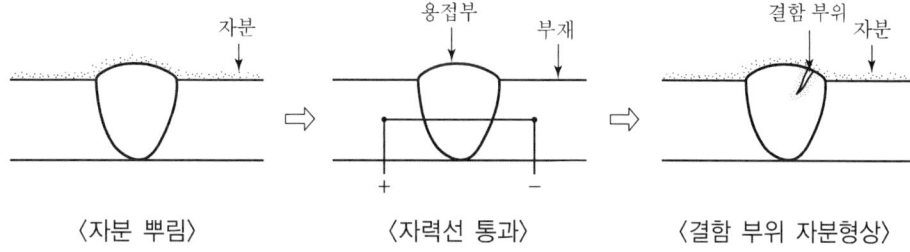

⟨자분 뿌림⟩　　⟨자력선 통과⟩　　⟨결함 부위 자분형상⟩

4) 침투탐상법

(1) 정의

용접 부위에 침투액을 도포하여 결함 부위로의 침투를 유도하고, 표면을 닦아낸 후 판단하기 쉬운 검사액을 도포하여 검출하는 방법이다.

(2) 특성

① 검사가 간단하며, 1회에 넓은 범위를 검사할 수 있음

② 비철금속도 검사 가능함
③ 표면결함 분석이 용이함
④ 검사체의 크기, 형상에 관계없이 검사 가능함

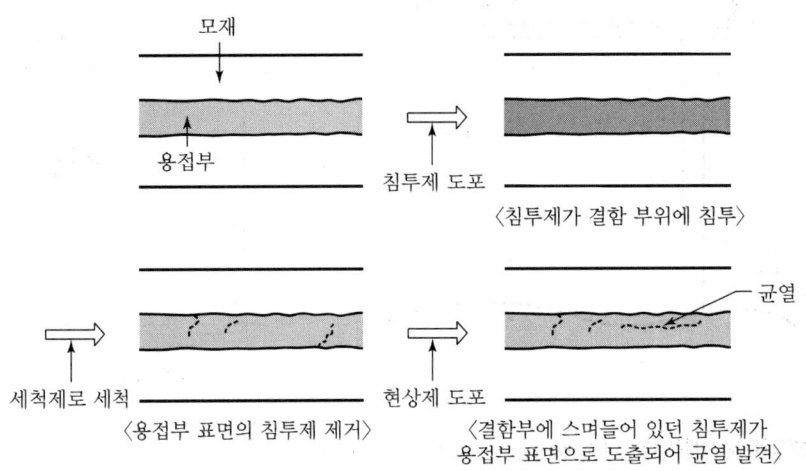

5 결론

① 접합부 용접은 건축물의 강도, 내구성에 영향을 미치므로 구조상 요구하는 내력에 대한 검사를 해야 한다.
② 용접부 품질관리를 위해서는 용접 전, 용접 중, 용접 후 검사방법 및 유의사항을 준수하고, 검사방법·검사기준의 표준화와 고성능검사장비의 개발 및 Robot화 시공이 필요하다.

문제 51. 철골조 건축물의 내화피복 필요성과 내화성능기준 및 공법에 대하여 설명하시오.

1 내화피복의 일반사항

① 철골구조는 외력에 의한 높은 온도에 약하므로 화재열로 인한 내력저하를 최소화하기 위해 내화피복이 필요하며, 내화시험규준에 맞는 충분한 내화성능을 가져야 한다.
② 철골의 구조강재 융점은 1,500℃로 500~600℃이면 50% 저하, 800℃ 이상이면 응력이 제로에 도달하므로 철저한 품질관리가 요구된다.

2 내화피복 시공도 및 필요성

1) 내화피복 시공도

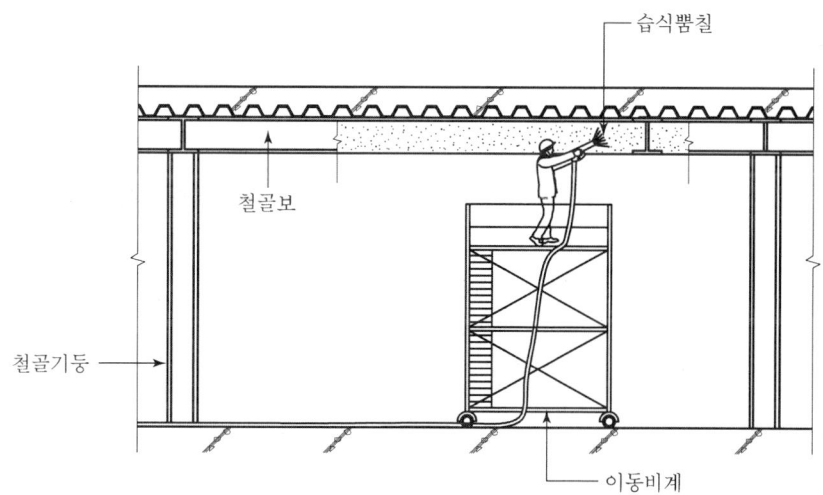

2) 내화피복의 필요성

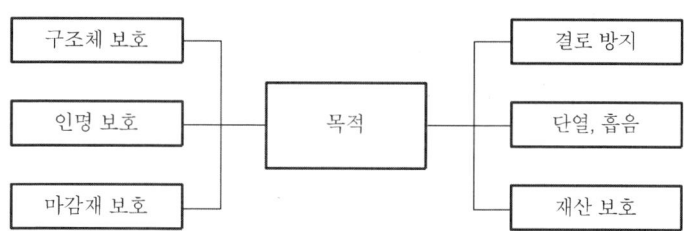

3 철골공사 내화성능기준

구분	층수/최고 높이		기둥	보	Slab	내력벽
일반시설	12/50	초과	3시간	3시간	2시간	3시간
		이하	2시간	2시간	2시간	2시간
	4/20 이하		1시간	1시간	1시간	1시간
주거시설	12/50	초과	3시간	3시간	2시간	2시간
		이하	2시간	2시간	2시간	2시간
	4/20 이하		1시간	1시간	1시간	1시간
공장·창고	12/50	초과	3시간	3시간	2시간	2시간
		이하	2시간	2시간	2시간	2시간
	4/20 이하		1시간	1시간	1시간	1시간

4 철골공사 내화피복공법

1) 습식공법

(1) 타설공법

① 정의
   철골구조체 주위에 거푸집을 설치하고 경량 Con'c 및 모르타르 등을 타설하는 공법
② 특성
   - 필요치수 제작 및 표면마감 용이
   - 구조체와 일체화로 시공성 양호
   - 시공시간이 길고 소요중량이 큼

(2) 뿜칠공법

① 정의
   철골강재 표면에 접착제 도포 후 내화재료를 뿜칠하는 공법
② 특성
   - 복잡한 형상에도 시공 가능
   - 작업속도가 빠르며 가격 저렴
   - 피복두께, 비중 등 관리 곤란

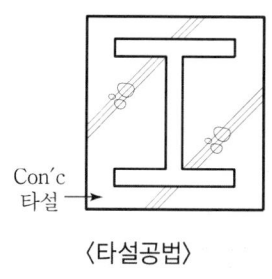
〈타설공법〉

〈뿜칠공법〉

(3) 미장공법

① 정의

철골강재에 부착력 증대를 위해 Metal Lath 및 용접철망을 부착하여 단열 Mortar로 미장하는 공법

② 특성
- 내화피복과 표면마무리 동시 완료 가능
- 작업 소요시간이 길며, 기계화 시공 곤란
- 부착성, 균열, 방청에 대한 검토 필요

(4) 조적공법

① 정의

철골강재 표면에 Con′c 블록, 벽돌, 돌 등으로 조적하여 내화피복 효과를 확보하는 공법

② 특성
- 충격에 강하며, 박리 우려 없음
- 시공시간이 길며, 중량이 큼

〈미장공법〉

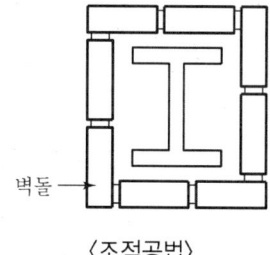
〈조적공법〉

2) 건식공법

(1) 정의

내화단열이 우수한 경량의 성형판을 접착제나 연결철물을 이용하여 부착하는 공법

(2) 특성

① 재료, 품질관리 및 작업환경이 양호함
② 부분보수는 용이하지만 접합부의 내화성능이 불리함
③ 충격에 비교적 약함

④ 보양기간이 길다.

(3) 시공 시 유의사항
① 내화피복두께 및 내화시험규준에 맞는지 여부 확인
② 부착판재의 맞춤 시 접착부의 내화성능 확보
③ 제품 주문 시 규격을 미리 분석하여 시공 여부 확인
④ 잔여 자재의 처리방안 검토(산업폐기물 처리업체에 위탁)

3) 합성공법

(1) 정의
이종재료를 적층하거나 이질재료의 접합으로 일체화하여 내화성능을 높이는 공법

(2) 종류 및 특성
① 이종재료 적층공법
- 건식·습식공사의 단점 보완
- 건축물 마감의 평탄성 유지
- 바탕에는 석면성형판, 상부에는 질석 Plaster로 마무리

② 이질재료 접합공법
- 초고층건물의 외벽공사를 경량화할 목적으로 공업화제품을 사용하여 내부마감제품과 이질재료를 접합
- 외부의 내화피복의 공정 축소와 재료 절약

(3) 시공 시 유의사항
① 내화피복성능을 사전에 파악하여 시공
② Joint 부분의 결함 여부 확인
③ 접합방법 및 강도 검토

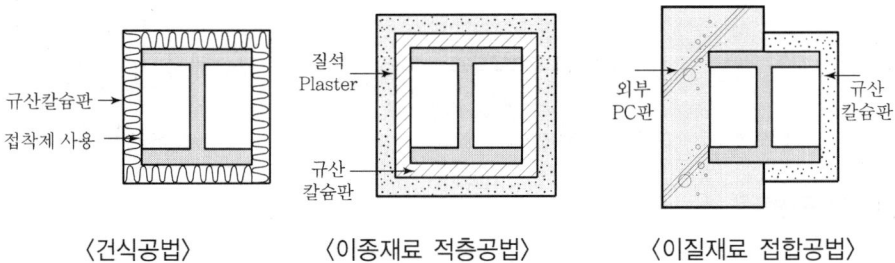

〈건식공법〉　　〈이종재료 적층공법〉　　〈이질재료 접합공법〉

4) 도장공법(내화도료)

(1) 정의
내화도료란 철골조에 두께 0.85mm 정도를 도포하여 화재 시 발포로 단열층이 형성되는 가열발포형 고기능내화피복제이다.

(2) 작용원리

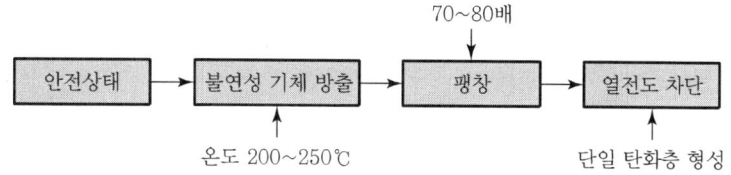

(3) 시공 시 유의사항

① 기온이 4℃ 이하일 때는 작업 금지
② 5~40℃에서 작업하며 강우, 강풍 시 작업 금지
③ 상대습도 85% 이하, 풍속 5m/sec 이하일 때 작업

5 내화피복검사의 종류

1) 미장·뿜칠 공법의 경우

① 시공 시 $5m^2$당 1개소로 두께를 확인하면서 시공한다.
② 뿜칠시공 시 시공 후 코어를 채취하여 두께 및 비중을 측정한다.
③ 측정빈도는 각 층마다 또는 $1,500m^2$마다 각 부위별로 1회씩 실시한다.
④ 1회에 5개소로 한다.
⑤ 연면적 $1,500m^2$ 미만의 건물은 2회 이상 측정한다.

2) 조적·붙임·멤브레인 공법의 경우

① 재료반입 시 두께 및 비중을 확인한다.
② 확인빈도는 각 층마다 또는 $1,500m^2$마다 각 부위별로 1회씩 실시한다.
③ 1회에 3개소로 한다.
④ 연면적 $1,500m^2$ 미만의 건물은 2회 이상 검사한다.

6 결론

① 철골구조의 내화피복은 외부 온도변화의 영향으로부터 구조체를 보호하는 역할로써 시공 시 정밀한 품질이 확보되어야 하며, 품질의 양부가 화재 등의 외력으로부터 건물을 보호하여 오랜 수명을 확보할 수 있다.
② 설계 당시부터 합리적인 내화설계법을 적용하고, 성능기준제도의 현실화 및 시공장비의 무인 System화로 균질한 품질 확보가 가능하도록 하여야 한다.

CHAPTER 09

초고층공사

문제 52. 초고층건축물 코어(Core) 선행공법의 접합부에 대한 공종별 관리사항에 대하여 설명하시오.

1 코어(Core) 선행공법의 접합부 개요
① 고층건축물의 코어 선행공법은 코어 벽식구조의 상부 변위는 라멘구조가 상쇄시켜주고, 라멘구조의 하부 변위는 Core 벽식구조가 상쇄시켜주는 공법이다.
② 매입철물(Embedded Plate)는 Core 선행벽체와 연결되는 철골보, 배관 Bracket, 호이스트 Bracket, CPB(Concrete Placing Boom) 등의 후속 연결을 위해 매입하는 Plate이다.

2 Embedded Plate에 의한 접합부 시공도 및 코어 선행공법의 특징

1) 접합부 시공도

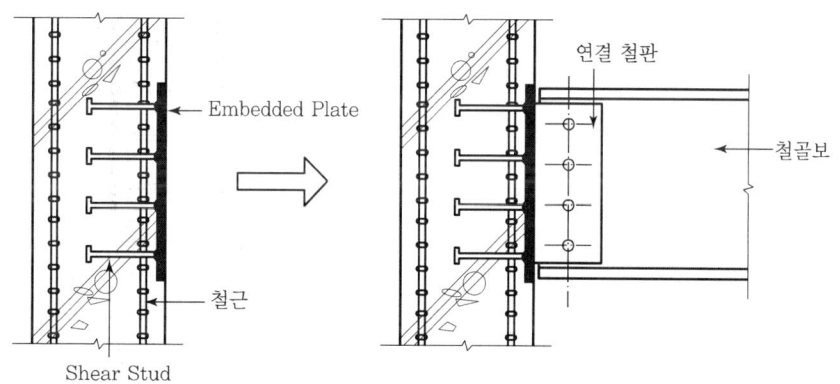

〈Embedded Plate 설치〉　　　〈철골보 연결〉

2) 코어(Core) 선행공법의 특징

장점	단점
• Core를 선행시키므로 공정관계 및 공사관계가 원활	• 초기 검토기간 필요(2개월 정도)
• 전용횟수 증가로 초고층일수록 원가절감	• 초기 투자비용 과다
• 러핑크레인 없이 거푸집 상승 가능으로 장비효율성 증대	• 구조물 연결 부위의 시공정밀도 및 구조안정성 확보
• 철근 Pre-fab 시공에 유리	• 거푸집 System 대부분이 목재이므로 화재위험
	• 각 Unit별 분할상승되므로 안전사고 위험

3 공종별 관리사항

1) 철근공사

(1) Embedded Plate의 수직 유지
① Embedded Plate 설치 시 수직 Check
② 코어 벽면과 Embedded Plate면의 일치
③ 콘크리트 타설 시 Embedded Plate가 움직이지 않도록 고정

(2) Shear Stud와 벽체 철근과의 용접접합 금지
① Shear Stud와 코어 벽체 철근은 결속선으로 긴결
② Shear Stud와 코어 벽체 철근과의 간격이 클 경우 보조철근 설치
③ 벽체 주철근과 용접 시 주철근의 내력저하 우려
④ Shear Stud와 Plate는 용접으로 접합

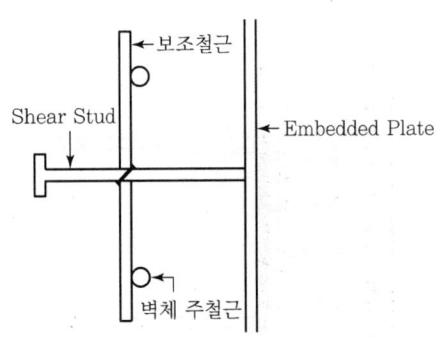

〈Shear Stud와 벽체 철근과의 용접접합〉

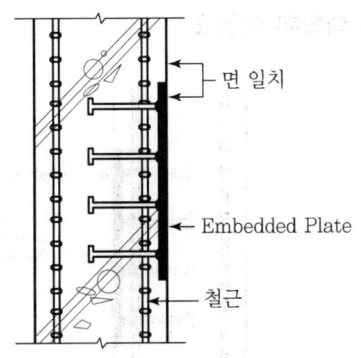

〈Embedded Plate〉

2) 거푸집공사

(1) 벽 철근조립 시 피복두께 유지
① 철근 선조립장 확보
② Dowel Bar와 후속 철근의 결속부 시공에 유의
③ 공기가 1.5~2일이므로 시공에 차질이 없도록 유의

(2) 매입물 누락 유의
① 철근조립 후 각종 Sleeve 설치를 즉시 실시할 것
② 각종 매입물 도면으로 철근조립 전에 설치 위치, 개수 등 숙지할 것

(3) Form Climbing 속도 유지
① Sliding Form 규정의 Climbing 속도를 준수하며, 작업속도 조절
② Climbing 후 거푸집의 수직도 Check

(4) Embedded Plate Box 시공 철저
　① Core에서 연결되는 구조체의 시공을 위해 Embedded Plate Box 매입
　② Core부 Con'c 타설 시 위치 변동에 유의
　③ 후시공 구조체에 연결될 때까지 관리 철저

3) 콘크리트공사

(1) Embedded Plate의 Level 관리
　① Embedded Plate의 시공오차 고려
　② 오차범위가 20mm 이내가 되도록 관리
　③ Embedded Plate의 Shear Stud는 Form Tie 등에 간섭되지 않도록 설치

(2) Embedded Plate의 유동 금지
　① 콘크리트 타설 시 Embedded Plate의 위치 변동이 없도록 유의
　② Embedded Plate를 견고히 설치할 것

(3) Embedded Plate와 콘크리트 일체화
　① 콘크리트 타설 시 다짐 철저
　② Embedded Plate가 콘크리트 속에 완전 매입되도록 할 것

(4) 거푸집 및 콘크리트의 수직도 관리
　거푸집공사 시 거푸집의 수직도와 수밀성 관리

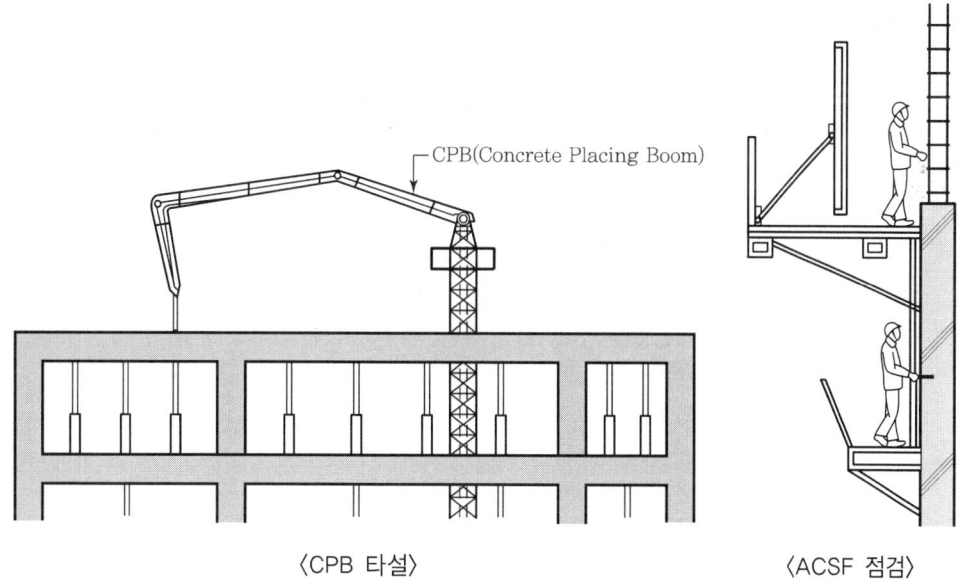

〈CPB 타설〉　　〈ACSF 점검〉

4) 보 및 슬래브 연결공사

  (1) 철골보와 Embedded Plate의 연결

   ① Embedded Plate와 철골보의 연결은 연결철판을 사용
   ② 연결철판에 Slot Hole을 가공하여 고력 Bolt로 철골보와 접합

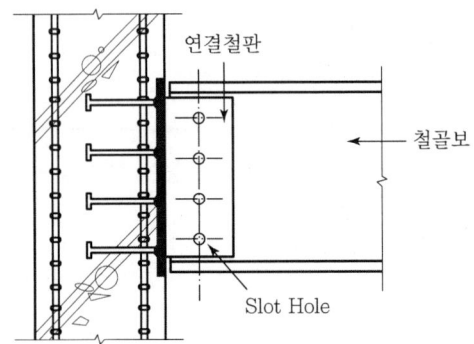

〈철골보와 Embedded Plate의 연결〉

4 코어 벽체부의 매입철물 설치방법 비교

설치방법	내용
Embedded Plate	콘크리트 벽체와 철골보 또는 각종 Bracket을 연결하기 위해 콘크리트에 매입하는 철재 Plate
Halfen Box	콘크리트 벽체와 콘크리트 Slab 콘크리트 벽체 등을 연결하기 위한 연결철근이 내장된 Box

5 결론

① 초고층건축의 시공이 빈번해짐에 따라 Core 선행공법은 필수적이며, 후속 철골보의 연결을 위한 Embedded Plate의 병행시공이 중요한 사항이 되었다.
② Embedded Plate의 정확한 위치 선정 및 고정이 중요하며, 콘크리트 타설 시 이동이나 변형 등을 방지하기 위한 조치가 필요하다.

문제 53. CFT(콘크리트 충전 강관기둥) 공법의 장·단점과 콘크리트 충전방법, 품질관리계획 및 콘크리트 하부 압입 타설 시 유의사항에 대하여 설명하시오.

1 CFT(Concrete Filled Tube) 공법의 일반사항

① CFT 공법은 원형이나 각형 강관 내부에 콘크리트를 충전하여 강관과 콘크리트가 상호 구속하는 특성에 의해 강성, 내력, 변형방지 및 내화 등에 뛰어난 성능을 발휘하는 공법이다.
② 강관을 기둥의 거푸집으로 하며, 강관 내부에 콘크리트를 채운 합성구조로써 좌굴방지·내진성 향상·기둥단면 축소·휨강성 증대 등의 효과가 있으므로 초고층건물의 기둥구조물에 유리하다.

2 CFT 공법의 구조도 및 CFT 공법의 특징

1) CFT 공법의 구조도

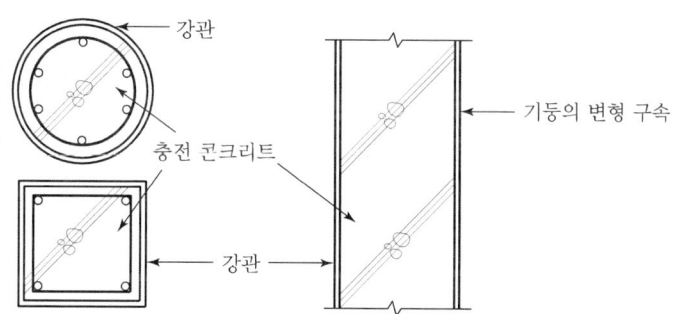

2) CFT 공법의 특징

(1) 장점
① 강관의 국부좌굴이 충전 콘크리트에 의해 억제되어 연성 향상
② 충전 콘크리트에 의해 강성 증대
③ 충전 콘크리트의 측압, 축내력 및 열용량에 의해 내화성능 향상
④ 충전 콘크리트가 강관 내부의 방청(녹방지) 효과 발휘
⑤ 강관이 거푸집 역할을 하므로 거푸집 불필요

(2) 단점
① 내화성능은 우수하지만 별도의 내화피복 필요
② 보와 기둥의 연속접합 시공 곤란

③ 콘크리트의 충전성에 대한 품질검사 곤란
④ 강관 내부의 습기에 의한 동결 가능성

3 CFT 콘크리트 충전방법

타설방법	특징
기둥 상부	• 기둥 상부에 트레미관을 설치하여 타설하는 방법이다. • 가설비계가 필요하다. • 시공성 및 충전성이 불리하다.
기둥 하부	• 기둥 하부에 구멍을 뚫어 펌프의 압입으로 타설한다. • 작업성 및 안전성에 유리하다. • 콘크리트의 충전효과가 양호하다.

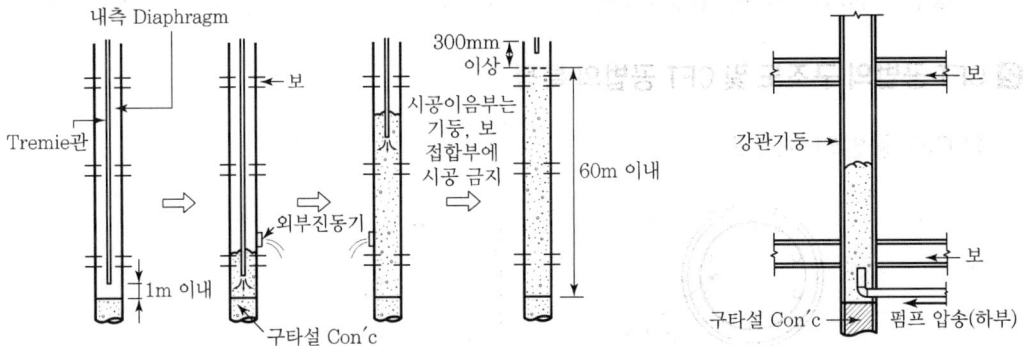

4 CFT 공법의 품질관리계획

1) 강관 사용재료의 검수 철저
강관기둥에 사용하는 재료의 품질관리 및 검사는 시방서에 준해 실시

2) 강관기둥 제작 시 품질관리 및 검사 실시
공장제작, 현장설치 및 공사현장용접에 관한 품질관리는 시방서를 기준

3) 콘크리트 충전 전 결합부 확인
콘크리트 충전 전에 해당 범위의 철골에 고력 볼트 본체결 및 용접시공이 완료되었는지 점검

4) 콘크리트 충전 후 시공상태 확인
① 콘크리트 압입구의 절단 후 처리 여부 확인
② 내화성 확보를 위해 설치한 증기구멍의 콘크리트 누설방지 처리
③ 화재 시 증기 방출에 문제가 발생하지 않도록 처리

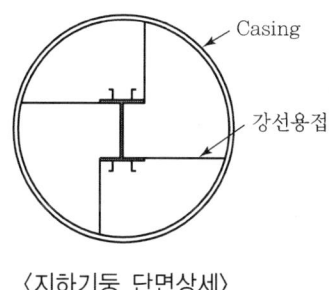
〈지하기둥 단면상세〉

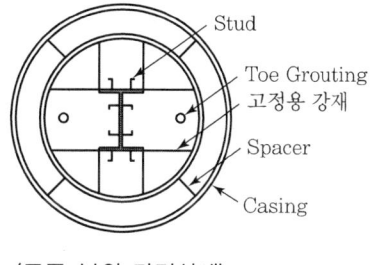
〈구근 부위 단면상세〉

5) 콘크리트의 품질 검수
설계도서 및 건설사업관리자의 승인을 얻은 규정에 적합한지 확인

6) 콘크리트 제조 시의 품질관리 및 검사
콘크리트 공장의 품질관리 이행 여부를 관리 및 검사로 확인

7) 반입될 때의 품질관리 및 검사 실시
굳지 않은 콘크리트 및 경화 콘크리트 검사는 콘크리트 제조공장에서 실시

8) 구조체 콘크리트의 품질관리 및 검사
콘크리트 검사사항의 결과를 건설사업관리자에게 제출

9) 콘크리트 충전성에 관한 품질관리 및 검사
콘크리트 타설 중, 타설 후에 충전성 검사에서 품질확보 여부 확인

5 CFT 콘크리트 하부 압입 타설 시 유의사항

1) 콘크리트 품질관리 철저

구분	품질관리	구분	품질관리
목표 공기량	2.0~4.5% 이하	단위수량	175kg/m³ 이하
블리딩수	0.1cc/cm² 이하	물결합재비	50% 이하
침하량	2mm		

2) 1회 타설높이 등 철저한 시공계획서 필요
1회 타설높이, 콘크리트의 충전공법 선정으로 품질관리 철저

3) 300mm 이상 간격의 Construction Joint 위치 준수
① 강관의 이음 위치에서 30mm 이상 간격을 두고 시공이음면 설치
② 배수구멍으로의 원활한 배수를 위해 콘크리트를 경사지게 마감

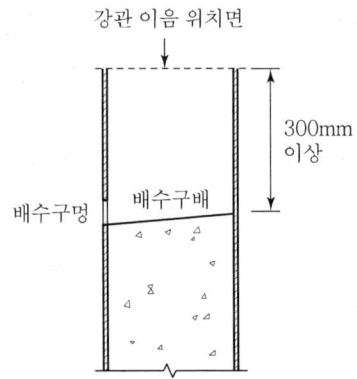

4) 콘크리트의 밀도 있는 충전 실시

① CFT 내부에 밀도감 있는 콘크리트가 충전되도록 관리
② 공기구멍 및 배수구멍 확인 철저

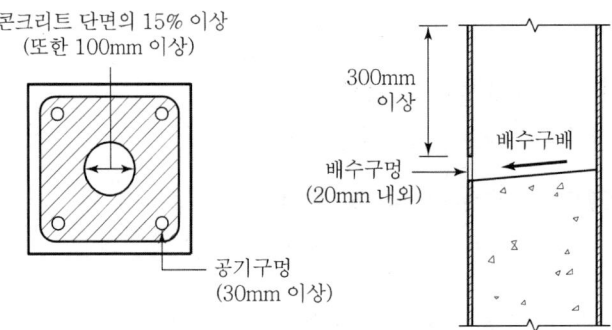

6 결론

① CFT 공법은 좌굴에 약한 철골의 단점과 전단력이 약한 콘크리트의 단점을 합성구조로 보완한 합리적인 공법이다.
② CFT 기둥과 연결되는 보와의 응력전달 확보 및 시공성이 더욱 용이하도록 연구개발하여야 하며, 강관 내에 콘크리트의 충전성이 높아지도록 노력하여야 한다.

문제 54. 초고층건축물의 콘크리트공사에서 타설 전 관리사항과 압송장비 선정방안, 압송관 관리, 압송관 설치 시 주의사항에 대하여 설명하시오.

1 초고층공사에서 콘크리트 타설의 일반사항

① 초고층건축물의 콘크리트 시공 시 재료, 배합, 시공단계별 고강도, 고유동 콘크리트 관리를 통하여 시공 전체 단계에 걸쳐 철저한 품질을 확보해야 한다.
② 콘크리트 타설 전 품질관리 기준을 준수하고, 압송장비 선정 시 장비용량, 소요 대수, 배관품질 확보방안에 대한 세부 검토가 필요하다.

2 초고층공사 타설 시공도

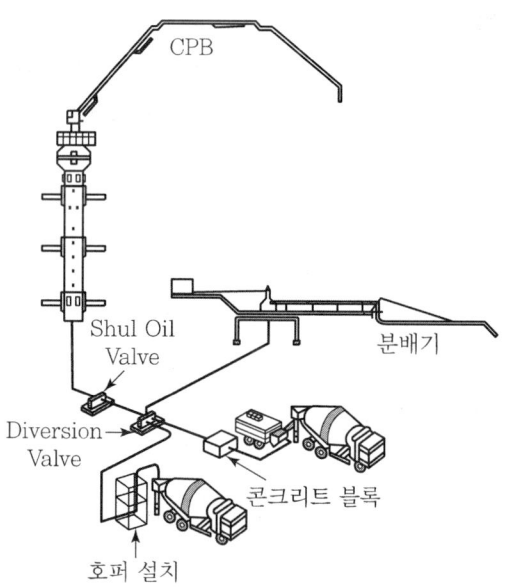

3 초고층공사 타설 전 관리사항

1) CPB 고층부 활용방안 수립
① 수직 반송된 콘크리트의 즉시 타설을 위해 CPB 고층부 코어 배치
② CPB 효율을 고려한 1일 타설량 결정

2) 대용량 수직 압송장비 확보
① 압송장비는 콘크리트 타설 위치에 근접하게 계획
② 1회 양중높이를 고려하여 용량이 부족한 경우 받아치기 실시

3) 고층부 작업소음 및 민원 등 사전 점검
① 레미콘 차량, 고압 펌프 장비 등의 현장 진입 문제 점검
② 차량 진입로의 폭 및 교통량 등을 사전에 조사

4) 타설에 관한 공정계획 작성
① 1일 타설량, 비빔에서 타설까지의 시간, 기온 및 기상 등을 일정계획에 반영
② 타설 후 양생기간 및 존치기간 준수

5) 시공이음 기준 작성
① 시공이음의 위치는 보 및 바닥 슬래브의 중앙 부근에서 수직으로 시공
② 기둥 및 벽에서는 바닥 슬래브 위에서 수평으로 시공

6) 피막·습윤 양생계획 수립
① Con'c 타설 후 일정한 기간 동안 양생포로 습윤 양생
② 피막 양생을 할 경우에는 충분한 양의 피막 양생제를 균일하게 살포

7) 가설계획 전문가 점검
① Con'c 압송관은 거푸집 및 배근 등에 영향이 없도록 고정철물로 고정상태 점검
② 높은 곳에서 타설 시 재료분리 방지를 위해 금속제 플렉시블 슈트 또는 고무호스 슈트 이용

8) 압송배관 마모를 고려한 두께 결정
① 콘크리트 압송중 마모로 인한 배관 파손 방지
② 압송관 두께의 정기점검 및 복수배관 설치

4 초고층공사 압송장비 선정방안

1) 초유동 콘크리트 압송거리 검토
① 수평거리는 200~300m 정도가 압송거리의 한계임
② 압송거리를 높이기 위한 대용량 압송장비 선정 필요

2) 수직높이 검토
일반장비의 수직높이에 대한 거리는 40~60m 정도이므로 대용량 장비 사용

3) 압송관 위치 고려
① 압송관은 최대한 짧게 배치되도록 시공계획 시 반영
② 압송관은 건물 1층의 지정공간에 위치하도록 사전계획 수립

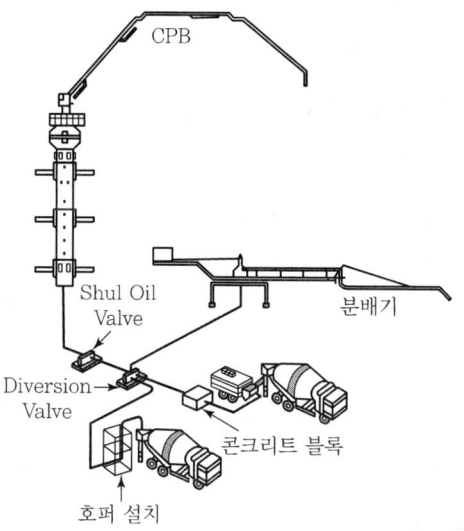

4) 압송관 구경
① 일반적으로 길이 3m, 관경 125mm, 관두께 4mm의 배관 사용
② 초고층공사 등 고압 펌프 사용 시 관두께 7.1mm를 적용
③ 관두께 7.1mm 파이프는 1m, 2m 또는 3m로 된 길이를 여러 가지 커플링을 이용하여 신속조립 연결(곡관 종류 : 90°, 60°, 45°, 30°, 15°)

5) 파이프 두께 측정
파이프 두께를 측정하고자 할 때에는 초음파 측정장비로 간단히 측정할 수 있으며, 필요한 경우에는 Spot Drilling 실시

6) 고압 · 저압 펌핑 파이프 등

항목	내용
고압	관두께 7.1mm를 적용
저압	관두께 4mm 배관 사용
펌핑 파이프 수명	• 관두께 7.1mm의 경우, 약 $30,000m^3 \sim 35,000m^3$까지 사용 가능 • 200m 이상의 초고층일 경우 저층부와 고층부 배관을 교체 사용

7) 고압 펌프의 커플링 선정 시
고압일 경우 검증되지 않은 커플링은 매우 위험함

8) 초고층공사 콘크리트 압송관 초입부 관리
① Pipe Line이 길 경우 Grouting의 물이 쉽게 증발되어 콘크리트가 Pipe 내벽에 부착되어 경화되기 쉬우므로 주의해야 한다.

② 타설 중 장기간에 걸쳐 Pumping 멈춤 금지
③ 배관 내에 충분한 물축임, 냉각, 그늘지게

9) Pipe Line의 두께는 콘크리트 500m³마다 점검 교체
마모 정도에 따라 상부층에서 재사용 가능

10) CPB(Concrete Placing Boom) 사용
① 수직 상승용 Mast 별도 설치
② 철근에 전혀 영향을 주지 않음 / 초고층건물의 고강도 콘크리트 타설 시 주로 이용

11) 압송관의 폐색 방지
① Con'c Pump에 사용되는 콘크리트는 시멘트 10kg/m³, 잔골재율 2~3% 정도 증가시킴
② 부순돌의 경우 실적률이 60% 이하인 것은 Con'c Pump용으로 사용하지 않음

12) 압송 시 Slump 저하 고려
① Con'c의 Slump는 5~15cm 범위가 적절함
② 보통 Con'c의 경우 압송시간을 30분으로 가정할 때 0.5~1cm 정도의 감소현상이 발생함

5 결론
① 현재 우리나라의 초고층공사 시장은 날로 변화하며, 성장하고 있다.
② 콘크리트 타설 시 근로자의 추락사고, 낙하물 사고 등 안전사고가 증대하고 있으며, 특히 압송관 수리 중 부상을 당하는 근로자도 발생하므로 작업 시 주의해야 한다.
③ 초고층공사에서는 타설 전 관리와 압송관 선정방안이 매우 중요하다.

문제 55: 초고층건축물에서 연돌효과(Stack Effect)의 문제점과 방지대책에 대하여 설명하시오.

1 연돌효과(Stack Effect)의 개요

① 연돌효과란 굴뚝으로 연기를 내보내는 원리로, 고층건물의 경우 맨 아래층에서 최상층으로 향하는 강한 기류의 형성을 말한다.
② 문제점으로는 공기 유출입에 따른 건물 내 에너지 손실, 실내에 강한 바람으로 인한 불쾌감 유발, 엘리베이터 문의 오작동 발생이 있으며, 대책으로는 1층 출입구에 회전방풍문 설치, 공기통로의 미로형성 등이 있다.

2 연돌효과의 이론적 Mechanism

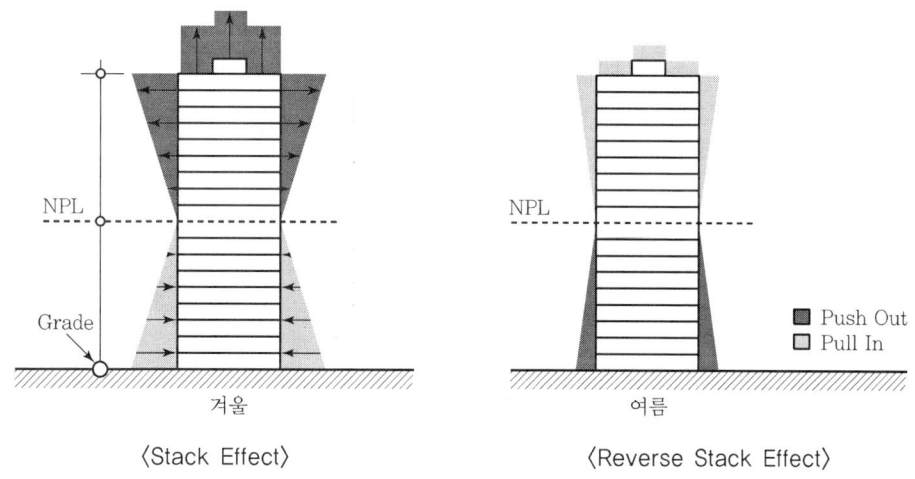

〈Stack Effect〉　　　〈Reverse Stack Effect〉

3 연돌효과(Stack Effect)의 문제점

① 공기 유출입에 따른 건물 내 에너지 손실
② 실내에 강한 바람으로 인한 불쾌감 유발
③ 엘리베이터 문의 오작동 발생
④ Core 부근에 있는 실(Room)에서의 출입문 개폐에 어려움 발생
⑤ 화재 시 1층에서 최상층으로 강한 통기력 발생
⑥ 실내 및 복도 환기설계 오류 발생
⑦ 화장실 및 주방배기의 어려움 발생
⑧ 제연설비의 오작동으로 방화구획 파괴

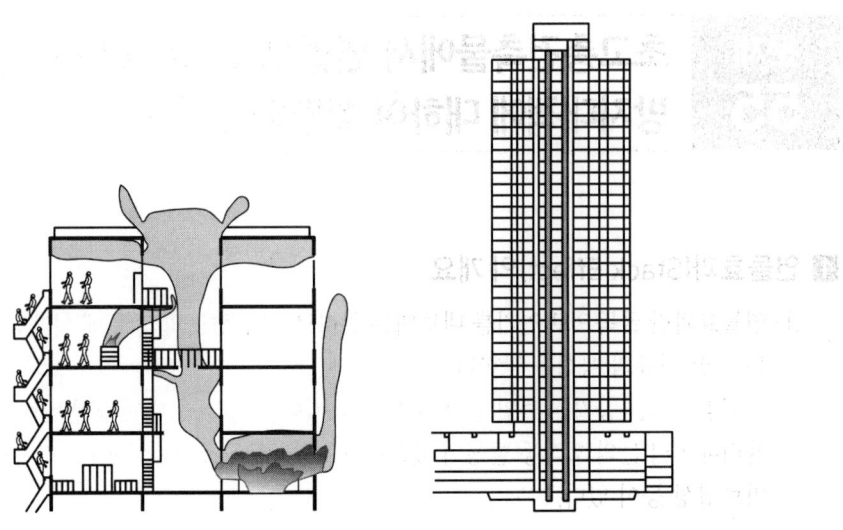

⑨ 침기(Infiltration)와 누기(Exfiltration)에 의한 소음 발생

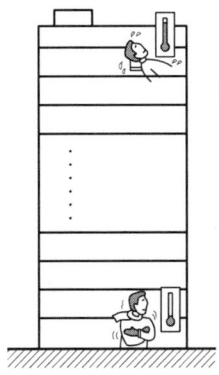

4 연돌효과(Stack Effect) 방지대책

1) 시뮬레이션에 의한 압력분포 검토
지하 1, 2층 압력분포 49.8pA/50.4pA 등 허용기준값 이내인지 확인 필요

2) 연돌효과와 관련된 건물특성 파악
지상 21층, 지하 7층의 경우 연돌효과 작용 높이는 110.6m임

3) 연돌효과 대책의 적용 필요성 및 설계 시뮬레이션 평가
지상 21층, 지하 7층의 경우 외기온도 −11.9℃, 실내온도 22℃ 적용

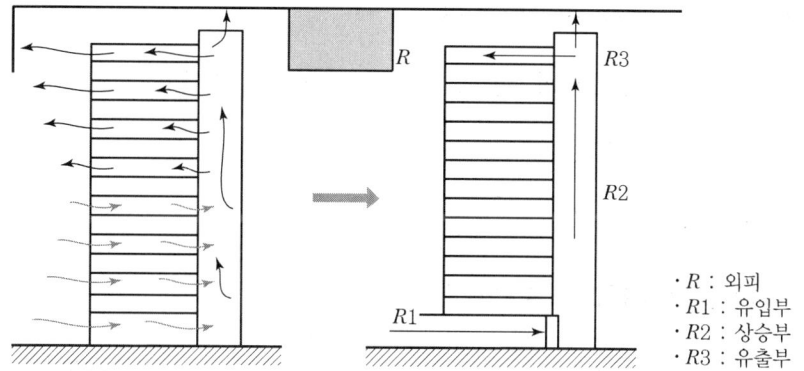

4) 1층 출입구에 회전방풍문 설치

5) 대상 건축물의 건축적·설비적 특성을 고려한 대책방안 도출

6) 대책방안별 병행적용 저감 효율 검토

7) 기밀한 외장재 설계, 건물 외피의 우수한 시공

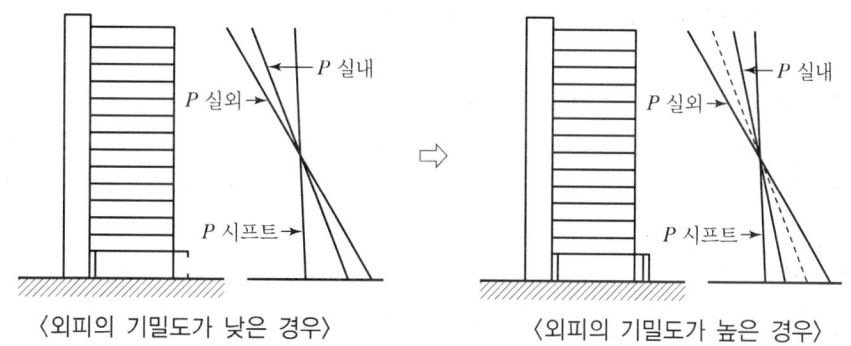

⟨외피의 기밀도가 낮은 경우⟩ ⟨외피의 기밀도가 높은 경우⟩

8) 겨울철 건물 내의 공기유동을 제한하여 연돌효과 억제

9) 아래층에서 공기의 유입을 최대한 억제

10) 출입구는 작게 시공, 출입구 방풍실 설치, 출입구 회전문 설치 등의 대책

11) 계단실이나 E.V. 등 수직통로에 공기 유출구 설치

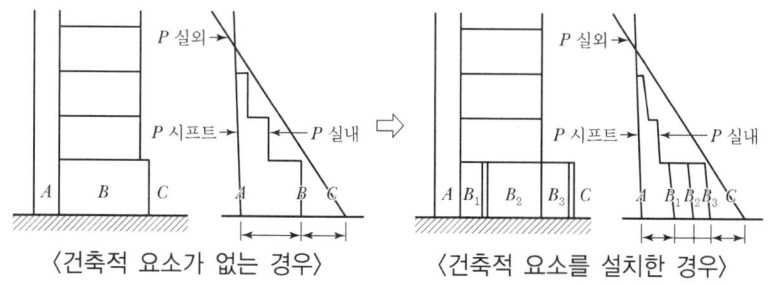

⟨건축적 요소가 없는 경우⟩ ⟨건축적 요소를 설치한 경우⟩

12) 건물 상층부에 개구부 설치 지양

13) 건물 상층부에 창호폐쇄, 기계실 기밀화, 외피 기밀화 방안

14) 공기통로의 미로 형성

15) 방화구획 철저히 시공

5 결론 – 연돌효과 저감대책 프로세스

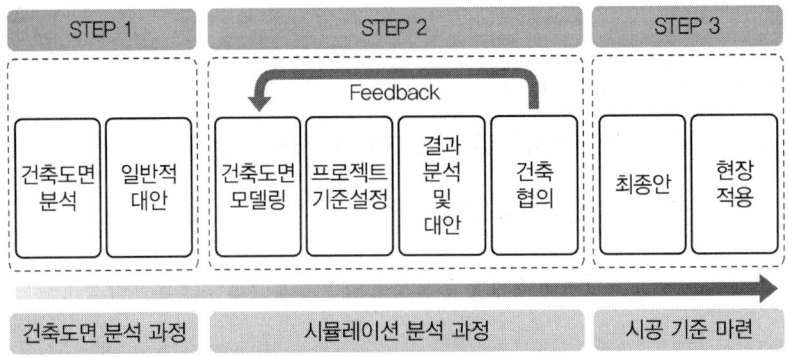

① 신축공사의 경우는 건축도면을 분석해 취약 부위를 도출하고, 시뮬레이션 프로그램을 통해 모델링을 실시한다. 이후 문제점 및 취약 부위를 확인하고 대책안을 도출한 후 대안에 대한 반영 가능성 여부를 시공팀과 협의하여 최적안을 결정한다. 반영된 안에 대한 시뮬레이션 분석 후 문제점 해결 여부를 확인한다.

② 시뮬레이션을 통해 연돌현상 발생 여부를 검증한 후 설계하고 시공하면 준공 후에 일어날 수 있는 연돌현상의 발생을 사전에 예방할 수 있다.

문제 56: 고층 철골철근 콘크리트조 건축물공사에서 수직부재 부등축소현상의 문제점과 발생원인 및 방지대책에 대하여 설명하시오.

1 Column Shortening의 개요

① Column Shortening이란 초고층건물 축조 시 내·외부의 기둥구조가 다른 경우와 재료의 재질 및 응력 차이로 인한 신축량이 발생하는데, 이때 발생하는 기둥의 축소변위를 말한다.

② 건물의 고층화로 인하여 기둥·벽과 같은 수직부재가 많은 하중을 받아 축소현상인 Column Shortening이 일어나는데, 이때 발생한 축소변위량을 조절하기 위해 전체층을 몇 구간으로 나누어서 변위량을 조절한다.

2 Column Shortening의 분류 및 발생형태, 문제점

1) 분류

(1) 탄성 Shortening
   구조물의 상부하중에 의해 발생하는 변위

(2) 비탄성 Shortening
   구조물의 응력이나 하중의 차이에 의해 발생하는 변위

2) 발생형태

탄성 Shortening	비탄성 Shortening
• 상부에 작용하는 하중의 차이가 날 때 • 기둥부재의 높이가 다를 때 • 기둥부재의 재질이 상이할 때 • 기둥부재의 단면적이 상이할 때	• 방위에 따른 건조수축에 의한 차이 • 콘크리트 장기하중에 따른 응력 차이 • 철근비, 체적, 부재 크기 등에 의한 차이

3) 문제점

(1) 내부 마감재 파손
   ① Column Shortening으로 인한 수평부재(Slab, 보)의 침하현상 발생
   ② 내부 마감재의 파손 발생

(2) EV의 오작동
   ① EV Shaft의 기울기 발생
   ② EV의 고장 및 오작동 발생

(3) 구조체의 균열 발생

  보, Slab 등 구조체에 균열 발생

(4) 외부 Curtain Wall의 하자 발생

(5) 마감재의 하자 발생

  ① 마감재의 균열 및 뒤틀림 발생
  ② 마감재의 재시공 상황 발생

3 Column Shortening의 발생원인

1) 온도 차이

① 내·외부 온도차에 의해 변위가 다를 경우
② 온도차로 인한 발생
③ 태양열에 의한 철골 신축은 100m에 4~6cm 발생

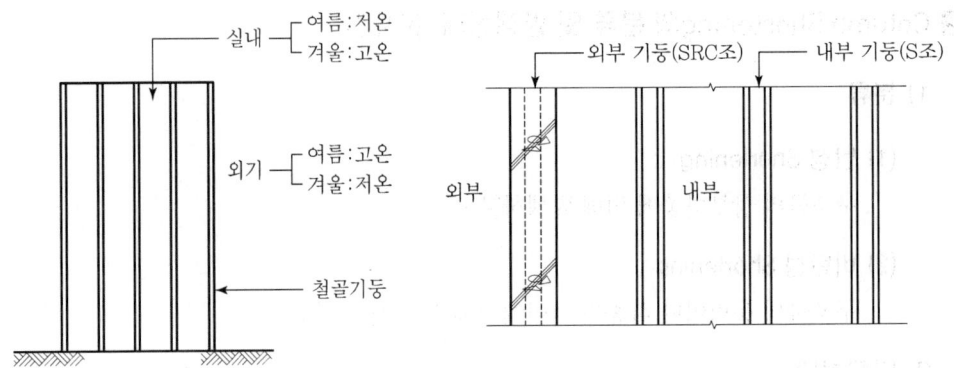

2) 기둥구조가 다를 때

① 초고층건물에서 내·외부 기둥구조의 차이로 인해 부등축소가 발생
② 코어 부분과 기둥과의 Level 차이로 발생

3) 신축량 차이

부재 간의 신축량 차이가 심하여 변위 발생

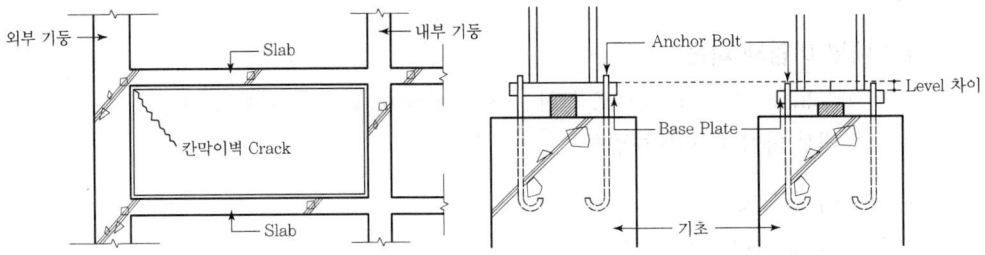

4) 재질 상이
① 기둥의 재질이 다른 경우
② 상하층의 기둥 재질이 다른 경우

5) 압축응력차
내·외부 기둥부재의 응력 차이로 인한 변위가 다른 경우

6) 기초 상부 고름질 불량
기초 상부의 고름질이 불량인 경우 상호 간의 레벨 차이로 신축량 발생

4 Column Shortening의 방지대책

1) 설계 시 변위량 미리 예측
철골조건물인 경우 설계 시 변위량을 미리 예측

2) 변위량에 대한 정확한 Data 적용
철골조건물 및 초고층 코어 선행 시 변위량에 대한 정확한 Data 적용

3) 변위량 산출 시 정확한 Data로 변위량 예측

4) 본조립 전 기둥의 변위량 사전 조율

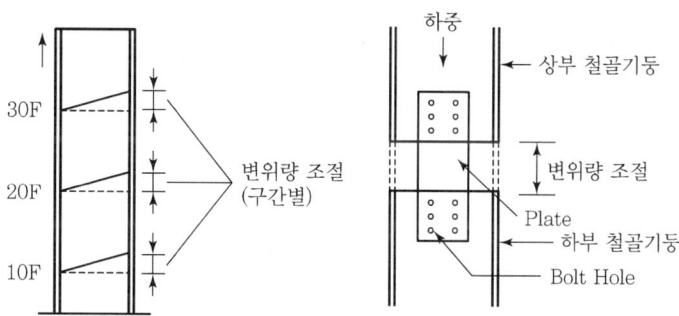

5) 발생 변위량을 등분조절하여 변위 최소화
① 구간별로 나누어진 발생 변위량을 등분조절하여 변위 치수를 최소화함
② 변위가 일어날 수 있는 곳을 미리 예측하여 변위를 조절함

6) 변위 발생 후 본조립
변위가 발생한 후에 가조립 상태에서 본조립 상태로 완전 조립함

7) 구간별 변위량 조절
발생한 변위량을 조절하기 위하여 전체층을 몇 개의 구간으로 구분하여 조절함

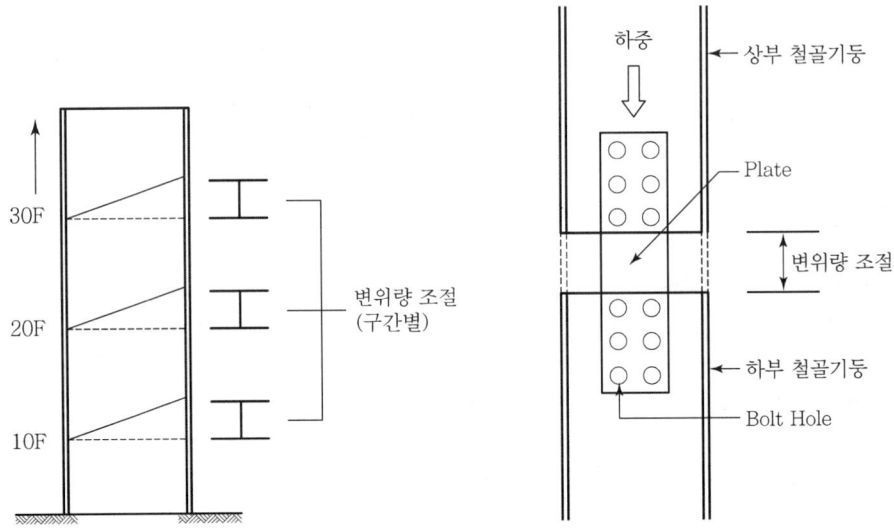

8) 시공 시 변위 발생량 계측 철저
① 시공 시 변위 발생량을 정확히 측정할 것
② 계측기구를 사용할 것

9) Level 관리 철저

10) 콘크리트 채움 강관 적용
① 초고층의 기둥을 콘크리트 채움 강관(Concrete Filled Tube)으로 시공함
② 국부좌굴방지, 휨강성 증대로 변위량 감소됨

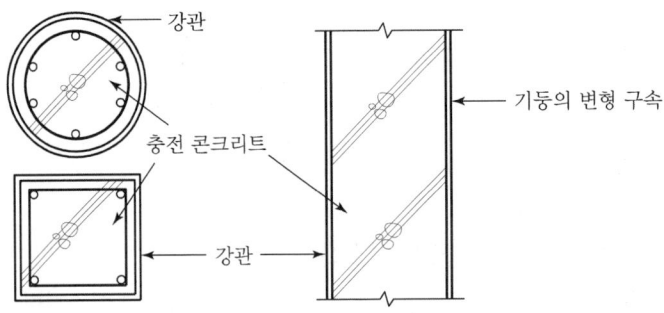

5 결론

초고층건물 시공 시 기둥의 부등축소(Column Shortening)로 인하여 보, Slab 등 다른 부재의 균열이 발생하므로 사전에 변위량을 예측하여 이를 감안한 시공이 이루어져야 한다.

문제 57. 고층공사에서의 지진제어장치로 내진·면진·제진구조의 특징과 시공 시 유의사항에 대하여 기술하시오.

1 내진·면진·제진구조의 개요

① 내진이란 지진에 대항하여 강성이 높은 부재를 건축물 내에 배치하고, 건축물 내에 강성이 우수한 부재(내진벽 등)를 설치하여 지진에 견딜 수 있게 하는 구조를 의미한다. 즉, 건축물을 튼튼하게 설계하여 무조건적으로 지진에 저항하고자 하는 구조를 의미한다.

② 면진이란 지반과 건축물 사이에 고무와 같은 절연체를 설치하여 지반의 진동에너지가 건축물에 크게 전달되지 않게 하는 구조로, 지진에 대항하지 않고 피하고자 하는 수동적 개념이다.

③ 제진이란 건축물 내·외부에 필요한 장치를 부착하여 다가오는 지진파에 반대파를 작동시켜 지진파를 감소, 상쇄 및 변형시켜 지진파를 소멸시키는 구조로, 효율적으로 지진에 대항하여 지진의 피해를 극복하고자 하는 개념이다.

2 내진·면진·제진구조의 구조적 특성

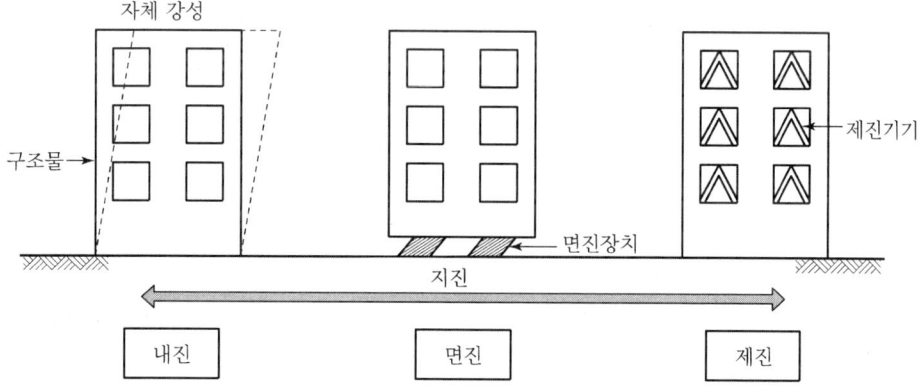

3 내진·면진·제진구조의 특징

1) 내진구조

(1) 개념

① 지진에 대항하여 강성이 높은 부재를 구조물 내에 배치
② 구조물 내에 강성이 우수한 부재(내진벽 등)를 설치하여 지진에 견딜 수 있게 하는 구조
③ 구조물을 튼튼하게 설계하여 무조건적으로 지진에 저항하고자 하는 구조를 의미함

(2) 내진구조 요소

① 라멘구조

수평력에 대한 저항을 기둥과 보의 접합강성으로 저항함

② 내력벽

라멘과의 연성효과로 구조물의 휨방향 변형을 제어함

③ 구조체 Tube System
- 내력벽의 휨변형을 감소시키기 위해 외벽을 구체구조로 함
- 라멘구조에 비해 휨변위가 1/5 이하로 감소함

④ DIB(Dynamic Intelligent Building)

구조물이 지진에 흔들려도 컴퓨터 등을 이용하여 흔들리는 반대방향으로 구조물을 움직여서 지진에 대한 진동을 소멸시키는 장치가 설치된 구조임

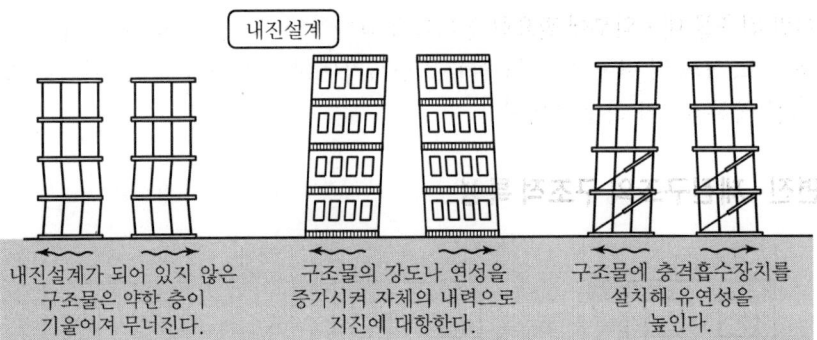

2) 면진구조

(1) 개념

① 지진에 대항하지 않고 피하고자 하는 수동적 개념

② 지반과 구조물 사이에 고무와 같은 절연체를 설치하여 지반의 진동에너지가 구조물에 크게 전달되지 않게 하는 구조

(2) 특징

① 지진하중 감소를 위해 주기를 길게 할 것

② 에너지 소산 효과가 탁월할 것

응답변위와 하중을 줄이기 위해 에너지 소산 효과가 탁월할 것

③ 온도변위 및 자체 복원을 보유할 것
- 온도에 의한 변위를 조절할 수 있을 것
- 자체적으로 복원성을 보유할 것

④ 수리 · 대체가 용이하게 경제성이 있을 것
- 경제적인 면에서 유지비가 적게 소요될 것
- 지진발생으로 손상 시 수리 및 대체가 쉬울 것

⑤ 과도한 변위가 발생하지 않을 것
   지진하중에 의해서 과도한 변위가 발생하지 않을 것

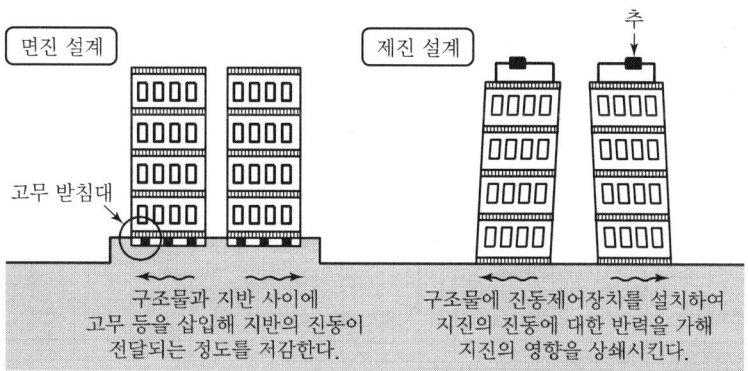

3) 제진구조

(1) 개념
① 효율적으로 지진에 대항하여 지진의 피해를 극복하고자 하는 개념
② 구조물 내·외부에 필요한 장치를 부착하여 다가오는 지진파에 반대파를 작동시켜 지진파를 감소, 상쇄 및 변형시킴으로써 지진파를 소멸시키는 구조

(2) 특징
① 수동형 : 진동 시 구조물에 입력되는 에너지를 내부에 설치된 질량의 운동에너지로 변환시켜 구조물이 받는 진동에너지를 감소시킴

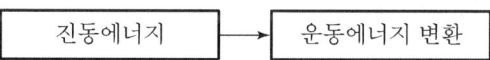

② 능동형 : 센서에 의해 지진파 또는 구조물의 진동을 감지하여 구동기를 통한 진동제어

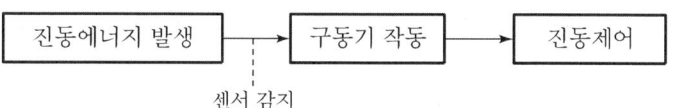

③ 준능동형 : 보와 역V형의 가새 사이에 실린더 로크 장치를 설치하여 구조물의 강성 및 고유주기를 조절함으로써 진동을 제어함

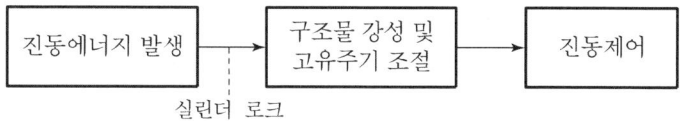

4 시공 시 유의사항

1) Con'c 및 철근의 강도 확인
① 콘크리트 압축강도는 18MPa 이상일 것
② 철근의 강도는 420MPa 이하일 것
③ 현장타설 시 부재 접합부의 일체성을 고려할 것

2) 기초 확인
① 기초판은 지중보와 일체로 고정시킴
② 지중보의 주근은 D19 이상, 이음길이는 주근의 30배로 함
③ 지하에 매립되는 기둥의 Hoop 간격은 300mm 이하로 함

3) 기둥 확인
① 주근의 이음은 기둥의 H/3 지점에 실시
② 이음길이는 주근의 16D 이상으로 함
③ 주근의 1/4 이상은 동일 평면에서 잇지 않음

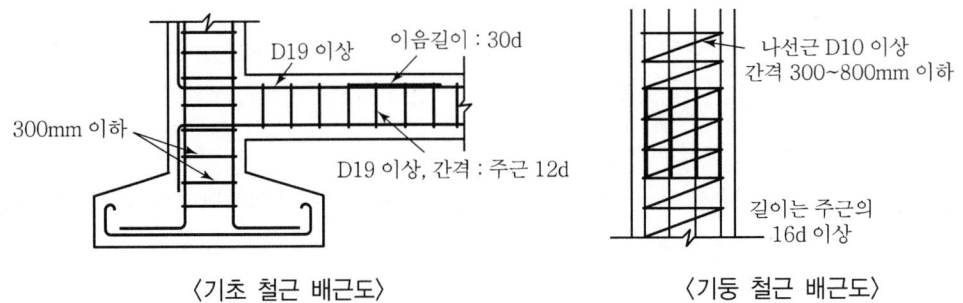

〈기초 철근 배근도〉   〈기둥 철근 배근도〉

4) 보 확인
① 최소 철근비는 유효단면적의 0.4% 이상, 최대 2.5% 이하인지 확인
② 지진으로 인한 응력반전에 따른 응력집중현상 방지(Bent Bar 사용 지양)
③ 철근전단 시 15D 이상 여장 확보
④ 보와 기둥의 접합부는 충분히 보강

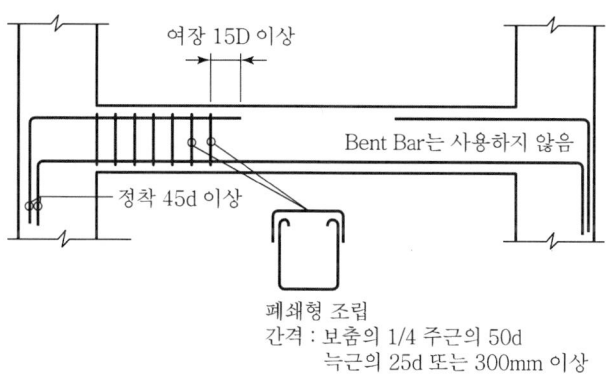

〈보 철근 배근도〉

5) 전단벽 확인
① 모든 수직근은 전단벽 상하의 지지부까지 연결하고, 이음은 주근의 16D 이상으로 설치
② 전단벽의 개구부 모서리는 응력집중에 대비하여 D13 이상의 철근으로 보강

6) Slab 확인
① Top Bar는 15D 이상의 여장 확보
② 캔틸레버는 복근으로 배근

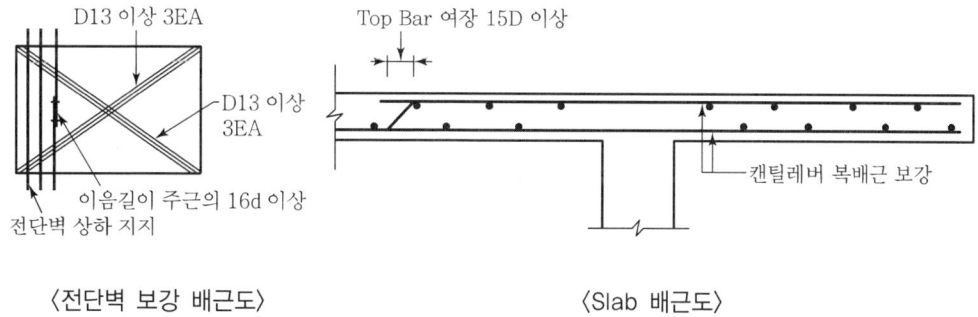

〈전단벽 보강 배근도〉   〈Slab 배근도〉

5 결론

우리나라는 정확한 내진구조설계가 미흡하고, 전문인력이 부족하며, 지진연구기관도 부족한 상태이므로 한반도의 지진위험평가가 제대로 이루어지지 않고 있다.

CHAPTER **10**

마감,
기타 공사

문제 58 | 건설현장에서 사용되는 도료의 구성요소와 공동주택 지하주차장 바닥 에폭시 도장의 하자유형별(도장공사 결함) 원인과 대책에 대하여 설명하시오.

1 도료의 일반사항

① 도료의 구성요소로는 도막형성 요소와 도막형성 조요소로 구분되는데, 도막형성 요소로는 전색제, 안료, 투명도료 등이 있으며, 도막형성 조요소로는 용제, 불투명도료 등이 있다.
② 도장공사에서의 결함은 모재의 바탕에 의한 것, 도료에 의한 것, 시공에 의한 것, 기후에 의한 것으로 분류된다.

2 도료의 구성요소

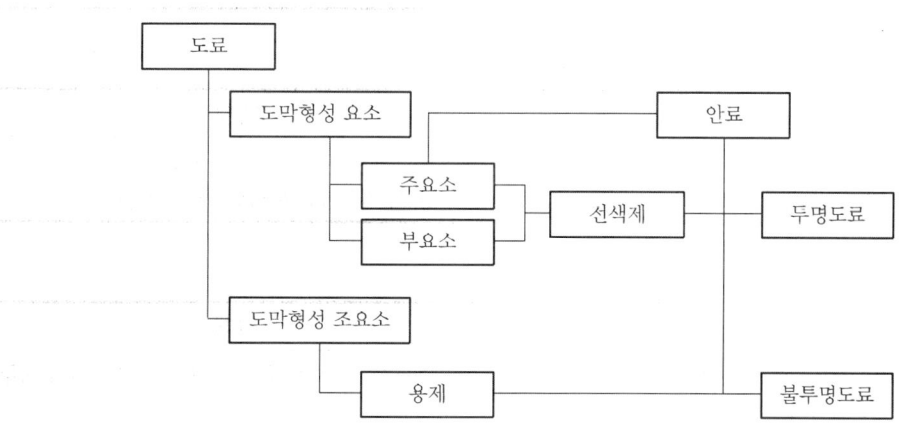

3 하자유형별 원인 및 대책

1) 들뜸

원인	대책
• 초벌칠단계에서 연마가 불충분할 때 • 온도가 높을 때 도장한 경우	• 온도, 습기, 환기 등을 고려하여 도장 • 점도가 낮게 여러 번 도장

2) 흘림, 얼룩

원인	대책
• 균등하지 않고 두껍게 도장한 경우 • 바탕처리가 잘 안 되었을 경우	• 점도가 낮게 여러 번 도장(3회 이상 도장) • 온도, 습기, 환기 등을 고려하여 도장

3) 오그라듦

원인	대책
• 미숙련공의 도장 시 지나치게 두껍게 작업한 경우 • 초벌도장 후 충분한 건조의 불충분	• 얇게 여러 번 균등하게 도장 • 건조시간 내에 겹쳐 바르기 금지

4) 거품

원인	대책
• 용제 증발속도가 빠른 경우 • 도장 시 바탕면, 바름면의 솔칠이 빠를 때	• 도료 선택을 신중히 할 것 • 솔칠을 천천히, 숙련공이 도장할 것

5) 변색

원인	대책
• 바탕면을 충분히 건조하지 않은 경우 • 유기안료가 무기안료보다 큰 경우	• 바탕면의 충분한 건조(함수율 8% 이하) • 도료의 현장배합 금지

6) 백화

원인	대책
• 공기 중 수증기가 도장면에 흡착한 경우 • 도장 시 온도가 낮은 경우	• 작업환경의 환기를 지속적으로 실시 • 도장 시 기온 5℃ 이하일 때 작업 중지

7) 부풀어오름

원인	대책
• 물과 접촉하여 도막이 부풀어오른 경우 • 초벌, 정벌칠의 도료질이 다른 경우	• 직사광선에 직접 닿지 않게 보양하고 누수침투 차단 • 초벌칠 후 바탕이 충분히 건조된 경우

8) 균열

원인	대책
• 초벌칠이 불충분한 경우 • 바탕 물체가 도료를 흡수한 경우 • 직사광선에 노출된 경우	• 초벌칠 후 건조시간 준수 • 바탕을 퍼티 등으로 연마 후 재도장 • 기온 5℃ 이하, 습도 85% 이하로 충분히 환기 후 작업

9) 아민브러싱

원인	대책
에폭시의 아민 성분이 수분과 반응하여 도막 표면에 얇은 막을 형성하고, 도장 후 습기에 노출됨으로써 발생	습도가 높거나 결로 우려 시 도장 미실시, 발생 시에는 시너로 세척 후 습도가 높지 않은 날씨에 보수도장할 것

10) 크레터링(Cratering)

원인	대책
후막면 전용제품을 T1 이하로 시공 시 제품의 표면장력 차이에 의해 발생	저온상태에서는 도장 미실시, 박막형으로 시공 가능한 무용제형 도료 사용

4 결론

① 도장단계에서 충분한 시공이 실시되지 않는 경우 도막형성이 불완전하게 되어 결함이 발생하게 되므로 설계, 재료, 시공 등의 전 과정을 통한 품질관리가 필요하다.

② 바탕처리, 도장방법, 재료 등의 품질검사 실시 및 기계화, Robot화를 통하여 인력 부족의 해소 방안 마련이 시급하다.

문제 59. 옥상녹화방수공사에서 방수·방근공법 적용 시 시공형태별 특징과 시공환경에 따른 유의사항에 대하여 설명하시오.

1 옥상녹화방수의 개념

① 옥상녹화란 옥상에 자연상태에 근접한 환경을 만들어 생태계의 기능을 회복시키고 사람들의 휴식공간으로 활용이 가능하도록 하는 것이며, 또한 도시의 열섬화(熱刹化)현상을 완화하고 생물의 서식기반을 마련하려는 목적이 있다.

② 옥상녹화방수는 방수층에 항상 습기가 있고 화학비료나 방제 등의 식재관리가 이루어지므로 미생물이나 화학비료 등에 영향을 받지 않을 옥상녹화 특유의 안전한 방수성능이 요구된다.

2 옥상녹화방수공사에서 방수·방근의 시공도해, 적용방수공법

1) 도해

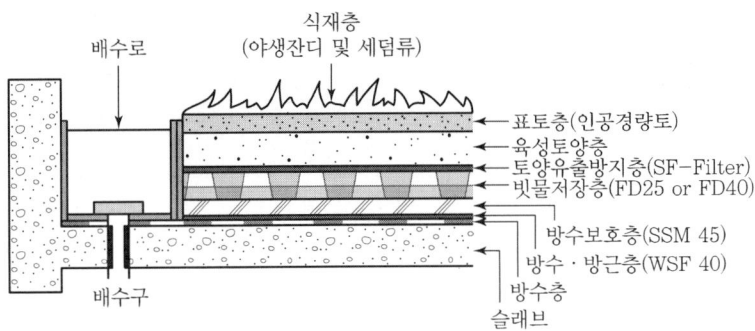

2) 적용방수공법

① Sheet 공법
② 도막방수공법
③ Asphalt 방수공법
④ 복합방수공법

3 방수·방근공법의 시공형태별 특징

1) 방수·방근 겸용 단일형

① 방수와 방근 역할을 감당하는 단일재료 사용
② 방수와 방근의 기능을 겸용

2) 방수 · 방근 겸용 복합형
   ① 방수 및 방근에 사용되는 재료를 복합적으로 시공
   ② 방수와 방근의 기능을 하나의 층으로 구성 → 방수와 방근 기능 겸용
   ③ 방수와 방근 공종을 각각의 공정으로 분류하여 시공 → 하나의 업체가 시공

3) 방수 · 방근 분리형
   ① 시공 및 공법상의 사유로 방수층과 방근층이 분리됨
   ② 대상건물에 기 시공된 방수층 상태가 양호할 경우에 적용 가능
   ③ 방수층과 방근층 시공 시기를 달리하여 독립적으로 시공할 경우 가능

4 시공환경에 따른 유의사항

1) 눌림, 푹패임 요구
   ① 사용 방수 · 방근 재료가 장기적으로 토양 및 설치재 등의 누름압력에 의해 손상되면 안 됨
   ② 재료 상부에 있는 식종, 토양, 조경시설물로부터 눌림에 대한 저항성이 필요함

2) 내충격성 확보
   ① 방수 · 방근층 위에서 이루어지는 작업 중 발생되는 충격에 견딜 수 있어야 함
   ② 공구 및 부자재 낙하 등 시공환경을 고려하여 충격저항성이 필요함

3) 방근성능 확보
   ① 사용된 방수 · 방근 재료가 식물뿌리의 성장에 의한 침입에 대해 장기적으로 견뎌야 함
   ② 방수 · 방근재가 인공지반녹화에 사용되는 식물뿌리에 의한 뚫림 및 손상 유무 확인

4) 수밀성 검토
   ① 장기적 체류수의 영향에 대한 수밀성 확보 필요
   ② 옥상녹화 토양층은 항상 습윤상태이므로 녹화부 잔류수 및 침체수 등에 대한 수밀성 요구

5) 내화학성능 필요
   ① 식물 성장에 필요한 비료 등의 화학물질로부터 장기적 성능 유지 요구
   ② 비료, 대기 중 공기오염, 공장지대와 같은 주변 환경 등에 대한 내화학성 필요

5 결론

① 옥상정원 조성을 위해서는 콘크리트 구조물과 녹화 시스템의 조화가 요구되며, 특히 방수와 방근층은 중요한 역할을 한다.
② 방수 · 방근층이 제기능을 발휘하기 위해서는 시공환경에 적합한 성능의 방수 · 방근 재료와 공법을 적용해야 한다.

문제 60. 건축물 지붕방수공사 시 방수공법의 종류와 작업 전 검토사항 대하여 설명하시오.

1 지붕방수공사의 일반사항

① 지붕방수의 하자는 옥상층 Slab와 Parapet 등에서 주로 발생하므로 본 구조체의 강성확보가 우선되어야 한다. 방수공법 선정 시 고려사항으로는 노출 유무에 따른 공법 적용, 멤브레인(Membrane)의 연속성, 내기계적 손상성 등을 고려해야 한다.

② 작업 전 검토사항으로 파라펫은 플래싱 설치, 물끊기홈 설치, 바탕은 구배 설치 철저, 이물질 제거, 제치장마감 등을 해야 하며, 모서리의 이물질은 제거해야 한다.

2 지붕방수공사 시 방수공법의 종류

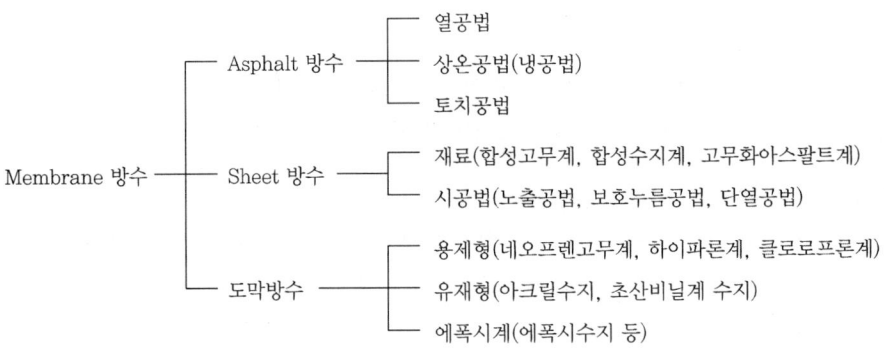

3 시공순서 및 줄눈시공법

1) 시공순서

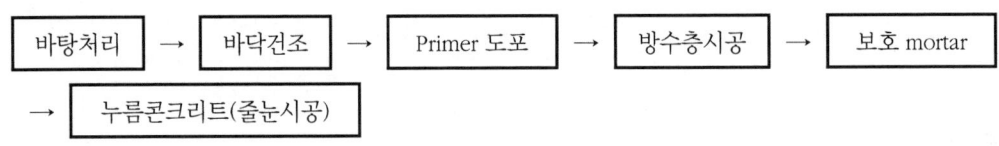

① 바닥구배 : 1/150 내외
② 보호 mortar 두께 : 2~3cm
③ 누름콘크리트의 두께 : 8~12cm

2) 줄눈시공법

① 목적 : 누름콘크리트의 건조 수축 균열 방지
② 도해

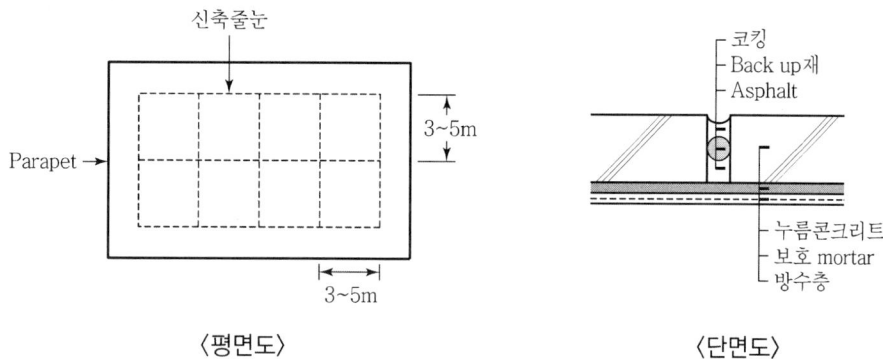

〈평면도〉　　　　〈단면도〉

4 작업 전 검토사항

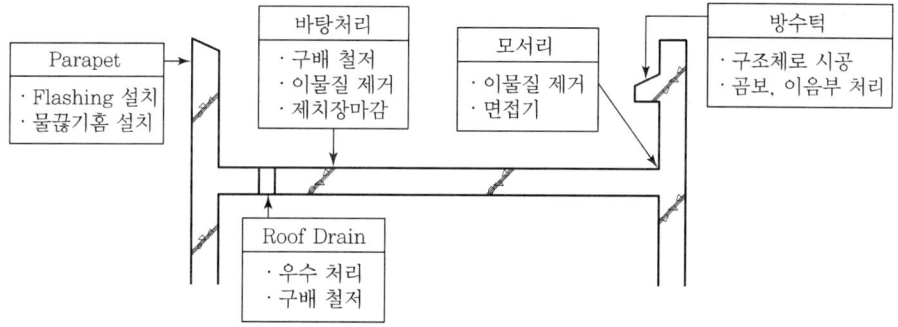

1) 재료보관 철저
① 사용재료는 직사광선을 피하여 보관
② 방수재와 프라이머, 접착재 등은 품질변화가 발생하지 않도록 보관상 철저한 주의 필요

2) 바탕처리 철저

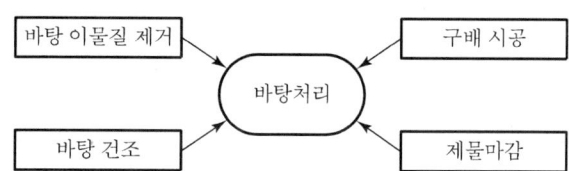

① 바탕에 파인 부분 등은 Mortar로 보수
② 구조체 콘크리트 타설 시 제물마감으로 구배 시공 철저

3) 바탕건조 확인

① 바탕은 습기가 완전히 제거될 때까지 건조시킴
② 바탕의 요철이 없도록 쇠흙손으로 마무리함

4) Corner 부위 면접기 시공

① 모서리는 30mm 이상 면접기함
② 면접기 높이(H)는 누름 콘크리트 두께의 1/2 이하로 설치함

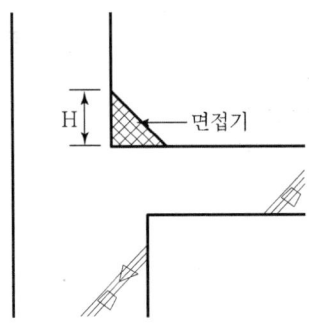

5) 벽체 단부 Sealing 처리

① 벽체 단부, Sheet재가 끝나는 부위에는 Sealing 처리를 철저히 함
② 벽 코너부는 면접기 시공으로 함

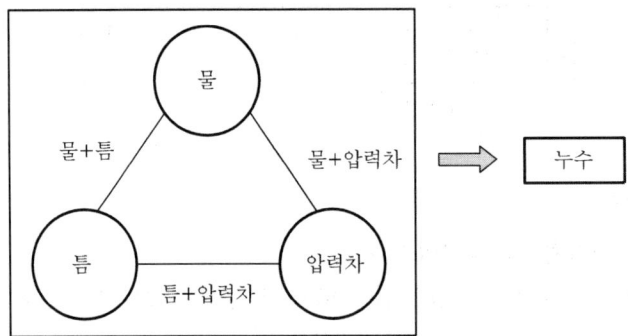

6) 바탕과의 밀착성 확인

① 접착제 칠은 빠짐없이 충분히 칠할 것
② Sheet를 붙인 후 Roller로 밀착할 것
③ 밀착 시 공극이 발생하지 않도록 유의할 것

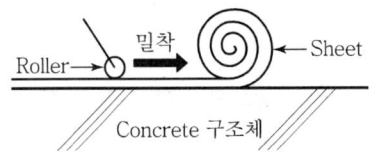

7) Sheet 이음부 누름 확인

① 이음 길이(10cm 이상)를 충분히 확보
② 이음부는 충분히 눌러서 접착 정도를 확인

8) 누름 콘크리트의 조기 타설

① 방수공사 완료 후 3일간 담수 Test 실시
② 담수 Test 후 곧바로 누름 콘크리트 타설

9) Roof Drain 주위로 구배 시공

① 드레인 주변은 슬래브 낮게 시공함
② 슬래브 구배 시 1/50로 가파르게 구배 시공하며, 누름 콘크리트도 1/50로 시공함

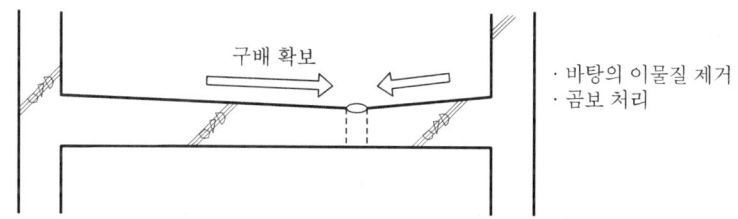

10) 신축줄눈 설치

노출된 누름 콘크리트의 수축과 팽창을 흡수하기 위해 설치함

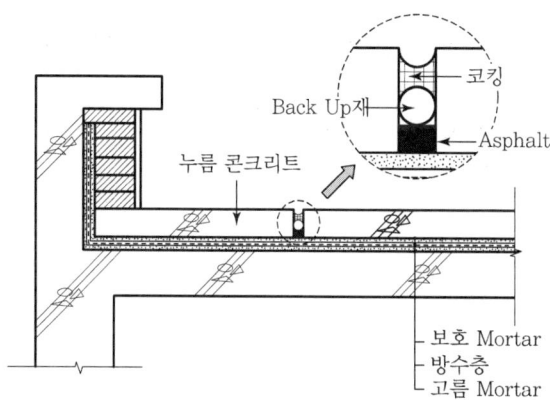

11) 관통 Sleeve부 보강

우수 침입방지 및 수축·팽창의 흡수를 위해 내구성이 좋은 구조용 코킹으로 시공

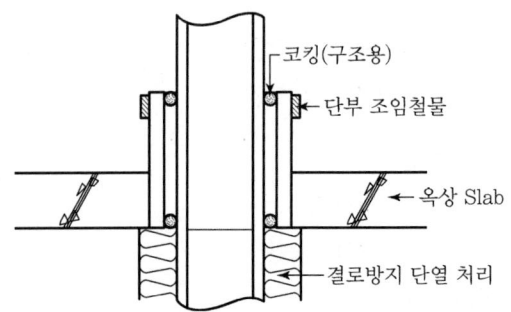

12) 일사광선 차단
　① 방수층 시공 후 직사광선으로부터 노출 금지
　② 방수층 하부 습기에 의한 부풀음 방지

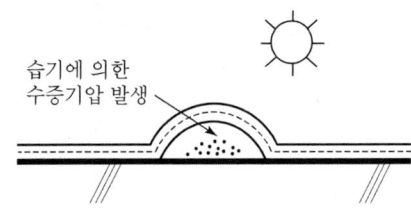

5 결론
　① 지붕층 방수는 일사 및 온도변화의 영향을 크게 받으므로 내열성, 내구성 및 부재 신축에 충분히 대응할 수 있어야 한다.
　② 방수공사의 하자예방을 위해서는 설계 시부터 충분한 검토가 필요하며, 위치 및 부위에 따라 적합한 공법 선정이 중요하다.

문제 61 목재의 방부처리에 대하여 설명하시오.

1 목재 방부처리의 일반사항

① 목재의 부패 원인은 적당한 온도(20~40℃)·습도(90% 이상)·공기 및 양분이 적절한 상태에서 부패균에 의해 Lignin과 Cellulose가 용해되는 것이다.
② 방부처리는 이러한 부패균에 대하여 양분을 부적당하게 처리하는 방법으로, 방부제를 목재 표면에 도포하는 방법과 목재 중에 주입하는 방법이 있다.

2 목재의 함수율 및 특징

1) 목재의 함수율

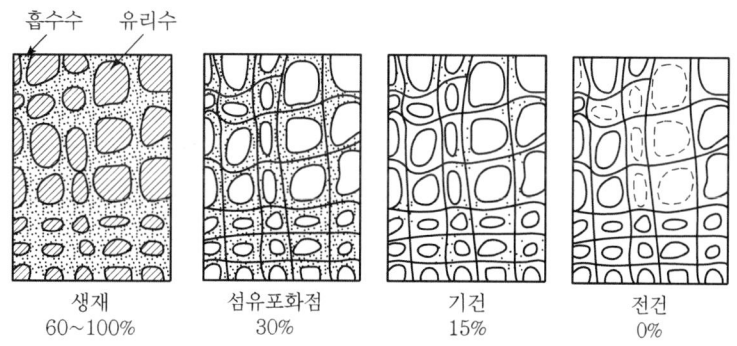

〈목재 함수상태의 변화〉

2) 목재의 특징

장점	단점
• 전기·음향·열에 대해 훌륭한 절연체임 • 가공이 쉬움 • 산·알칼리에 대한 저항성이 높음 • 무게에 비해 강도가 뛰어남	• 가연성 재료임 • 함수율에 따른 변형이 큼 • 부패·풍해·충해가 있음

3 방부제의 요구성능 및 방부처리 대상과 방부법

1) 방부제의 요구성능

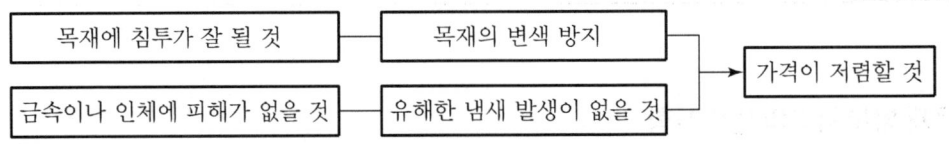

2) 목재의 방부처리 대상
   ① 목조 외부 버팀 기둥을 구성하는 부재의 모든 면
   ② 급수·배수시설에 근접된 목부로 부식 우려 부분
   ③ 구조내력상 주요 부분에 사용하는 목재로서 포수성 재질에 접하는 부분
   ④ 납작마루틀의 멍에 및 장선
   ⑤ 직접 우수를 맞거나 습기 차기 쉬운 부분

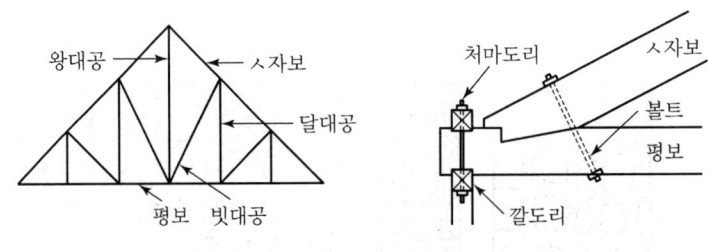

〈Truss 구성〉

3) 목재의 방부처리 방법

   (1) 도포법
      ① 목재 건조 후 균열이나 이음부에 주의하여 솔 등으로 도포(5~6mm 침투)
      ② 시공방법이 가장 용이함

   (2) 상압주입법
      ① 침지법과 유사한 방법임
      ② 80~120℃ 크레오소트액 속에 3~6시간 침지(15mm 침투)

   (3) 가압주입법
      ① 목재 내에 방부약제를 강제적으로 넣는 주입공법
      ② 목재를 밀폐된 압력용기에 넣고 감압과 가압을 조합 방부제 주입

   (4) 표면탄화법
      표면을 3~12mm 정도 태워 방부처리하는 방법

(5) 침지법
① 상온에서 크레오소트액에 침지
② 액 가열 시 침투성 향상됨(15mm 침투)

(6) 약제도포법
크레오소트, 콜타르, 아스팔트, 페인트 등을 목재 표면에 칠하는 방법

4 목재 방부처리 후 유의사항
① 연결철물은 아연도금 또는 스테인리스 스틸 제품을 사용
② 장기간 내구성이 요구되는 구조체에 방부처리
③ 목재 사용 시 스테인리스 스틸 또는 청동제 연결철물을 사용
④ 연결철물 사용 시 외관상 좋지 않은 곳에는 방부처리 목재용 접착제를 사용

5 결론
① 목재는 의장용으로 활용하기 우수한 건설자재이지만 외부환경에 따라 변하기 쉬운 성질을 가지고 있으므로 건축물에 사용될 경우 적합한 처리가 요구된다.
② 목재가 취약한 화재예방, 내구성 증진, 부패 방지 등을 위하여 내화처리 및 목재건조가 필요하며, 특히 목재 방부를 통한 내구성 확보가 중요하다.

문제 62: 유리공사에서 로이유리(Low-Emissivity Glass)의 코팅방법별 특징과 적용성에 대하여 설명하시오.

1 로이유리의 정의

① 로이유리란 일반 유리 내부에 적외선 반사율이 높은 특수금속막(은 사용)을 Coating시킨 유리로 건축물의 단열성능을 높이는 유리이다.
② 로이 복층유리는 판유리에 단열효과가 뛰어난 특수금속막을 Coating하므로 고단열 복층유리가 된다.

2 로이유리의 개념

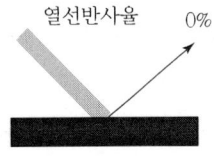
〈흑체 반사율 : 0%〉

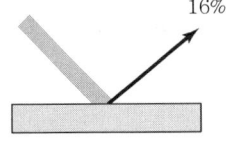
〈판유리 반사율 : 16%〉

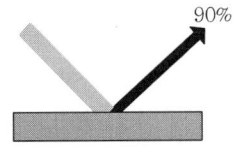
〈로이유리 반사율 : 90%〉

① 적외선 에너지(열선)를 반사하는 척도
② 반사율이 높을수록 단열성능 우수

3 코팅방법별 특징

1) 소프트 로이(Soft Low-E)유리

(1) 코팅방법

스퍼터링 공법(Sputtering Process) : 이미 재단된 판유리 위에 금속을 다층박막으로 코팅

(2) 특징

① 코팅면 전체에 걸쳐 막두께가 일정함
② 색상이 균일함
③ 다중코팅이 가능하고 색상, 투과율, 반사율 조절이 가능함
④ 금속막의 산화가 우려되어 복층유리로만 사용
⑤ 곡면 가공은 난해함

2) 하드 로이(Hard Low-E)유리

(1) 코팅방법

파이롤리틱 공법(Pyrolytic Process) : 유리제조 공정 시 금속용액 또는 분말을 유리 표면 위에 분사하여 열적으로 코팅

(2) 특징

① 코팅면의 내마모성이 우수함
② 유리가공 등 시공성이 우수함
③ 단판으로 사용 가능
④ 코팅막이 두꺼워 반사율이 우수함
⑤ 제조 시 Pin Hole, Scratch 등 제품 결함이 우려됨
⑥ 생산 Lot마다 색상의 재현이 어려움

4 로이유리의 적용성

1) 여름철 냉방 시

① 여름철 냉방이 중시되는 상업용 건축물에 유리함
② 실외의 태양복사열이 실내로 들어오는 것을 차단

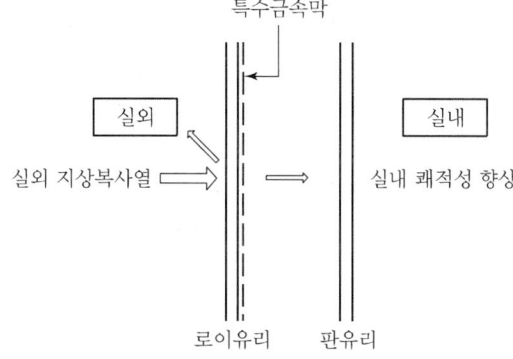

2) 겨울철 난방 시
① 겨울철 난방이 중시되는 주거용 건축물에 유리함
② 실내의 난방기구에서 발생되는 적외선을 내부로 반사

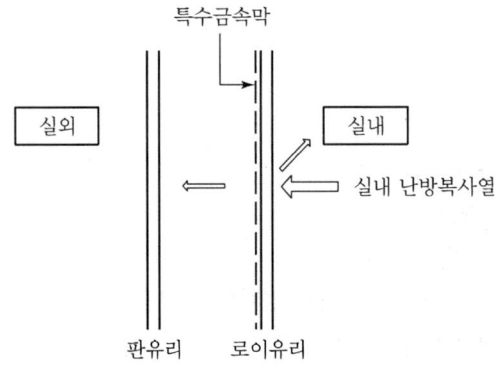

3) 사계절용
계절에 상관없이 실내의 우수한 단열성능 발휘함

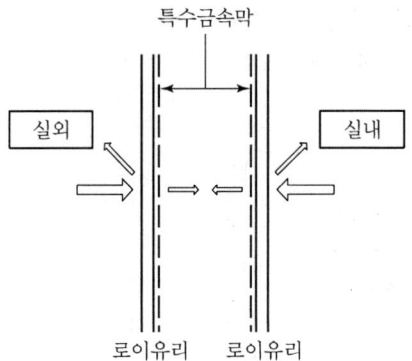

5 로이유리 판별법
① 육안으로 마크 확인, KS기준 U3으로 표기
② 라이터 불빛을 비춰 색상으로 판별
③ 휴대용 검측기를 통해 판별

6 결론
로이유리는 어느 계절이나 실내·외 열의 이동을 극소화시켜 주는 에너지절약형 유리로 건축물의 용도에 맞게 사용함으로써 건축물의 에너지 성능 향상과 탄소배출량 저감에 유리한 건축자재로서 이에 대한 확대가 필요하다.

문제 63. 단열재 시공 부위에 따른 공법의 종류별 특징과 단열재 재질에 따른 시공 시 유의사항에 대하여 설명하시오.

1 단열공법의 개요
① 단열공법은 열을 전달하기 어려운 재료를 외벽, 지붕, 바닥 등에 넣어 건물 외부와 주위환경과의 열교환을 차단하는 것을 말한다.
② 단열재의 종류별 특징으로는 단열재 구조에 의한 분류, 단열재 재료별 특징, 단열재의 등급 분류, 시공 부위별 단열재 선정 등으로 구분된다.

2 결로발생 Mechanism 및 단열계획의 Flow Chart, 단열재의 판정기준

1) Mechanism

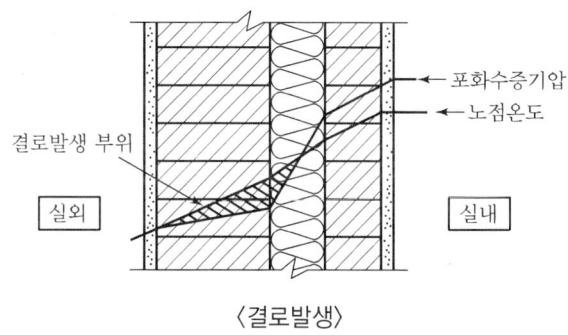

〈결로발생〉

① 포화상태 : 공기가 포함할 수 있는 수분량의 최대한도
② 포화수증기압 : 공기가 포화상태 시 수증기압
③ 결로 : 포화수증기압 이상의 수분이 물방울로 응결되는 현상
④ 노점온도 : 결로 시의 온도

2) 단열계획의 Flow Chart

단열 부위 선정		단열재 종류 및 두께 결정
• 난방/비난방 공간 • 외기 직면/간면 구분 • 평면 및 단면 단열계획 • 단열층의 연속성 • 단열 부위의 방습처리		• 부위별 열관류율 기준 검토 • 부위별/공법별 단열재 선정 • 열관류율 산정 • 단열재 종류 및 두께 결정

3) 단열재의 판정기준(등급분류)

등급 분류	열전도율의 범위 (KS L 9106 또는 KS F 2277에 의한 20±5℃ 시험조건에 의한 열전도율)		KS M 3808, 3809 및 KS L 9102에 의한 해당 단열재 및 기타 단열재
	W/mK (열전도도)	kcal/mh℃ (열전도율)	
가	0.034 이하	0.029 이하	• 압출법보온판 특호, 1호, 2호, 3호 • 경질우레탄폼보온판 1종 1~3호 및 2종 1~3호 • 기타 단열재
나	0.035~0.040	0.030~0.034	• 비드법보온판 1호, 2호, 3호 • 암면보온판 1호, 2호, 3호 • 유리면보온판 2호 • 기타 단열재
다	0.041~0.046	0.035~0.039	• 비드법보온판 4호 • 기타 단열재
라	0.047~0.051	0.040~0.044	기타 단열재로서 열전도율이 0.047~0.051W/mK (0.040~0.044kcal/mh℃) 이하인 경우

※ 열전도도
① 단위 : W/mK, W : 일(work), K : ℃를 의미함
② 1kcal/m.h.℃ = 1.162W/mK

❸ 단열재 시공 부위에 따른 공법의 종류별 특징

1) 단열재 구조에 의한 분류

섬유질	다공질
• 암면(Rock Wool) • 유리섬유(Fiber Glass) • 셀룰로스(Cellulose) • 코르크(Cork) • 폴리에스테르(Polyester)	• 발포 폴리스티렌(Polystyren) • 폴리에틸렌 폼(Polyethylene Form) • 폴리우레탄 폼(Poly-urethan Form) • 펄라이트(Perlite)

2) 단열재 재료별 특징

단열재의 종류	특징
성형단열재	• 구조체에 접착제 및 긴결재로 부착 • 접합 부위 과다 → 단열성능 저하
현장발포형	• 구체내 발포(중단열), 내부 단열층 형성(내단열) • 복잡한 형상에 주입성능 우수, 품질검사 난해
현장뿜칠형	단열재 + Binder 교반, 압력으로 뿜칠 단열층 형성
현장타설형	경량단열골재 및 기포발생 혼화제를 사용하여 Con´c Mortar로 단열층 형성

3) 시공법에 따른 종류별 특징

① 내(內)단열
- 구조체 실내에 단열재를 설치하는 공법이다.
- 시공이 간단하고, 공사비가 싸다.
- 내부결로방지를 위한 보완이 필요하다.

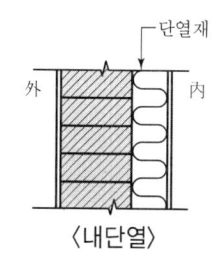

〈내단열〉

② 중(中)단열
- 구조체 내부에 단열재를 설치하는 공법이다.
- PC판 단열에 사용되며, 원가가 비싸다.
- 내부결로의 우려가 적다.

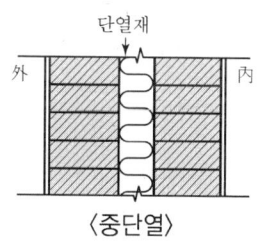

〈중단열〉

③ 외(外)단열
- 구조체 외부에 단열재를 설치하는 공법이다.
- 건물 열용량을 실내측에서 유지해야 한다.
- 내부결로가 생기지 않는다.
- 시공이 곤란하다.
- 단열성능이 우수하다.

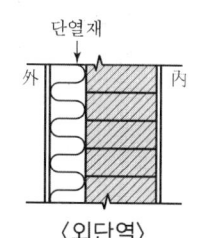

〈외단열〉

4) 시공 부위에 따른 종류별 특징

① 바닥단열
- 건물 내의 열을 땅속으로 하여 열손실을 줄이기 위한 공법이다.
- 냉동고의 경우 지중의 동결방지를 위한 것이다.
- 방습층, 단열재를 외부에 설치하며 지면 습기의 침투를 방지한다.

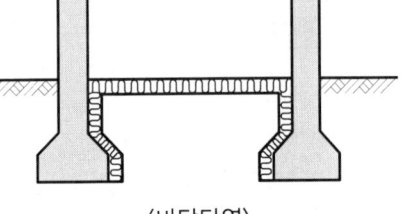
〈바닥단열〉

② 벽단열
- 외단열에 가장 유리하다.
- 토대에서 보까지 취약 부위가 없도록 단열시공한다.
- 성형단열재공법이나 현장발포성공법을 적용한다.

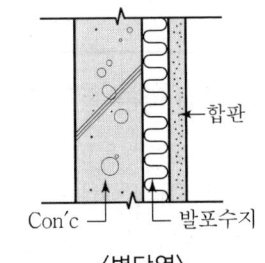
〈벽단열〉

③ 지붕단열
- 겨울철에 실내로부터의 열손실을 방지한다.
- 여름철에 일사에 의한 열의 실내유입을 막는다.
- 최상층은 가급적 천장을 설치한다.
- 환기구멍을 설치한다.

〈지붕단열〉

④ 창단열
- 동절기 난방 시에 실내에서부터 실외로 통하는 열손실을 방지한다.
- 하절기 냉방 시 밖으로부터의 열침입을 막는다.
- 창면적을 필요 이상 크게 하지 않는다.
- Pair Glass 사용이나 이중창을 설치한다.

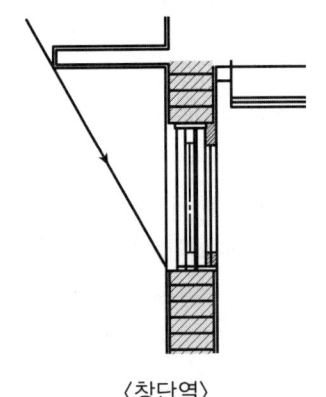
〈창단열〉

4 단열재 재질에 따른 시공 시 유의사항

1) 판형(Board Type)
① 바닥단열재 적용 시 소요압축강도 확보
② T25mm짜리 두 장 이상 시공 시 엇갈리게 겹침이음 시공
③ 시공 전 구조체 틈새 여부를 사전 파악

④ 이음부 밀착관리는 지지핀 설치 및 접착제 도포간격을 준수
⑤ 이음부 처리는 연결 부위를 Tapping

2) 모포형(Blacket Type)
① 벽체 시공 시 주저앉음 방지 : 띠장 및 클립 설치
② 띠장 부위 단열성능 저하 여부 판별 : Heat Bridge 방지(단열 Tapping 처리)
③ 벽체와의 이음 부위 : 중앙부보다 두껍게 처리 → 단열보강에 효과

3) 현장발포형(Foam Type)
① 1회 뿜칠두께 준수 : 10~20mm/회 형성하여 소요두께 확보
② 기상영향 검토 : 풍속 24m/sec 이상, 벽체온도 55℃ 이상·4℃ 이하, 상대습도 85% 이상일 때 시공 금지
③ 중단열 시공 시 벽체 양생완료 후 시공 : 방습층 처리
④ 1.5m 간격 주입구 설치 : 충전 여부 확인
⑤ 시공 중 두께 확인 : 외벽의 경우 측정 Pin 활용

5 결론
① 계절의 양극화현상이 심화(여름 : 고온다습, 겨울 : 이상저온)되어 단열 및 결로에 의한 하자 발생이 증대되는 추세로 단열재 선정과 시공에 각별히 주의를 기울여야 한다.
② 건축물의 에너지 절약설계기준 강화에 따라 단열공사의 중요성이 부각되는 추세이다.
③ 지역별 열관류율 기준을 준수하고, 시방서에 규정된 단열재 취부공법을 적용한 단열공사의 시공관리가 중요하다.

문제 64
공동주택에서 층간소음 저감을 위한 시공관리방안을 골조, 완충재, 기포 콘크리트, 방바닥 미장 측면에서 설명하고, 경량충격음과 중량충격음을 비교 설명하시오.

1 층간소음의 일반사항
① 공동주택에서 발생하는 층간소음은 쾌적한 주거환경 조성을 방해하고, 신경불안, 불안감 조성 등의 정서적인 생활을 해치므로 이를 방지하기 위한 설계 및 시공상의 대책이 필요하다.
② 근래에 설계 시 공동주택 바닥두께를 두껍게 조정함으로써 이에 대한 대비를 하고 있으나 아직 법적 기준이 미흡하여 설계와 시공의 확실성이 부족한 실정이다.

2 층간소음 발생과 전달경로 및 소음의 피해

1) 전달경로

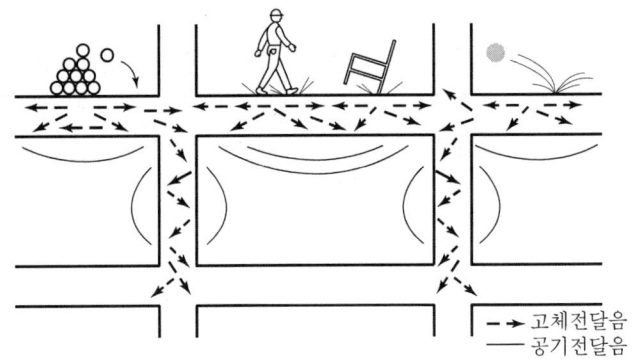

2) 소음의 피해

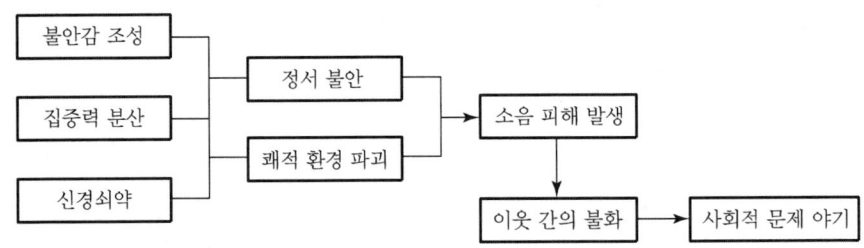

3 골조공사 측면의 시공관리방안

1) **국토부 지정 표준바닥구조 시공**

   (1) 벽식 및 혼합구조인 경우

   ① 슬래브 두께는 210mm 시공, 완충재는 20mm 이상으로 한다.
   ② 경량 기포 콘크리트는 40mm 이상, 마감 모르타르는 40mm 이상으로 한다.

   (2) 무량판구조인 경우

   ① 슬래브 두께는 180mm 시공, 완충재는 20mm 이상으로 한다.
   ② 경량 기포 콘크리트는 40mm 이상, 마감 모르타르는 40mm 이상으로 한다.

2) **콘크리트의 재료**

   (1) 레미콘 회수수가 아닌 청정수 사용

   ① 물은 청정수(淸淨水)로 흙, 기름, 산 등 유기불순물이 없어야 한다.
   ② 해수는 철근 콘크리트에 절대 사용해서는 안 된다.

   (2) 고밀도의 수밀성 있는 시멘트 강도 확보

   ① 시멘트는 강도가 크고 분말도가 적당(2,800~3,200cm^2/g)해야 한다.
   ② 풍화된 시멘트는 사용하지 않는다.

   (3) 물결합재비(Water Cement Ratio) 최소화

   ① W/B비는 압축강도와 내구성을 고려하여 정한다.
   ② 일반 콘크리트의 W/B비는 원칙적으로 60% 이하로 한다.

   (4) 적정 Slump치 준수

   ① 콘크리트의 Consistency(반죽질기)를 나타내며, Workability의 양부(良否)를 결정한다.
   ② 일반적인 Slump치는 180mm 이하이다.

3) **콘크리트의 품질관리**

   (1) Slump Test : 콘크리트의 시공연도를 측정하기 위한 시험

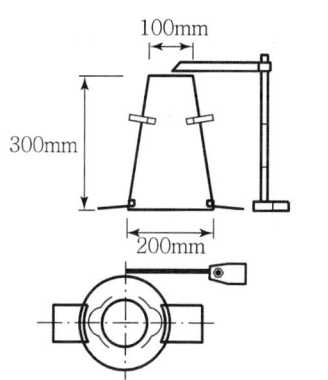
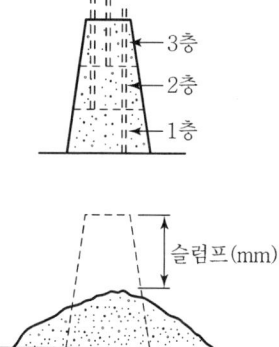

(2) 공시체 제작 및 압축강도 Test

① 120m³마다 1회 시험
② 1회 시험 시 공시체 3조(9개) 제작
③ 표준보양 후 1일, 3일, 7일, 28일 압축강도 시험

(3) 염화물 Test

구분	염화물이온
모래	건조중량의 0.02% 이하
콘크리트	0.3kg/m³ 이하
배합수	0.04kg/m³ 이하

(4) 공기량 Test

콘크리트 속의 공기량은 4~6% 정도로 관리

4) 콘크리트의 시공관리

(1) 콘크리트 타설 시

① 시공이음이 적은 순서대로
② 처짐 및 변위가 큰 부위부터
③ Moment가 큰 곳부터
④ 선타설된 콘크리트에 진동전달이 적은 순서대로

(2) 콘크리트 표면 마무리

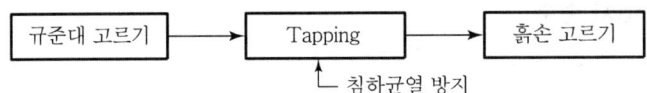

(3) 콘크리트 이음관리

이어치기 [25℃ 초과 2시간 이내 / 25℃ 이하 2.5시간 이내] 초과 시 Cold Joint

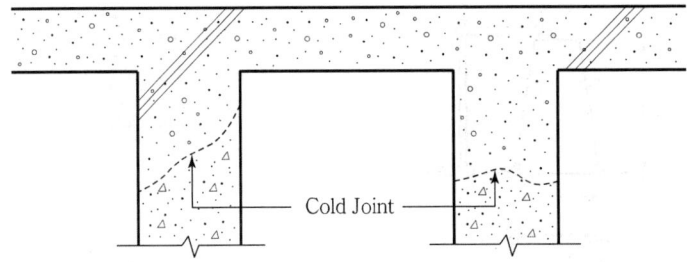

5) 양생관리방안

(1) 강도 유지
Concrete 경화 중 충격, 진동, 온·습도변화, 일조, 풍우 등으로부터 보호하고, 일정기간 동안 상온(5~20℃)에서 습윤상태를 유지하여 강도, 내구성, 수밀성 등을 확보한다.

(2) 초기 양생 시 철저한 습윤양생
① 바람과 직사광선은 양생의 최대 적이다.
② 습윤상태가 길면 강도, 내구성이 증가한다.
③ 초기 24시간 습윤상태 유지를 철저히 한다.
④ 초기 양생이 전체 강도의 70%를 차지하므로 매우 중요하다.
⑤ 콘크리트 노출면을 일정한 기간 동안 습윤상태로 보호한다.

6) 기타 관리방안

(1) 진동, 충격작업 하중으로부터 보호
① 타설 후 3일간 진동 금지
② 24시간 내에 하중 가중 금지

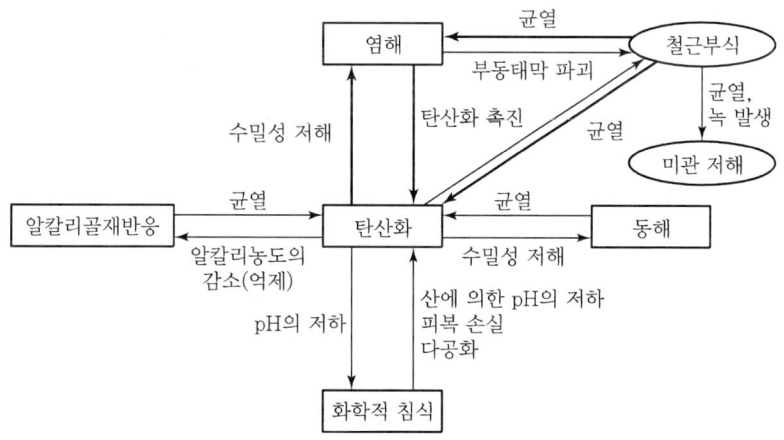

(2) 거푸집 존치기간 유지

부재	콘크리트 압축강도
기초, 보옆, 기둥, 벽 등의 측면	5MPa 이상
Slab 및 보의 밑면, 아치 내면	설계기준강도 2/3 이상 또는 14MPa 이상

(3) 동바리 최대한 오래 존치할 것
동바리를 오래 존치할 경우 장기처짐을 예방함

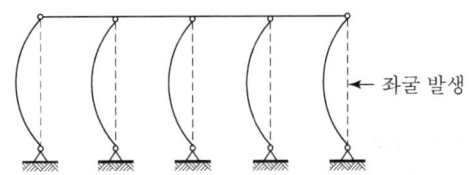

← 좌굴 발생

상부의 수직하중 과다 시 동바리 좌굴 발생에서 붕괴로까지 이어짐

(4) 타설 시 결함부 보수
① 결함이 큰 경우는 Grouting 실시
② 결함이 작은 경우는 무수축 Mortar로 충전

4 완충재, 기포 콘크리트 측면의 시공관리방안

1) 완충재 측면

(1) 콘크리트 상부면에 직접 단열재 또는 완충재가 설치되는 경우
콘크리트 상부면에 직접 단열재 또는 완충재가 설치되는 경우에는 콘크리트공사시방서에서 규정한 3m당 7mm 이하의 평탄을 유지할 수 있도록 마무리한다.

(2) 측면 완충재는 바닥먹매김 기준으로 시공
① 측면 완충재를 바닥마감 기준선 기점으로 바닥 슬래브면에 10mm 공극을 주어 부착한다.
② 벽면에 배관이 있을 경우 형태에 맞춰 절단 시공한다.
③ 문틀, 창틀 밑의 측면 완충재 시공 부위는 시공장애물들로 인하여 작업이 어려운 부분임을 주의한다.

(3) 모서리 부위는 측면 완충재를 2중으로 시공
① 모서리 부위는 다음과 같이 측면 완충재를 2중으로 시공한다.
② 측면 완충재가 잇닿는 곳은 가능한 밀착한다.
③ Opp-tape로 부착하여 이물질(기포 콘크리트 슬러지 등)에 주의한다.

(4) 완충재는 틈새가 없도록 밀실 시공
① 완충재를 틈새가 없도록 시공하고 이음 부분을 Opp-tape로 고정 시공한다.
② 규격품을 원형 그대로 시공이 어려운 잔여공간은 실측 후 재단하여 시공한다.

(5) 측면 완충재와 잇닿는 부분은 가능한 밀착
① 측면 완충재와 잇닿는 부분은 가능한 밀착되도록 하고 틈새가 없게 Opp-tape로 밀실하게 봉한다.
② 배관이 있는 부위는 배관의 하부로 시공함을 우선으로 한다.
③ 시공이 끝난 후 제품의 밀착도 및 틈새의 밀실을 확인하며, 불량 부분은 재시공한다.

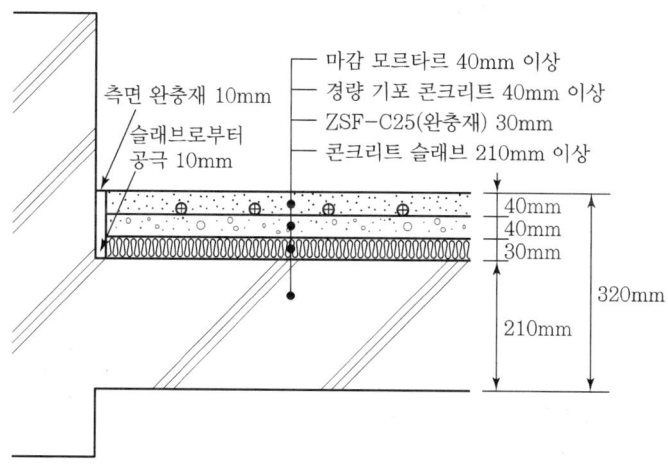

2) 경량 기포 콘크리트 측면

(1) 방바닥 모르타르 기준선을 확인
① 측면 완충재에 경량 기포 콘크리트의 방바닥 모르타르 기준선을 확인한다.
② 배합된 경량 기포 콘크리트는 1시간 이내에 타설하여야 한다.

(2) 경량 기포 콘크리트는 평활하게 고르기
① 경량 기포 콘크리트는 타설 마감면의 소요높이에 맞추어 평활하게 고르기한다.
② 경량 기포 콘크리트의 타설두께는 40mm 이상으로 한다.

(3) 타설 후 철저한 보양
① 경량 기포 콘크리트 타설 후 기온이 저하될 경우 동해를 입지 않도록 보양
② 경량 기포 콘크리트 타설 후 최소 3일 동안은 충격이나 하중 금지
③ 상부 마감재의 시공은 경량 기포 콘크리트가 완전히 양생된 이후에 실시

(4) 난방배관의 시공
① 경량 기포 콘크리트가 완전 양생됨을 확인한 후에 배관을 시공한다.
② 일반 설비기준에 의한 난방코일을 시공할 수 있도록 한다.

(5) 마감 모르타르 시공
① 바닥면을 깨끗이 청소하고 측면 완충재에 마감 모르타르 방통기준선을 확인한다.
② 마감 모르타르의 두께는 40mm 이상으로 한다.
③ 마감 모르타르의 치밀한 구성을 위해 최소 2회 이상 미장작업을 진행한다.
④ 마감 모르타르를 시공한 현장은 최소 3일 이상 출입을 통제한다.

5 경량충격음과 중량충격음의 비교

1) 경량충격음(L)

① 가볍고 딱딱한 소리로 잔향이 없어 불쾌함이 적음
② 식탁을 끌어 미는 소리
③ 물건을 끌어서 옮기거나 물건이 떨어지는 소리
④ 큰소리로 대화하는 소리
⑤ 문 여닫는 소리
⑥ 실내화 끄는 소리

등급	기준(dB)
1급	$L \leq 37$
2급	$37 < L \leq 41$
3급	$41 < L \leq 45$
4급	$45 < L \leq 49$

2) 중량충격음(L)

① 무겁고 부드러운 소리로 잔향이 남아 심한 불쾌감 유발
② 아이들이 뛰어다니는 소리
③ 중량의 어른이 쿵쿵거리는 소리
④ 물건 떨어지는 소리
⑤ 바람에 문 닫히는 소리

등급	기준(dB)
1급	$L \leq 37$
2급	$37 < L \leq 41$
3급	$41 < L \leq 45$
4급	$45 < L \leq 49$

6 결론

① 공동주택의 층간소음방지를 위해서는 설계단계에서부터 시공에 이르기까지 소음에 대한 철저한 검토가 있어야 한다.
② 소음과 진동 등 환경공해에 대한 다양한 공법 개발과 생활소음, 충격 및 진동소음을 줄일 수 있도록 공동주택에서의 예절도 중요하다.

문제 65. 건축공사 분쟁에 있어서 클레임의 유형과 발생요인 및 분쟁해결방안에 대하여 설명하시오.

1 클레임의 개요

① 클레임이란 시공자나 발주자가 자기의 권리를 주장하거나 손해배상, 추가 공사비 등을 청구하는 것으로서 계약하의 양 당사자 중 어느 일방이 일종의 법률상의 권리로서 계약과 관련하여 발생하는 제반 분쟁에 대한 구체적인 조치를 요구하는 서면청구 또는 주장을 말한다.

② 건설 클레임 대상으로는 불완전한 계약서, 공기지연, 손해배상, 추가공사비 등의 시공 중 의견이 일치하지 못한 사항을 말하는 것으로 여의치 않을 경우 중재 또는 소송으로 해결해야 한다.

③ 클레임과 분쟁의 개념

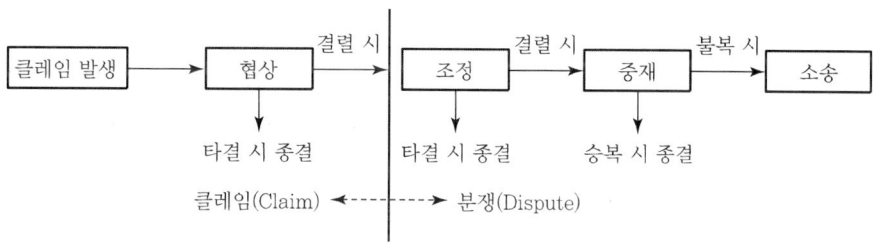

※ 해결되지 않은 클레임은 분쟁으로 발전하게 되며, 이런 분쟁의 해결에는 조정이나 소송 등의 여러 가지 방법들이 사용된다.

2 클레임 유형

1) 공사지연 클레임

① 계획한 시간 내에 작업을 완료할 수 없을 경우
② 전체 클레임의 60% 정도를 차지한다.

2) 공사범위 클레임

① 발주자, 시공자 간의 이견으로 기술적, 기능적 전문지식이 필요하다.
② Project 전반에 관계된다.

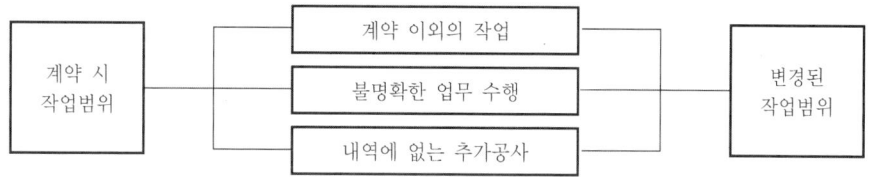

3) 공기촉진 클레임
① 공기지연, 공사범위 클레임의 결과로 발생한다.
② 생산성 클레임이라고도 한다.
③ 계획공기보다 단축할 것을 요구하거나 생산체계를 촉진하기 위해 추가 혹은 다른 자원의 사용을 요구할 때 발생한다.

4) 현장 상이조건 클레임
① 공사범위 클레임과 유사하다.
② 주로 견적 시와 다른 굴토조건에 의해 발생한다.

※ 예상치 못했던 지하구조물의 출현이나 지반상태가 도면과 상이한 경우에 주로 발생

3 클레임 발생요인

1) 계약서
① 계약에 대한 변경을 요구할 때
② 현장조건이 상이할 때
③ 계약에 사용된 언어가 모호할 때

2) 계약에 의한 당사자의 행위
① 도면에 미완성 정보나 설계상의 오류가 있을 때
② 부적절한 작업수행에 의한 비용 추가 시
③ 부실한 공사 품질의 경우

3) 불가항력적인 사항
① 혹독한 기상, 홍수, 화재 시
② 지진 등 천재지변의 경우

4) Project의 특성
① 복합적, 대규모, 오지지역, 밀집지역 등인 경우
② 특수한 기술을 요구하는 공사일 때

4 클레임 분쟁해결방안

1) 협상(Negotiation)
① 신속하고 가장 순조롭게 해결하는 방법이다.
② 시간과 경제적인 투자가 최소화될 수 있다.

2) 조정(Mediation)
① 독립적이고 중립적인 조정자를 임명한다.
② 대체로 신속하게 분쟁이 해결된다.

3) 조정 – 중재
활용절차에 따라 분쟁해결 속도가 결정된다.

4) 중재(Arbitration)
① 중립적 제3자에게 의견서를 제출한다.
② 법적 구속력에 해당하며 시간과 비용의 투자가 늘어난다.

5) 소송(Litigation)
① 전문적인 Consultants의 노력으로도 해결되지 않을 경우에 진행한다.
② 시간과 비용의 손실이 막대하다.

6) 클레임 철회
클레임 자체가 사라짐으로써 분쟁의 여지도 함께 없어진다.

7) 분쟁해결방안의 비교

구분	분쟁해결 기간	해결 비용	구속력
협상	• 매우 신속하게 해결할 수 있다. • 협상자의 협상태도나 목적 등에 의해 좌우된다.	최소	• 구속력이 없다. • 협정으로 이끌 수가 있다.
조정	• 대체로 신속하다. • 조정자의 능력에 따라 기간이 증감된다.	조정자의 수수료(조정기관)	• 구속력이 없다. • 도덕적인 압력이 발생될 수 있다.
조정-중재	• 형식이 제거되면 빠른 결과가 가능하다. • 활용절차에 따라 좌우된다.	조정자(조정기관)의 수수료	미국의 경우 사전에 대부분 주에서 협정될 수 있고, 상대방은 그 결정에 따른다.
중재	• 규칙들이 제한을 가한다. • 소송보다는 빠르다. • 중재인의 능력과 가용성에 따라 좌우된다.	• 중재인의 급료 • 서류정리에 드는 비용 • 대리인 사용 시 대리인의 급료	계약에 따라 구속될 수 있다.

구분	분쟁해결 기간	해결 비용	구속력
소송	• 준비시간이 많이 소요된다. • 5년 이상 소요될 수도 있다.	시간·비용과 대리인 급료 등 많은 비용이 소요된다.	구속력이 있다.
클레임 철회	없다.	철회 사정에 따라 다르다.	계약적 합의

5 클레임 제기절차

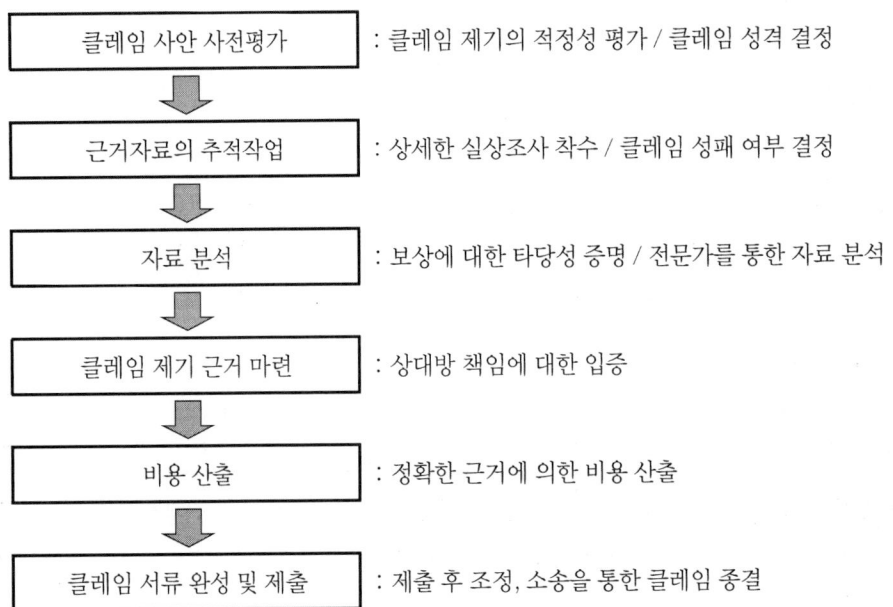

6 결론

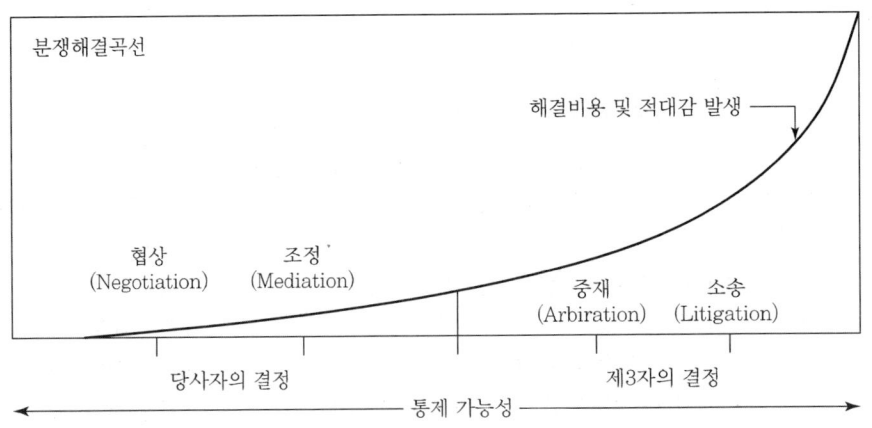

효율적인 클레임관리를 위해서는 철저한 원인규명, 분명한 책임한계, 객관적인 손실산출 등이 필요하지만 성공적인 프로젝트 수행을 위해서는 초기 단계에서부터 적극적인 예방적 차원의 관리를 해나가는 것이 중요하다.

문제 66. 건축공사 중 각 단계별 리스크 인자 및 대응방안과 위험도 관리(Risk Management)의 관리체계 및 위험약화 전략(Risk Mitigation Strategy)을 설명하시오.

1 리스크의 일반사항
① 건설 Project 시공 시 발생하는 불확실성을 체계적으로 규명하고 분석하는 일련의 과정을 건설 Project Risk 관리라고 한다.
② 클레임이란 시공자나 발주자가 자기의 권리를 주장하거나 손해배상, 추가공사비 등을 청구하는 것으로서 계약하의 양 당사자 중 어느 일방이 일종의 법률상의 권리로서 계약과 관련하여 발생하는 제반 분쟁에 대한 구체적인 조치를 요구하는 서면청구 또는 주장을 말한다.

2 위험도 관리 절차

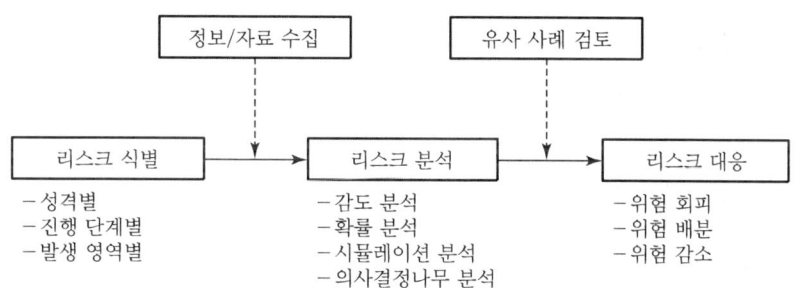

3 각 단계별 리스크 인자 및 대응방안

구분	리스크 인자	대응방안
기획/타당성 분석단계	• 타당성 분석 결함 • 자금조달 능력 부족 • 지가상승, 금리인상 • 기대수익 예측 오류	• 치밀한 사업성 검토 • 적정 규모의 사업진행 • 부동산 시장의 흐름 파악 • 다양한 예측기법 적용
계획/설계단계	• 설계누락 / 하자 • 설계기간 부족 • 공사비 예측 오류 • 설계범위 미확정	• 시공성 검토 • Fast Track 적용 • 적산 및 견적 검토 • 분명한 업무영역 합의

CHAPTER 10 마감, 기타 공사

구분	리스크 인자	대응방안
계약/시공단계	• 부적합한 설계도서 • 낙찰률 저조 • 공사비 / 공기 부족 • 설계변경 / 안전사고	• 공사 전 도면검토 철저 • 적정 공사비 계약 • EVMS기법 도입 • 파트너링 / 안전경영 도입
사용/유지관리단계	• 부적절한 관리방식 • 에너지비용 상승 • 각종 하자발생 • 용도 변경	• 합리적인 관리조직 운영 • LCC 관점에서 대안 선택 • 하자발생 최대한 억제 • 분야별 전문가 의견 청취

4 위험도 관리의 관리체계 및 위험약화 전략

1) 위험도 관리의 체계

(1) 위험도 인식
① 위험도의 초기 중요성을 체계적이고 지속적으로 인지·분류하고 평가하는 과정
② 위험도 인지 과정

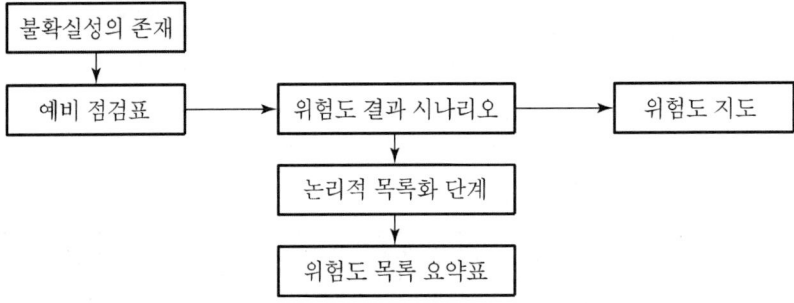

(2) 위험도 분석 및 평가
① 위험도의 체계적인 인지에 도움을 주고 효과적인 대응관리를 위해 필요
② 자료 수집 → 불확실성의 모형화 → 잠재적 위험영향평가 순으로 이루어짐

(3) 대응관리
① 위험도에 대한 제반 대책 마련
② 위험도 배분 및 배당

(4) 조직관리
위험도 관리과정을 관리하는 것

2) 위험약화전략(Risk Mitigation Strategy)

(1) 위험 회피
위험 자체를 무시하거나 인정하지 않는 것

(2) 위험 배분
① 위험도를 발주자, 설계자, 시공자에게 할당하거나 분담한다.
② 배분 시 국제표준 약관 및 보험 등을 고려하여 공평한 규율을 정한다.
③ 시공자에게 위험도를 부담시키면 견적에 임시비로 추가하거나 경우에 따라서는 그 위험에 의해 도산되거나 공사중단의 가능성이 있다.

(3) 위험 감소
① 보증
- 프로젝트가 완성되기 전 시공자의 도산이나 계약상 의무 위반 등으로 발주자의 손해를 막기 위해 필요하다.
- 보증의 종류 : 입찰보증, 계약이행보증, 하자보증, 보증보험증권 등

② 보험
위험도를 관리하기 위해 가장 많이 사용되는 중대한 대응전략이다.

5 결론

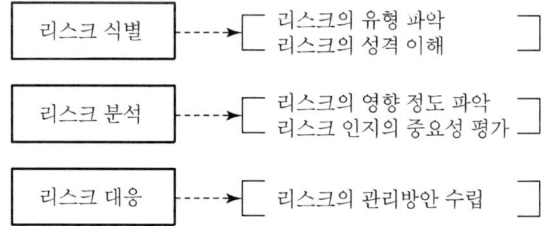

건설사업의 효율적인 리스크 관리를 위해서는 리스크 인자를 체계적으로 분류하고 이에 대한 영향 정도를 정확히 평가하여 부정적 리스크는 제거하고, 리스크에 대한 통제력을 증가시켜야 한다.

CHAPTER 11
공정관리

문제 67. 건축공사 시 단계별 공기지연 발생원인과 방지대책에 대하여 설명하시오.

1 공기지연의 일반사항

① 건축공사 진행 시 발주단계부터 설계, 시공, 준공에 이르는 전 과정에서 공기지연의 원인이 발생된다.
② 공기지연에 의해 건설클레임의 원인으로 작용하고, 추가공사비가 발생하는 등의 문제점이 있어 사업수행 시 철저한 관리가 요구된다.

2 공기지연 발생 시 미치는 영향 분석

1) 분석

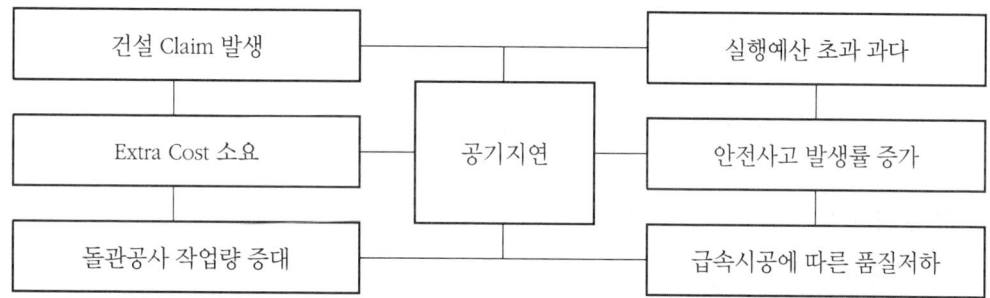

2) 적정 공기 측정

구분	공기
일반건축 공사	165일 + (층수 × 15일)
PC 공사	155일 + (층수 × 15일)
Turn-key 공사	일반건축 공사공기 + 55일

단, 지하층은 층당 30일로 계산

3 공기지연 발생원인

1) 발주단계 시 공기지연 원인

(1) 기본계획의 변경

① 사업성 분석 및 타당성 조사 실패 → 공사 착수시기 지연
② 실시설계안의 보완 및 재설계 실시 → 심의의결기간 다수 소요

(2) 부지매입의 차질 발생

① 토지보상비의 비현실화 → 토지매입 지연

② 이주비 등의 초과비용 발생 미고려 → 사업비 증액 사유 발생

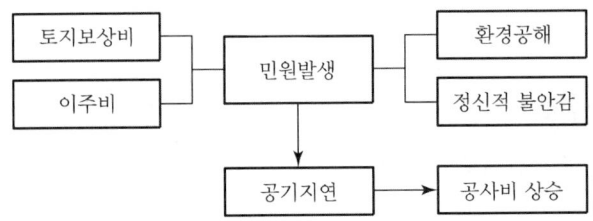

(3) 사업 착수시기 조정사유 발생

① 정부 정책 및 제도의 변화 → 착수 지연

② 입찰 공고 후 지속적 유찰 사태 발생 및 과다 견적기간 소요

(4) 사업비 조달 능력 결여

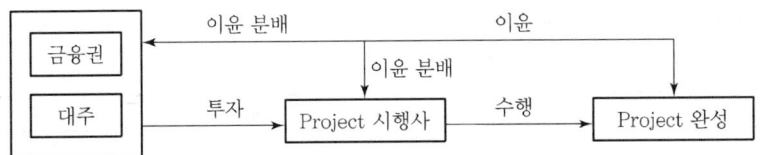

2) 설계단계 시 공기지연 원인

(1) 설계도서의 수정 및 보완절차

① 설계 미비사항 누락분 보완 및 시방서 보완

② 설계심의 시 심의결과 수정에 따른 타당성 검토 미흡

(2) 사업관계자 간 의사소통 불일치

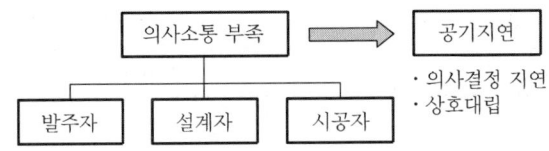

3) 시공단계 시 공기지연 원인

(1) 자원조달계획 실패

① 자재 및 인력, 장비반입 지연 및 손실, 빈번한 고장 발생

② 건설인력 고령화에 따른 생산성 저하

(2) 법적 근로기준법 강화 영향
① 주당 52시간 근로시간 상한선 수립 → 생산성 저하
② 여러 현장의 초과 인력 수급 → 인력 조달 실패

(3) 빈번한 설계변경 발생
① 공사비 예측 오류, 설계도서와 현장조건 간의 불일치
② 설계변경에 필요한 행정적 절차에 따른 시간 및 비용 발생

(4) 공정마찰의 발생
선행공정과 후행공정 간의 공정간섭 발생

4) 시운전 및 준공단계 시 공기지연 원인

(1) 구조물의 성능보증 부적절
① 설계도서에 명시된 구조물 성능기준 미달
② 성능확보를 위한 추가공사 발생 → 준공일수 부족에 따른 공기지연

(2) 계약당사자 간 Claim 발생
① 발주자-시공자, 원도급자-하도급자 간 분쟁 발생
② 중재 및 소송단계로 진행 시 공사기간의 지연 발생

4 공기지연 방지대책

1) 사업타당성 분석 철저

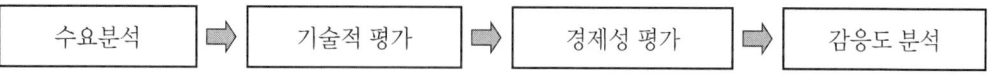

사업의 기술적·경제적·재무적 관련 효과 및 조직운영관리의 타당성에 대한 감응도 분석·평가

2) Fast Track Method 적용
① 기본설계단계의 공사 개시 → 실시설계 동시진행 → 구조물 공사 조기 착수
② 비가치적 시간소요의 원천적 차단

3) 시공책임형 CM 제도 도입
① Pre-con Service 제공 : 설계 위험성 평가 조기 시행 → 우수한 설계안 도출
② 사업 전단계의 전문기술자 관여 → 시공 공법의 적법성, 품질 및 안전성 향상 도모

4) 공사진행 시 주기적 진도관리 시행
① 계획공정과 실시공정 간의 실적 비교·분석 → 공사지연 대책 강구 및 즉각적 수정조치 가능
② 자원조달의 지연을 사전 방지 → Lead Time 고려

5) 시간과 비용 연계한 공정관리 Tool 사용

    원가관리와 견적, 공정관리의 유기적 연계 → 종합적 원가관리체계 구축

6) PC 복합화공법의 현장도입

    공장제작 PC 부재의 적극 활용 → 노무비 절감 및 공기단축 요소로 활용

7) 우수한 기능인력 양성

    기능인력 양성을 위한 교육 및 작업환경 개선

8) 생산 시스템의 개선

    ① 설계표준화 : BIM 활용
    ② 자재의 규격화 : Pre-fab화
    ③ 시공의 합리화 : Robot, 자동화

5 결론

① Project 시행 시 기획단계에서부터 준공 시까지 공기지연 요소가 내재되어 있으므로 선진화된 사업수행을 위한 조직구성, 공정관리, 시공관리 등의 복합적 관점에서 관리가 요구된다.

② 주기적 모니터링으로 공기지연 요소 발생 시 사전에 대책을 수립하여 공기만회 대책을 수립하고, 신기술, 신공법의 복합화공법 요소 도입이 필요하다.

문제 68. 건축공사에서 발생하는 공종별 공종간섭(공정마찰) 시 본공사에 미치는 영향요소와 해결방안에 대하여 설명하시오.

1 공정마찰의 개요

① 공정마찰은 설계변경, 민원발생, 무리한 공기단축 등에 의해 발생하며, 공사비와 안전성 및 전체 공기에 영향을 미친다.
② 공정마찰을 해소하기 위해서는 단위공종의 공기를 정확히 산정하여 공정표에 반영하고 자원의 적정 분배 및 진도관리를 통한 철저한 관리가 필요하다.

2 공정마찰의 개념도 및 본공사에 미치는 영향요소

1) 개념도

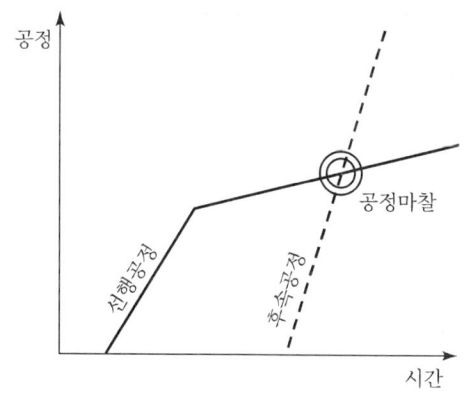

2) 본공사에 미치는 영향요소

(1) 공정 간의 조정작업으로 공기지연

공정마찰로 인한 각 공정 간의 조정작업으로 인한 공기지연 발생

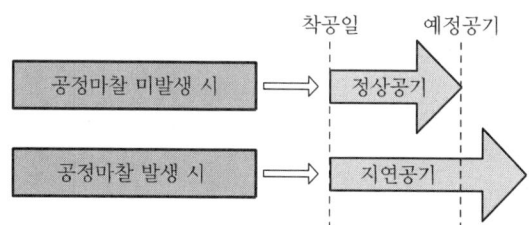

(2) 무리한 공기단축 시행 시 품질저하
   ① 공정마찰을 피하기 위해 임기응변식 시공 우려
   ② 돌관작업 등 무리한 공기단축 시행 시 품질저하 우려

(3) 공정마찰로 인한 원가상승
   공정마찰로 인한 비능률적인 작업 수행으로 원가상승 우려

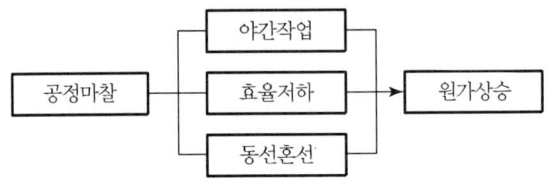

(4) 돌관작업, 야간작업으로 인한 안전장치 미비
   돌관작업, 야간작업으로 인한 안전사고 우려

(5) 관리의 미비
   공사관리의 미비로 부실시공 우려

3 공정마찰의 발생원인

1) 단위 공종 간의 공정계획 착오
   ① 단위공종 일정 계산의 착오
   ② 설계도서 미비로 인한 공정계획의 미비

2) 자재 구매를 즉시에 행하지 못하여 후속 공정과의 마찰 발생으로 잦은 설계 변경
   ① 자재구매를 즉시에 행하지 못함으로써 후속공정과의 마찰 발생
   ② 주공정일 경우 전체 공기에 영향을 미침

3) 민원발생 시 주공정에 대한 공기지연
   ① 소음 · 분진 등으로 인한 민원발생 야기
   ② 민원발생 시 주로 주공정에 대한 공기지연으로 이어져 후속 공정에 마찰 발생

4) 마감공종의 마찰발생 시 현장안전사고 발생
① 안전조치의 미흡 및 형식적인 안전교육이 원인
② 중대재해발생 시 공기에 막대한 지장을 초래하여 마감공종의 마찰 발생 가능

5) 토사유실, 흙막이붕괴 시 등의 기후조건
① 토공사・기초공사 시 악천후에 의한 영향이 절대적이므로 대비할 것
② 토사유실 및 붕괴 시에는 공기에 막대한 차질을 줌

6) 무리한 공기단축
야간작업, 과다 인원 및 장비 투입 등으로 각 공정 간의 마찰 발생

4 공정마찰의 해소방안

1) 적정 공정계획 수립
① 작업 간의 선후관계 및 일정을 정확히 파악
② 선행작업과 후속작업을 고려하여 각 공종의 착수시기 결정

2) 단위공종의 공기엄수
① 각 단위공종의 공기를 준수하여 선・후작업의 영향 최소화
② 공사 초기 진행 시부터 공정을 일정에 맞추어 관리

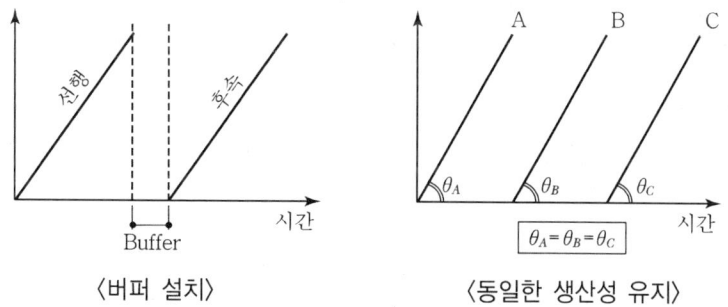

〈버퍼 설치〉   〈동일한 생산성 유지〉

3) 자원배당
주공정의 관리 시 공정에 지장이 없도록 자원배당 배려

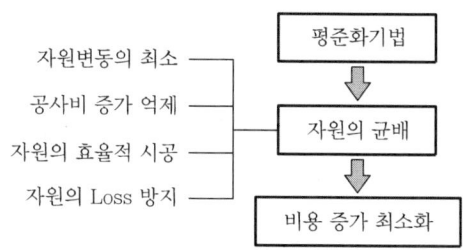

4) 진도관리 철저

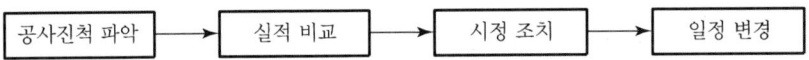

공사의 규모, 특성, 난이도에 따라 적정한 진도관리 필요

5) 중간관리일(Milestone)
① 공사 전체에 영향을 미치는 작업의 관리
② 직종 간의 교차 부분 또는 후속작업 착수에 크게 영향을 미치는 작업 완료 및 개시시점 확인

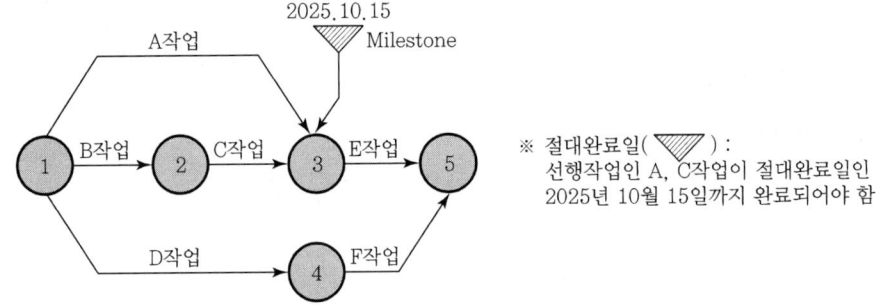

6) 하도급의 계열화
① 시공능력 및 기술력을 보유한 하도급업체 선정
② 건실한 하도급업체를 계열화하여 전체 공정 유지

7) Tact 공정관리
연속적인 작업을 위한 단위시간(Tact Time)을 정하고, 흐름 생산이 되게 하는 방식

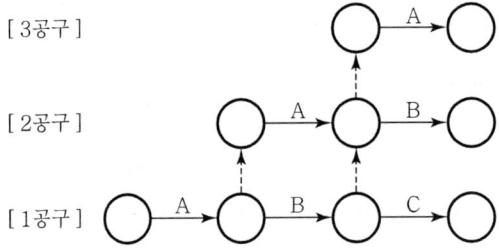

5 결론
공정마찰은 현장관리의 어려움, 공기지연, 품질저하 등 공사진행상 막대한 지장을 초래하므로 공정계획단계에서부터 적절한 계획이 필요하다.

문제 69. 건축공사에서 공종별 하도급업체 선정 및 관리 시 점검사항에 대하여 기술하시오.

1 건축공사 하도급의 일반사항

① 건축공사는 주로 하도급에 의한 공종별 공사를 진행한다. 따라서 선정방법으로는 공개입찰, 사내추천방식, 정기 및 수시모집에 의한 입찰을 진행한다.
② 관리 시 점검사항으로는 업무 전반에 걸쳐 하도급계약 검토, 실행예산, 하도급 기성률 검토, 하도급업자의 공사진도 체크, 도면 및 시방서 준수 여부 확인 등이 있다.

2 건축공사에서 하도급업체 선정의 필요성

구분	내용
건축 비수기 존재	• 계절(동·하절기)에 따른 비수기 • 수주(수요)에 따른 비수기
수주에 의한 주문생산	• 시공량의 변동이 심함 • 공사시기에 따라 하도급업체 필요시기가 옴
옥외작업	• 시공(작업) 장소가 변동됨 • 공장생산과 달리 상시 고용 곤란함
공사의 복잡성	공사가 복잡하여 모두 겸비하기 곤란함

3 하도급업체 선정방법

1) 선정방법

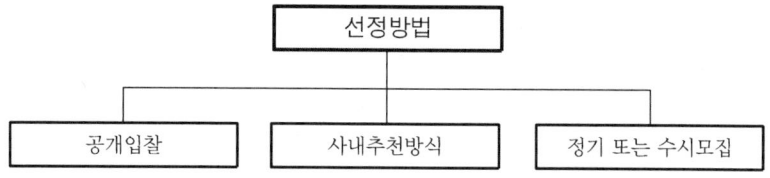

하도급업체는 공개모집, 사내추천방식, 정기 또는 수시모집 방법으로 선정

2) 선정 시 평가방법

① 건설기술자의 보유 현황
② 장비, 기능인력의 동원 능력 검토
③ 업체 설립연도에 따른 공사실적 파악
④ 대상 공사에 대한 시공능력과 경험 유무 확인

⑤ 각 하도급업체별 재정자립도 확인
⑥ 총 보유자본과 자본회전율 원활 가능성 확인
⑦ 우수시공업체 지정 여부
⑧ 안전사고율, 품질관리능력, 하자처리 대처 등
⑨ 하자처리에 대한 적극성

3) 선정 제외 업체
① 입찰 참가등록 신청 시 서류를 위조 또는 변조한 업체
② 입찰 과정에서 담합 행위가 있는 업체
③ 과거 공사 타절로 경제적 피해를 입힌 업체
④ 기타 공사에 부적격하다고 판단되는 업체

❹ 하도급업체 관리 시 점검사항

1) 하도급계약 시
① 하도급계약서 검토
② 실행예산, 하도급 기성률 검토
③ 하도급업체의 대외 신인도
④ 계약 당사자(하도급업체)의 자금능력
⑤ 계약이행보증증권, 하자이행보증증권 제출
⑥ 건산법에 의한 현장대리인의 자격 유무 확인

2) 하도급공사의 관리감독
① 공정표에 의한 공사진도 체크
② 도면 및 시방서 준수 여부 확인
③ 작업인원의 당일 작업현황 기록
④ 현장에서 물량파악 및 기성고 체크
⑤ 원도급의 물가변동, 설계변경 시 하도급계약 반영
⑥ 공종별 기성고를 매월 파악하여 본사 청구
⑦ 노무비닷컴을 통한 임금체불 여부 확인
⑧ 하도급공사 준공 체크리스트 작성

3) 분야별 하도급관리
① 시공계획서에 의거하여 장비투입계획 확인
② 사용장비 운행일지 작성
③ 하도급자별 일일 출력인원 점검
④ 일일 출력인원 출력일보로 제출
⑤ 반입되는 모든 자재에 대해 검수
⑥ 근로자 노임 지불 여부를 감시 및 감독

5 결론

1) 하도급계약 시
하도급업체 선정 시에는 투명하고 합리적인 방식으로 선정해야 하며, 일괄하도급 금지, 계약이행보증서를 확보한다.

2) 하도급 관리감독 시
하도급 관리부실로 인한 문제가 발생하지 않도록 업무 전반에 걸쳐 감독을 실시하고, 시공물량의 정산 시 분쟁이 일어나지 않도록 주의한다.

문제 70 최근 장기간의 코로나 사태, 전쟁과 기근, 국제유가 급등 등 대내·외적인 요인으로 건설산업의 원자재 가격이 급등하는 바, 이에 따른 문제점과 건설산업에 미치는 영향, 향후 대응방안에 대하여 기술하시오.

1 원자재 가격급등의 일반사항

① 최근 코로나 사태로 인하여 경제상황이 원활치 않아 경제성장을 멈춘 바, 세계각국은 경제성장과 소비를 촉진하기 위해 엄청난 양의 자금을 풀었다.

② 경제계에 투입된 막대한 자금의 영향으로 세계적인 인플레이션이 발생되었으며, 또한 서아프리카 기니의 군사쿠데타로 인한 알루미늄 값 급등, 우크라이나전쟁으로 인한 철 스크랩(고철)의 급등, 러시아의 전쟁으로 인한 유연탄 수입제한으로 시멘트 가격 급등, 중대재해법의 영향으로 인한 골재 파동 등 우리 건설업계는 엄청난 위기에 직면해 있다.

2 원자재 가격상승률 도표 및 급등으로 인한 문제점

1) 원자재 가격상승률 도표

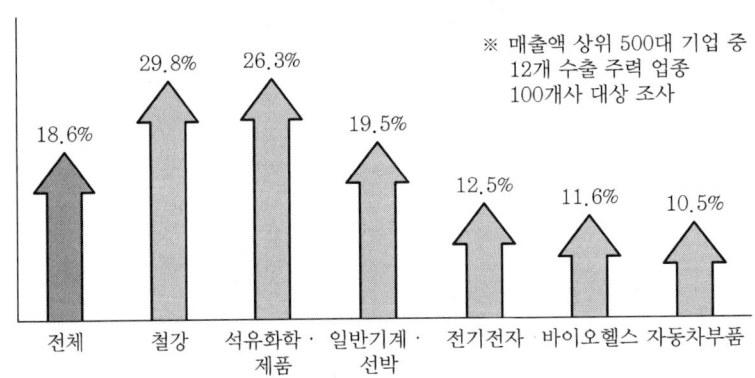

2) 급등으로 인한 문제점

(1) 건설업체의 이익률 감소

원자재 구입 가격이 20% 급등 시 건설업체의 이익률은 5% 이상 감소

(2) 계약된 공사금액보다 공사투입금액의 상승

자재비 상승으로 당초 계약금액보다 공사투입금액의 Over 현상 발생

(3) 공사계약단가 상승으로 주택 분양가격 상승
   공사계약단가 상승으로 주택의 분양가격이 상승하여 미분양 사태 발생

(4) 자재공급 대리점의 자재출하 고의적 지연
   하루가 다르게 오르는 자재가격에 대리점은 자재출하를 고의적으로 지연시킴

(5) 자재반입 지연에 따른 공사기간 지연사태 발생
   고의적인 자재반입 지연으로 인하여 공사기간이 지연됨

(6) 공사기간 지연에 따른 품질저하 발생
   자재반입 지연 및 공사기간 지연으로 각 공종별 품질이 저하됨

(7) 절대 완료일의 마일스톤 지연, 민원발생
   공정표에 지정된 절대완료일의 마일스톤이 지연되어 민원발생

(8) 절대완료일의 마일스톤 지연으로 공종 간 마찰발생

3 건설산업에 미치는 영향

1) 공공시설 신규 발주분량 감소
공사비 상승으로 예산 소진이 빨리 발생되어 공공시설 발주분량 감소

2) 신도시 등 공공택지개발 지연
시멘트, 레미콘 가격 급등으로 신도시 공공택지개발 시기 지연

3) SOC 산업의 위축
철근 및 철골 자재, 알루미늄 자재, 시멘트 자재 급등으로 철도기반시설, 국가기간산업 등에 대한 위축 발생

4) 민간주택산업의 기본계획 변경
① 사업성 분석 및 타당성 조사 실패 → 공사 착수시기 지연
② 실시설계안의 보완 및 재설계 실시 → 심의의결기간 다수 소요

5) 부지매입의 차질 발생
① 인플레이션을 잡기 위해 미국 등 선진국의 금리인상 가시화
② 급격한 금리인상으로 이자부담 가중, 사업성 저조, 사업비 증액

6) 사업 착수시기 조정사유 발생
① 정부 정책 및 제도의 변화 → 착수 지연
② 입찰 공고 후 지속적 유찰 사태 발생 및 과다 견적기간 소요

7) 사업관계자 간 의사소통 불일치

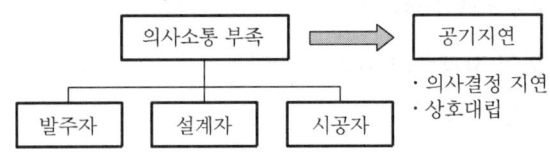

8) 구조물의 성능보증 부적절
　① 설계도서에 명시된 구조물의 성능기준 미달 우려
　② 성능 확보를 위한 추가공사 발생 → 준공일수 부족에 따른 공기지연

9) 계약당사자 간 Claim 발생
　① 발주자-시공자, 원도급자-하도급자 간 분쟁 발생
　② 중재 및 소송단계로 진행 시 공사기간의 지연 발생

4 원자재 가격 급등의 원인 및 대응방안

1) 원자재 가격 급등의 원인

(1) 전염병인 코비드19로 인한 장기간의 경제활동 위축
　　장기간의 코비드19로 인하여 사람들의 경제활동이 위축됨

(2) 수요와 공급의 차질 발생
　　① 장기간의 코비드19로 인하여 재택근무자 급증으로 건설근로자는 급감
　　② 부동산 급등으로 주택시장의 공급은 많아졌으나 자재와 근로자는 급감

(3) 알루미늄 수입처인 중국의 수출제재
　　알루미늄의 주요 수입처인 중국이 친환경산업을 내세워 원자재 수출을 금지하고, 원자재를 자국에서만 공급되도록 조치

(4) 원자재 수입처인 서아프리카 기니의 군사쿠데타 발생
　　알루미늄 원자재 수입처 1위 국가인 서아프리카 기니에서 군사쿠데타 발생으로 공급자재의 급격한 수입량 감소

(5) 러시아와 우크라이나 간 전쟁의 영향
　　러시아와 우크라이나 간 전쟁의 영향으로 서방국가의 경제제재로 러시아의 철 스크랩(고철) 수입 중단 사태 발생

(6) '금융의 핵무기'라고 불리는 국제은행간통신협회(SWIFT) 결제망 배제
　　러시아와 우크라이나 간 전쟁의 영향으로 서방국가는 '금융의 핵무기'라고 불리는 국제은행간통신협회(SWIFT) 결제망 배제를 통하여 원유, 유연탄 등 수출입을 제재하여 글로벌 공급 불안 초래

(7) 원유가격 급등으로 물류비 상승 압박

국제은행간통신협회(SWIFT) 결제망 배제를 통하여 원유, 유연탄 등 수출입을 제재하여 원유가격이 급등하고, 물류비 대란으로 원자재 물류비 대폭 상승

2) 원자재 가격 급등의 대응방안

(1) 코비드19의 예방접종 확대

외국인 근로자가 다수인 건설환경에 맞추어 후진국의 코비드19 예방접종 확대로 코비드19 전염병의 세계적 감소 추세

(2) 원자재의 수입 다변화

알루미늄 원자재를 중국에만 의존했으나 미국, 호주, 뉴질랜드 등 수입처를 다변화하여 안정적인 공급처 마련

(3) 건설근로자의 일자리를 대신할 건설로봇 기술개발

전염병, 건설노조의 횡포 등으로 근로자 부족 사태를 대체할 로봇을 개발하여 품질저하, 공사기간 지연을 방지

(4) 러시아의 우크라이나 간 전쟁 중단

러시아의 우크라이나 간 전쟁을 중단하고, 서방국가와 대화로 해결하여 경제제재를 타결하고 원자재 공급망 재개

(5) 석유 등의 원유를 대체할 대체에너지 개발 박차

석유 등의 원유를 대체할 대체에너지 개발을 서둘러서 원유의 무기화를 방지함

(6) 글로벌 원자재의 수입·수출의 국제기구 설립

원자재의 급등을 방지할 목적의 수입·수출의 국제기구를 설립하여 안정적인 공급망 확대

(7) 사업타당성 분석 철저

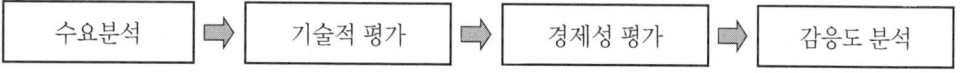

사업의 기술적·경제적·재무적 관련 효과 및 조직운영관리의 타당성에 대한 감응도 분석·평가

(8) Fast Track Method 적용

① 기본설계단계의 공사 개시 → 실시설계 동시진행 → 구조물공사 조기 착수
② 비가치적 시간소요 원천적 차단

(9) PC 복합화공법의 현장도입

공장제작 PC 부재의 적극 활용 → 노무비 절감 및 공기단축 요소로 활용

(10) OSC(Off-site Construction) 건설의 확대

Off-site Construction(OSC)는 건축시설물이 설치될 부지 이외의 장소에서 부재(Element), 부품(Part), 선조립 부분(Pre-assembly), 유닛(Unit, Modular) 등을 생산 후 현장에 운반하여 설치 및 시공하는 건설방식이다. OSC에 사용되는 부재, 부품들은 서로 다른 장소에서 생산되어 부지로 운송되거나 필요한 경우 중간생산단계를 거쳐 부지로 운송되는 시스템 확대 적용

(11) 정부의 원자재가격개입제도 신설

원자재 가격 급등 시 휘발유, 경유 등의 원자재가격개입제도를 벤치마킹하여 건설자재 급등 시 정부가 적극 개입하여 가격 안정화 실시

(12) 경제회복 및 선도국가 도약을 위한 국가인프라 지속 확대

코비드19로 침체된 경제성장을 위하여 국가인프라 지속 확대

(13) 건설노조의 횡포에 대한 국가공권력 확립

건설노조의 불법적인 현장점거 등의 횡포에 대하여 국가공권력을 통한 불법은 정당화될 수 없음을 인지하도록 강력한 처벌 확대

(14) 건설사고를 예방할 선진국형 협력, 자율안전관리방식 도입

건설사고로 인한 인위적인 비용절감을 위해 산업안전 패러다임 변화를 추구하고 선진국형 협력, 자율안전관리방식 도입

(15) 알루미늄 재질을 대체할 물질 개발

전기자동차의 수요로 건설산업의 알루미늄이 2차 전지시장으로 옮겨감에 따라 알루미늄을 대체할 물질을 국가차원에서 개발하고, 지원하는 제도 수립

5 결론

① 건설시장의 개방과 해외의 건설시장에서의 경쟁력 강화를 위하여 국내 건설의 근대화는 시급한 현실이다.
② 국제화에 대비하여 국제기업으로서 발돋움하기 위해서는 현 건설기장의 문제점을 파악하여 전반적인 개선방향이 국가, 기업, 연구, 학교 등에서 함께 연구되어야 한다.

건축시공기술사
지침 요약 70제

발행일 | 2025. 4. 30.   초판 발행

저　자 | 박찬문·윤성민·홍반장
발행인 | 정용수
발행처 | 예문사

주　소 | 경기도 파주시 직지길 460(출판도시) 도서출판 예문사
T E L | 031) 955-0550
F A X | 031) 955-0660
등록번호 | 11-76호

- 이 책의 어느 부분도 저작권자나 발행인의 승인 없이 무단 복제 하여 이용할 수 없습니다.
- 파본 및 낙장은 구입하신 서점에서 교환하여 드립니다.
- 예문사 홈페이지 http://www.yeamoonsa.com

정가 : 30,000원

ISBN 978-89-274-5828-9   13540